动漫游戏系列教材

Flash 动画设计

第3版

张凡　等编著

设计软件教师协会　审

机 械 工 业 出 版 社

本书共分7章：第1章和第2章讲解了动画的基础知识和动画片的制作流程；第3章和第4章通过几个有关动漫的基础动画实例详细讲解了Flash的基础知识，使读者能够理论联系实际，学以致用；第5章和第6章详细讲解了运动规律，并通过几个实例具体讲解了运动规律在Flash中的应用；第7章从Flash剧本入手，全面系统地讲解了利用Flash软件制作动画片的过程，旨在帮助读者完成一部完整动画片的制作。

本书配套光盘中包含了所有实例的素材、源文件，以及课后练习实操题的参考答案供读者练习时参考。

本书既可作为大中专院校艺术类专业、计算机专业及相关专业和社会培训班的教材，也可作为从事动画设计的初、中级用户的参考书。

图书在版编目（CIP）数据

Flash动画设计 / 张凡等主编. —3版. —北京：
机械工业出版社，2013.9
动漫游戏系列教材
ISBN 978-7-111-43256-2

Ⅰ. ①F… Ⅱ. ①张… Ⅲ. ①动画制作软件—教材
Ⅳ. ①TP391.41

中国版本图书馆CIP数据核字（2013）第156223号

机械工业出版社（北京市百万庄大街22号 邮政编码100037）
责任编辑：王 凯
责任印制：张 楠

北京诚信伟业印刷有限公司印刷

2013年8月第3版·第1次印刷
184mm×260mm ·15.25印张·376千字
0001—3000册
标准书号：ISBN 978-7-111-43256-2
ISBN 978-7-89405-054-0（光盘）
定价：39.90元（含1CD）

动漫游戏系列教材

编审委员会

出 版 说 明

随着全球信息社会基础设施的不断完善，人们对娱乐的需求开始迅猛增长。从 20 世纪中后期开始，世界主要发达国家和地区开始由生产主导型向消费娱乐主导型社会过渡，包括动画、漫画和游戏在内的数字娱乐及文化创意产业，日益成为具有广阔发展空间、推进不同文化间沟通交流的全球性产业。

进入 21 世纪后，我国政府开始大力扶持动漫和游戏行业的发展，“动漫”这一含糊的俗称也成了流行术语。从 2004 年起，国家广电总局批准的国家级动画产业基地、教学基地、数字娱乐产业园至今已达 16 个；全国超过 300 所高等院校新开设了数字媒体、数字艺术设计、平面设计、工程环艺设计、影视动画、游戏程序开发、游戏美术设计、交互多媒体、新媒体艺术与设计和信息艺术设计等专业；2006 年，国家新闻出版总署批准了 4 个“国家级游戏动漫产业发展基地”，分别是北京、成都、广州、上海。根据《国家动漫游戏产业振兴计划》草案，今后我国还要建设一批国家级动漫游戏产业振兴基地和产业园区，孵化一批国际一流的民族动漫游戏企业；支持建设若干教育培训基地，培养、选拔民族动漫游戏产业紧缺人才；完善文化经济政策，引导激励优秀动漫和电子游戏产品的创作；建设若干国家数字艺术开放实验室，支持动漫游戏产业核心技术和通用技术的开发；支持发展外向型动漫游戏产业，争取在国际动漫游戏市场占有一席之地。

从深层次上讲，包括动漫游戏在内的数字娱乐产业的发展是一个文化继承和不断创新的过程。中华民族深厚的文化底蕴为中国发展数字娱乐及创意产业奠定了坚实的基础，并提供了广泛而丰富的题材。尽管如此，从整体上看，中国动漫游戏及创意产业面临着诸如专业人才缺乏、融资渠道狭窄、缺乏原创开发能力等一系列问题。长期以来，美国、日本、韩国等国家的动漫游戏产品占据着中国原创市场。一个意味深长的现象是，美国、日本和韩国的一部分动漫和游戏作品取材于中国文化，加工于中国内地。

针对这种情况，目前各大专院校相继开设或即将开设动漫和游戏相关专业。然而，真正与这些专业相配套的教材却很少。北京动漫游戏行业协会应各大院校的要求，在科学的市场调查的基础上，根据动漫和游戏企业的用人需要，针对高校的教育模式及学生的学习特点，推出了这套动漫游戏系列教材。

整套教材的特点表现为以下几点。

- 三符合：符合本专业教学大纲，符合市场上技术发展潮流，符合各高校新课程设置需要。
- 三结合：相关企业制作经验、教学实践和社会岗位职业标准紧密结合。
- 三联系：理论知识、对应项目流程和就业岗位技能紧密联系。
- 三适应：适应新的教学理念，适应学生现状水平，适应用人标准要求。
- 基础知识与具体范例操作紧密结合，边讲边练，学习轻松，容易上手。
- 课程内容安排科学合理，辅助教学资源丰富，方便教学，重在原创和创新。
- 理论精炼全面、任务明确具体、技能实操可行，即学即用。

动漫游戏系列教材编委会

前　言

Flash CS6 是由 Adobe 公司推出的多媒体动画制作软件，具有矢量绘图、高超的压缩性能、优秀的交互功能等特点，主要用于制作二维电脑动画片。利用 Flash 软件制作的动画与二维传统手绘动画以及三维电脑动画相比，有着投资成本低、易于掌握等特点。

本书是“动漫游戏系列教材”丛书中的一本，主要介绍 Flash 动画设计的基础知识和实例制作。其特点是将二维传统动画的运动规律与 Flash 软件的使用相结合，并以完成一部完整的 Flash 动画片为线索，来设立相关章节，并不是单纯以使用 Flash 软件为目的。本书对于 Flash 的基本使用没有作太多叙述，大量章节都用在实例分析上，通过大量典型实例来讲解软件的使用。与上一版书相比，本书添加了大量的系列 Flash 动画片《我要打鬼子》和《奇妙小世界》中的相关实例，从而更加突出实战性，使本书更加符合 Flash 动画设计者的需求。

本书内容丰富、结构清晰、实例典型、讲解详尽、富于启发性。所有实例均是高校骨干教师（北京电影学院、中央美术学院、中国传媒大学、清华美术学院、北京师范大学、首都师范大学、北京工商大学传播与艺术学院、天津美术学院、天津师范大学艺术学院、河北艺术职业学院）从教学和实际工作中总结出来的。

参加本书编写工作的人员有：张凡、李羿丹、谭奇、李岭、程大鹏、郭开鹤、李建刚、宋兆锦、韩立凡、冯贞、孙立中、李营、王浩、刘翔、李波、肖立邦、许文开、关金国、于元青、王世旭、曲付、顾伟、田富源、郑志宇、宋毅等。

动漫游戏系列教材编委会

目　录

Flash

第1章　动画概述

本章重点

本章将介绍动画的发展历史与现状，以及Flash动画与传统动画的区别。通过本章的学习，读者应掌握以下内容：

■ 动画的发展历史与现状

■ Flash 动画与传统动画的比较与结合

1.1　动画的发展历史与现状

动画的历史最早可以追溯到 3 万多年前的石器时代，那个时代的画家就已经有了制作动画的思维和冲动。但是由于现实环境的限制，他们所能做的只能是凭借静态的图画呈现生命的跃动。在西班牙发现的远古洞穴中，就有八条腿的野猪壁画，每条腿的间隔代表一步或者一个动作，整体看来就像一幅完整动作的分解图，可以说这是人类最早的动画制作。

上面所说的动画“现象”，可以证明远古人类就有了追求动画的渴望。直到 19 世纪，动画艺术才真正开始发展。从 19 世纪至今，动画的发展情况可以分为以下 5 个阶段。

1. 动画播种时期（1831~1913年）

1831 年，动画的启蒙者法国人约瑟夫·安东尼·普拉特奥（Joseph Antoine Pateau）把画好的图片按照顺序放在一个大圆盘上，这个大圆盘由一部机器带动旋转。通过一个观察窗，可以看到圆盘上的图片。随着圆盘的旋转，观察窗中的图片内容似乎动了起来，这种新奇的感觉使当时的人们首次领略到活动画面的魅力。自此之后，很多人对动画艺术产生了浓厚的兴趣，并有志于将它发扬光大。

这个时期的动画作品，因为受到环境和设备的限制，动画中都是一些简单的动作，没有故事情节，也没有场景设计，更谈不上什么艺术价值。但是以当时的技术条件和时代背景来说，动画创作者们能够真正实现使静态图画产生活动效果，已经很了不起了。这些早期动画作品的制作方式虽然简单，画面构图也很单调，但却体现了早期动画的简易风格。

2. 动画成长时期（1913~1937年）

早期的动画制作都是在纸上直接绘制人物的连续动作，如果需要背景，就直接在绘有人物的纸上绘画。也正是因为这样，当制作完成的动画片播放的时候，就出现了人物和背景同时跳动的现象。直到 1913 年以后，美国的制片家 Earl Hurd 首创使用塞璐珞片（Celluloids）绘制动画。塞璐珞片是一种透明的醋酸纤维胶片，它的运用对于卡通动画的制作是个突破性的改革。塞璐珞片的特点是，可以同时重叠数张图片而不影响画面的色彩和动作，因此动画背景的绘制可以单独进行，并且可以根据角色的动作需要而加长或加大。拍摄时只要将绘画在塞璐珞片上的角色放在背景上就可以了。

塞璐珞片的运用，不但给动画制作节省了大量的时间和人力，还给画家提供了更大的发挥空间。随着年轻的艺术家相继加入到卡通动画制作的行列中，动画制作逐渐成为最受年轻人喜爱的职业之一。

3. 动画电影长片时期（1937~1960年）

20 世纪 30 年代，沃特·迪斯尼（Wait Disney）电影制片厂生产的著名动画片《米老鼠和唐老鸭》，标志着动画技术从幼稚走向了成熟。图 1-1 为《米老鼠和唐老鸭》中的部分画面。

图 1-1 《米老鼠和唐老鸭》的画面

1937 年，沃特·迪斯尼将家喻户晓的童话故事《白雪公主》改编成动画电影，此片当时不仅在美国创造了票房佳绩，更轰动了世界影坛。《白雪公主》的诞生验证了动画这门艺术的真正价值，这部影片正是动画师长期探索的心血，使得动画真正成为具有叙事能力的影像艺术。影片内容原本只是一个长久流传的童话故事，在这以前，人们只能通过看书来品味这个动人的传说。而经过动画师们的创新，将这部著作以一种全新的视觉形式展现给观众。这是世界上第一部卡通动画电影长片，它标志着动画发展进入了动画电影长片时期。

迪斯尼在动画艺术上的成绩让世人有目共睹，但是它的作品局限于童话故事，从而限制了动画艺术创作的多样性。欧洲和亚洲的许多动画艺术家此时已开始运用新的思维、新的概念创作出不同于迪斯尼动画风格的作品。1941 年，中国的万氏兄弟倾其全力完成了动画电影长片《铁扇公主》的创作。该片以具有强烈中国特色的水墨画为背景，将主要角色孙悟空、牛魔王、铁扇公主的性格特色加以充分发挥。《铁扇公主》不仅在国内受到观众的充分肯定，在国际上也得到了很高的评价。1960 年，日本漫画大师手冢治虫在为东映公司制作《西游记》时，还特意参考了该片的艺术风格。

4. 实验动画创作时期（1960~1987年）

从 1960 年开始，电视得到了大规模的普及，动画连同电影市场一起受到了严重的冲击。另外，由于动画产业自身的诸多不利因素，如制作成本过高、制作周期过长、动画制作者的工资一再增长，再加上缺少能够吸引观众的新颖题材，很多专门从事动画创作的制片厂纷纷倒闭。动画家们又开始制作动画短片，以配合电视的播放。动画短片由于播放时间短、节奏快，更能体现动画家的创作风格，因此，各种各样的制作材料与创新思维纷纷出现，掀起了实验性动画短片的创作风潮。

5. 电脑数码动画时代（1988年至今）

数字技术的出现，大大地拓展了动画的表现范围，也显著提高了生产效率，缩短了制作周期，节约了大量的劳动力和时间，并且使动画的表现方式和传播方式更加多样化。

早在1913年，美国贝尔实验室就开始研究如何利用计算机来制作动画片，并且成功研发了二维动画制作系统。与此同时，Ed·Catmull开发了世界上第一套三维动画制作系统。数字艺术对动画艺术领域最大的贡献莫过于三维动画这种新型的动画形式。早期的三维动画并不是用于动画艺术创作，而是用于科学研究领域。经过数十年的研究发展，三维动画技术已经相当成熟，并且足以用来创作出优秀的动画作品。

从迪斯尼近几年动画作品来看，《玩具总动员》《虫虫特工队》《怪物公司》《海底总动员》和最近的《超人特工队》的票房成绩远远要比同时期的二维动画作品要好。图1-2~图1-6分别为这些动画片中的部分画面，可见观众对数字三维动画这种新颖的表现形式已经有了高度的认同感。针对这种情况，现在的传统手工动画片在制作中也开始大量的使用数字技术，从而极大地提高了二维动画的表现能力。

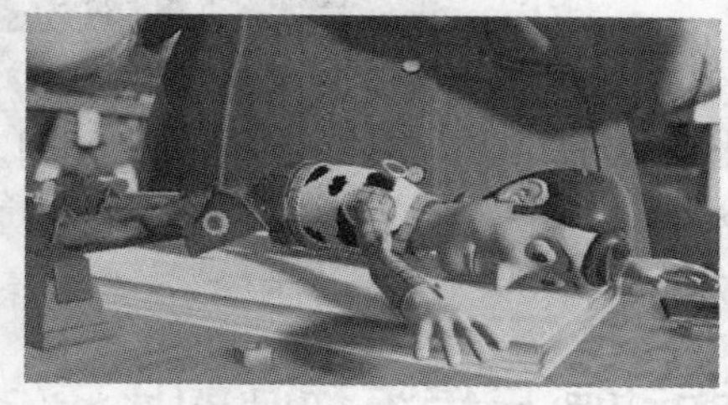

图1-2　《玩具总动员》中的部分画面

图1-3　《虫虫特工队》中的部分画面

图1-4　《怪物公司》中的部分画面

图1-5　《海底总动员》中的部分画面

图 1-6 《超人特工队》中的部分画面

动画艺术的发展曾经沉寂了很长一段时间，到 20 世纪 90 年代才重新蓬勃复兴起来，这与数字技术的成功介入不无关系，可见未来动画艺术不断前进发展的关键还在于先进的技术和艺术的完美结合。

1.2 Flash动画与传统动画的比较

1.2.1 Flash动画的特点

Flash 作为一款多媒体动画制作软件，利用它制作的动画相对于传统动画来说，优势是非常明显的。Flash 动画具有以下特点：

1）简化工作流程。在 Flash 中可以完成绘画、动画编辑、特效处理和音效处理等工作。这与传统动画的多个环节由多个不同部门、不同人员分别操作相比，可谓简单易行。

2）矢量绘图。使用矢量图的最大特点在于无论放大还是缩小，画面永远都会保持清晰，不会出现类似位图的锯齿现象。

3）Flash 生成的文件体积小，适于在网络上进行传输和播放。一般几十兆的 Flash 源文件，输出后只有几兆。

4）可以通过重复使用元件来简化动画制作难度。比如在 Flash 中角色头部各个角度的形象只需画出一个，然后就可以在不同场景镜头中反复使用，这样既可以简化动作的制作难度，同时还可以避免在传统动画中走形的问题。

1.2.2 传统动画的特点

传统动画经历了 100 多年的发展和完善，已经形成了一套完整的体系。传统手绘动画具有以下特点：

1）传统动画的绘制主要分为原画和动画，要求绘制者有一定的美术基础，并懂得运动规律。

2）传统动画分工比较复杂，一部完整的传统动画片，无论是 5 分钟的短片还是 2 小时的长片，都要经过编剧、导演、美术设计（人物设计和背景设计）、设计稿、原画、动画、绘景、描线、上色（描线复印或者电脑扫描上色）、校对、摄影、剪辑、作曲、拟音、对白配音、音乐录制、混音录制、洗印（转磁输出）等十几道工序的分工合作，密切配合，才能顺利完成。

3）因为制作工序多，需要的制作人员多，从而导致成本投入非常大。

4）不受任何条件限制，可以完成许多复杂的高难度的动画效果，并可以制作出风格多样的美术风格（比如水墨画效果）。特别是大场面、大制作的片子，用传统动画可以塑造出画面中极其细腻的美术效果。

1.3 Flash动画与传统动画的结合

Flash 动画和传统动画都是动画，要想把 Flash 动画做得出色，必须了解传统动画的许多动画技巧（比如运动规律等）。此外传统动画中的许多操作方式完全可以在 Flash 中运用，比如分镜头，可以不在纸上绘制，而在 Flash 场景中绘制，这样可以使制作者更容易整体把握片子的走向。

传统动画的技法有很多，制作 Flash 动画时不能完全照搬过来，而是要根据 Flash 的特点加以运用，那些经常出现的可以反复使用的动作和造型，用传统动画完成相关操作后，要尽量都做成元件，以便随时调用。

使用 Flash 软件，一个人通过一台计算机就可以完成一部完整的动画片，这当然简化了动画的程序，但是也对制作者的要求提高了很多。制作者一个人要身兼数职（导演、原画、动画、绘景和拟音等）。制作者只有熟悉这些传统动画工序，才可以做出高质量的Flash动画片。

1.4 课后练习

（1）简述从 19 世纪至今，世界动画的发展情况。

（2）简述 Flash 动画与传统动画的特点。

第2章 动画片的创作过程

本章重点

创建一部完整的Flash动画片通常分为剧本编写、角色设计与定位、分镜头设计、背景设计、原画和动画几个部分。本章将具体讲解一部完整的Flash动画片的创作过程。通过本章的学习，读者应掌握以下内容：

- ■ 剧本编写
- ■ 角色设计与定位
- ■ 分镜头设计
- ■ 背景设计
- ■ 原画和动画

2.1 剧本编写

在编写剧本之前，首先要确定所要编写的动画片的剧本类型。剧本的分类方法很多，通常情况下，根据动画的长短将其分为连续剧和单本剧；按故事发生的主要场地分为室内剧和室外剧；按题材分为言情剧、伦理剧、武侠剧、魔幻剧、校园剧、悬疑剧以及生活剧；按情绪分为喜剧和悲剧。作为Flash动画片，没有必要以某种特定的时空主题来划分剧本，通常是以最常见、最让观众喜爱的幽默剧、动作剧等进行分类。

在确定了剧本类型后，就要进行剧本编写了。要制作一部优秀的动画片，前提是要有一个好的剧本。目前很多Flash卡通动画制作者不太重视剧本，只是通过独特的角色形象、亮丽的角色造型、唯美的画面或酷炫的视觉效果来吸引观众，但由于这样的作品缺乏灵魂，因此它是没有生命力的。相反，一个拥有精彩剧本的动画片，即使在制作方面表现得粗糙一些，观众也能比较宽容地接受。例如动画片《蜡笔小新》，虽然它的画面不是很唯美，但由于它的剧情非常幽默、诙谐，也深受大家的喜爱。

2.1.1 题材选取

Flash剧本的题材可分为原创和改编两类。

1. 原创

所谓原创就是自己编写。要创作出好的原创作品，要求创作者从生活入手，以独到的眼光洞察生活的种种本质问题，能深入分析事物的内在联系。在找到事物的本质后，再通过大胆的构思让这些内在的本质在形式上发生多种多样的变化。只有通过这种方式创作出的动画作品才会是一个有生命、有内涵的作品，才能被观众所接受。这也就是所谓的艺术来源于生活。

2. 改编

改编也是剧本创作的来源之一。改编的选题范围比较广，它可以根据影视剧的情节改编，也可以根据小说、电影、相声、小品等其他文艺作品的内容来进行改编。如赵本山和宋丹丹的小品《昨天·今天·明天》就被改编成了 Flash 动画，剧中形象与情节经创作者的改编和加工后，比真实小品更具喜剧效果。Flash 音乐动画片《佐罗》也是根据电影《佐罗》改编而成的，剧中的佐罗形象也被提炼成了卡通角色。

除此之外，最直接的来源就是现有的漫画作品。由于漫画作品本身就可以作为动画作品的原画，其中的角色形象、故事情节均已设定好，改编时只需考虑画面过渡，将静态的角色动作动态化即可。此外，根据优秀的漫画作品改编成动画片还具有易于推广、运营风险相对较低的特点。电影《头文字 D》就是自漫画《头文字 D》改编而来的，作品中的角色形象比漫画中更加鲜活逼真。

从形式上来说，改编剧本一般有两种：一是使用原故事中的角色进行改编，二是不使用原有角色，只利用其原有故事情节进行改编。利用角色改编的 Flash 动画片有《三国演义》系列，利用故事情节改编的有《阿拉丁》《花木兰》等。

2.1.2　剧本的写作方法

与其他文学作品不同，文字剧本的写作不仅要有文学性，更重要的是要给人以直观的时间或空间印象，这样才能在后期用镜头语言将剧本所描述的故事情节等表现出来。

动画剧本写作通常运用镜头语言的方式，用视觉特征强烈的文字，把各种时间、空间氛围用直观的视觉感受表现出来。这样的剧本能清晰地表达出文字剧本的各种意图，能大大减少工作量，并提高工作效率，是一种最实用且具有完全分镜功能的剧本创作方式。

2.1.3　剧本写作中应避免的问题

在剧本写作时，应避免以下 3 点。

1. 避免将写剧本变为写小说

剧本写作和小说写作是完全不同的，写剧本的目的是要用文字表达一连串的画面，让看剧本的人见到文字就能够联想到一幅画面，并将它们放到动画的世界里。小说则不同，它除了写出画面外，还包括抒情、修饰手法以及角色内心世界的描述等。

2. 避免用说话的方式交代剧情

剧本里不宜有太多的对话（除非是剧情的需要），否则整个故事会变得不连贯，缺乏动作，观众看起来就像读剧本一样。一部优秀的电影剧本，对白越少，画面感就越强，冲击力就越大。比如，动画片中一个人在打电话，最好不要让他坐在电话旁不动，只顾说话。而应让他站起，或拿着电话走几步，从而避免画面的呆板和单调。

3. 避免剧本有太多枝节

如果一个剧本写了太多的枝节，在枝节中又有很多角色，穿插了很多场景，会使故事变得相当复杂，观众可能会越看越糊涂，不清楚作者到底想表达什么样的主题。因此，剧本应避免有太多枝节，越简单越好。

2.2　角色设计与定位

动画片中的各种角色形象一般是根据剧本的要求进行造型设计的。如果说电影中的各种角色是导演根据剧本中的人物形象尽可能地选择最适合的演员来演绎的话，那么，动画片中的角色形象则是导演根据剧本中的要求设计出的最符合剧本人物性格的角色。动画角色是动画片的灵魂，观众对一个动画角色的价值判断不单纯停留在其外在的造型层面，还包括对角色性格内涵的认同。在角色设计时，主要考虑角色的形体特征、全身比例与结构、服饰等。

1. 认识形体特征

熟悉角色造型，首先应该对形象有一个整体的概念，也就是要抓住造型的基本特征。例如，每个角色的形体外貌都会有高、矮、胖、瘦等差别。除此之外，由于角色职业、性别、爱好的不同，还可以找到形象的各自特点。图 2-1 为系列 Flash 动画片《我要打鬼子》中的角色的形体特征，图 2-2 为系列 Flash 动画片《奇妙小世界》中的角色的形体特征。

图 2-1　系列 Flash 动画片《我要打鬼子》角色的形体特征

图 2-2　系列 Flash 动画片《奇妙小世界》角色的形体特征

2. 掌握全身比例与结构

全身的比例一般以头部作为衡量的标准，即身体的长度由几个头长组成，身体的宽度是大于头宽还是小于头宽，腰部在第几个头长的位置，手臂下垂到大腿的何处等。这样一步步对照，全身的比例就基本清楚了。然后，可以借助几何图形（球形、椭圆形等）勾画出角色形体的结构框架。图 2-3 为几部动画片中角色的全身比例结构分析。

图 2-3　动画片中各类主角造型比例图

a)《烽火童年》中汉奸全身由 4 个半头长组成　b)《我要打鬼子》中豆豆全身由 2 个头长组成　c)《天书奇谭》中的蛋生全身由 3 个头长组成　d)《奇妙小世界》中妙妙全身由 2 个半头长组成

在 Flash 中绘制人物转动的动画时，可以绘制一些辅助线帮助确定身体各部分的比例。最佳的方法：先绘制一个角色的正面、侧面和背面造型，然后为这 3 个造型加入 45° 的中间画，这样可以既快速又准确地绘制出转动的动画。图 2-4 为系列 Flash 动画片《我要打鬼子》中的豆豆、猪猪和中岛角色的转面图。图 2-5 为系列 Flash 动画片《奇妙小世界》中的奇奇和妙妙角色的转面图。

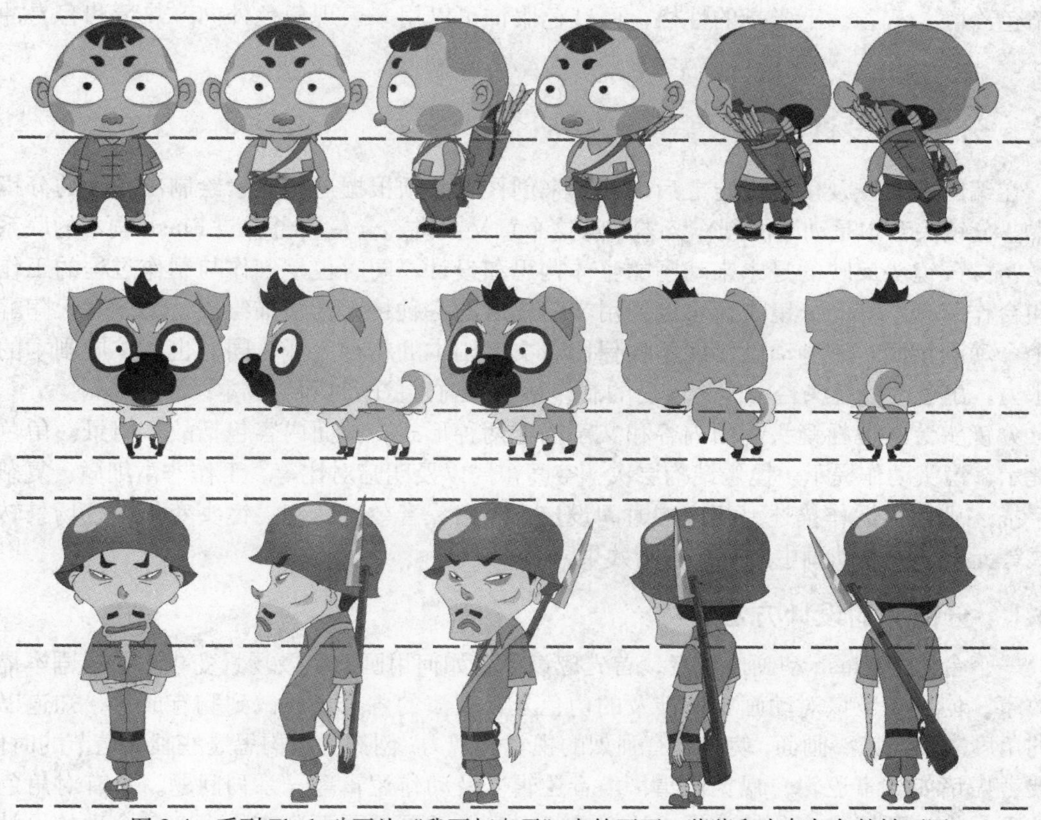

图 2-4　系列 Flash 动画片《我要打鬼子》中的豆豆、猪猪和中岛角色的转面图

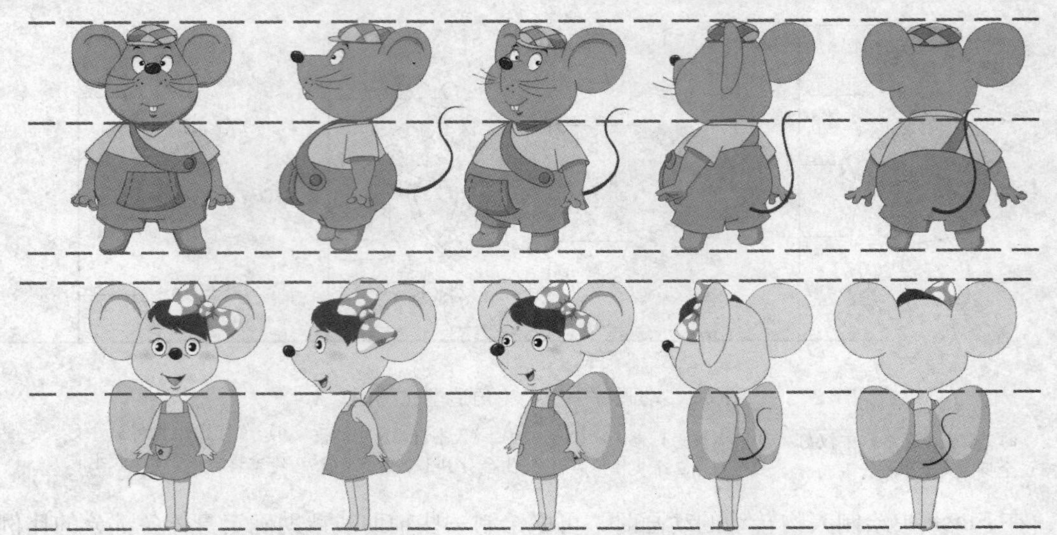

图 2-5 系列 Flash 动画片《奇妙小世界》中的主角奇奇和妙妙形象的转面图

3. 角色服饰

一部动画片必须保证内容的完整性和角色形象的统一性。要根据故事情节确定角色的性格特征，然后再根据角色的性格特征构思角色的服饰特点。比如蓝紫色服饰可以用来表现角色冷静、沉着、不张扬的性格，而红色服饰可以用来表现角色外向、热情和容易冲动的性格。

2.3 分镜头设计

在编写剧本以及角色设定之后，接下来创作者必须根据这些元素绘制出动画的分镜头台本。分镜头台本是动画的创作蓝本，从这个意义上讲，分镜头台本与 Flash 剧本的联系最为紧密。分镜头反映的是未来动画的整体构思和设计，同时也是创作与制作过程的工作准则和合作基础。好的分镜头台本能把用文字叙述的各种精彩剧情描绘成生动、令人陶醉的一个个动画场面。这种动画场面不仅保留着文字剧本的精神内涵，同时也能扩展剧本的戏剧张力。出色的分镜头台本能为以后的制作环节节约大量的时间与成本。

分镜头台本包括镜头画面内容和文字描述两种形式。画面内容包括故事情景、角色动作提示、镜头动作提示、镜像结构层次、空间布局以及明暗对比等，工作非常细微、复杂。文字描述则包括运作描述、相应的时间设定、对白、音效、景别、镜头变化以及场景转换方式等元素，涵盖动画中所有的视听效果。

2.3.1 分镜头的设计方法

一个合格的 Flash 动画创作者，首先应该学会如何用画面以及场景变化来讲述剧本描述的故事。创作者应该对动画中所涉及的角色及其表演的各个场景做到胸有成竹，知道以怎样的角度来构建镜头画面，使其具有强烈的视觉表现力。创作者在构思这些画面情节的时候，需要考虑诸如故事逻辑、视觉逻辑、声音逻辑以及动作逻辑等一系列问题。只有对角色以及故事发生的环境作充分的考虑之后，才能对整个动画的画面分布作出充分合理的设计。

制作 Flash 动画片的分镜头设计包括前期分镜头和后期分镜头两部分。在制作 Flash 动画片的前期，由于角色和背景设定还不是很完善，因此通常采用二维传统动画片中手绘分镜头的方法来绘制分镜头。图 2-6 为系列 Flash 动画片《奇妙小世界》中《我要减肥》一集中的一组前期分镜头画面。在前期制作了几集动画片后，角色和背景设定已经相对完善，为了加快制作速度，此时可以采用在 Flash 中利用手写板直接绘制分镜头的方法来完成这个阶段的分镜，对于每个分镜所需的时间及相关提示可以直接在 Flash 中标记出来。图 2-7 为系列 Flash 动画片《奇妙小世界》中《圣诞鼠》一集中的一组后期分镜头画面。

图 2-6 系列 Flash 动画片《奇妙小世界》中《我要减肥》一集中的一组前期分镜头画面

图 2-7 系列 Flash 动画片《奇妙小世界》中《圣诞鼠》一集中的一组后期分镜头画面

2.3.2 Flash动画基本的镜头位置

对于Flash动画创作者来讲,要处理好镜头的各种表现效果,就必须了解镜头的拍摄位置。这是处理好镜头表现效果的基础条件。

在 Flash 动画中，一般有鸟瞰、俯视、平视、仰视以及倾斜镜头 5 种镜头位置。

1. 鸟瞰

鸟瞰，意思是像飞鸟一样在空中俯视。由于鸟瞰镜头是全局性的视角，因此在视觉范围内所涉及的对象数量众多，无法对每一个个体的细节进行详细的描述，所以在动画中如果要表现数量上的壮观，就可以用这种镜头来表现。图 2-8 所示为系列 Flash 动画片《奇妙小世界》中的鸟瞰画面。

2. 俯视

相对于鸟瞰镜头来说，俯视镜头是指人的视觉在正常的状态下从上往下看的镜头。由于俯视镜头带有强烈的心理优势特征，因此它也不是一种客观表现事物的方式。在 Flash 动画创作中,俯视镜头通常用来表现上司看下属、大人看身边的小孩或宠物及弱小对手等。图2-9 所示为系列 Flash 动画片《奇妙小世界》中的俯视画面。

图 2-8 鸟瞰画面

图 2-9 俯视画面

3. 平视

与俯视镜头相比，平视镜头显得比较客观，它减少了由于主观意识所产生的主观视角心理优势感。视觉范围内的角色对象摆脱了背景的控制，处在和观众同等的心理位置上。平视镜头增强了视觉范围内角色对象的力量感，使得主观心理无法轻视或同情视觉中的角色对象，在主观心理上已认为视野中的角色对象有足够的自主能力。

在 Flash 卡通动画中，平视通常用来表现平等的谈判双方、情侣等，体现的是一种平等关系。图 2-10 所示为系列 Flash 动画片《奇妙小世界》中的平视画面。

图 2-10 平视画面

4. 仰视

仰视镜头是指以低处作为视觉出发点，向上看的视觉镜头。这种镜头能使观众对角色对象产生一种恐惧、庄严、强大或尊敬的心理感觉，它能使矮小的角色形象瞬间变得高大起来。

在 Flash 动画中，仰视镜头一般用来表现宗教建筑物中的神像、现实生活中的领导者、具有很强能量的人物或怪物等。图 2-11 所示为系列 Flash 动画片《奇妙小世界》中的仰视画面。

5. 倾斜镜头

倾斜镜头的画面一般都是歪的，这种镜头具有相当强的主观意向，用来表现迷乱或迷茫。在 Flash 动画中，倾斜镜头多用于表现反面角色及其所处的建筑环境。图 2-12 所示为系列 Flash 动画片《我要打鬼子》中的倾斜画面。

图 2-11　仰视画面

图 2-12　倾斜画面

2.3.3　Flash动画常用的运动镜头

要制作出优秀的 Flash 动画作品，除了掌握 Flash 基本的镜头位置外，还要对 Flash 动画常用的运动镜头有一个了解。Flash 动画与电影电视一样，都是通过镜头的运动来获得灵活的视觉感受。Flash 动画常用的运动镜头分为推、拉、摇、移、升 / 降 5 种运动类型。

1. 推镜头

推镜头又称为伸镜头，是指摄像机朝视觉目标纵向推进的拍摄动作。推镜头能使观众压力增强，镜头从远处往近处推的过程是一个力量积蓄的过程。随着镜头的不断推近，这种力量感会越来越强，视觉冲击也越来越强。图 2-13 所示为系列 Flash 动画片《奇妙小世界》中的推镜头画面。

图 2-13　推镜头画面

2. 拉镜头

拉镜头又称为缩镜头，是指摄像机从近到远纵向拉动，视觉效果是从近到远，画面范围也是从小到大。拉镜头通常用来表现主角正要离开当前场景，与人步行后退的感觉很相似，因此拉镜头带有强烈的离开意识。图 2-14 所示为系列 Flash 动画片《奇妙小世界》中的拉镜头画面。

图 2-14　拉镜头画面

3. 摇镜头

摇镜头是指摄像机机身位置不动，镜头从场景中的一个方向移到另一个方向，它可以是从左往右摇，或者从右往左摇，也可以是从上往下摇，或者从下往上摇。

左右摇动镜头为横向镜头，能给人一种正在观察或探索的感觉。快速地横向摇动可以表现出明确的目的性。速度较慢的横移则显得比较小心，带给观众一种危机感或压抑感。横向摇动镜头一般用来表现部队长官巡视部队阵列，演讲者视线扫描听众、搜索目标或警察办案搜寻犯罪现场等。而上下摇动镜头通常用于表现对人的穿着打扮的观察以及对建筑物或物品外观的观察。图 2-15 所示为系列 Flash 动画片《奇妙小世界》中的上下摇镜头的画面。

图 2-15　上下摇镜头画面

4. 移镜头

移镜头是指镜头画面在水平方向上随着被摄主体的运动方向所作的移动。Flash 动画中的移镜头就是模仿人向前移动，同时头扭向一边观察事物的这个动作。移镜头的重要特征是首先保证镜头角度不变，其次是真正镜头机位物理位置的移动（动画中被称为绘制模拟跟随）。移镜头在表现大场面、大纵深、多景物、多层次的复杂场景时具有气势恢宏的造型效果。移镜头可以表现某种主观倾向，通过有强烈主观色彩的镜头表现出更为自然生动的真实感和现场感，使运动物体更具动感和特色。图 2-16 所示为系列 Flash 动画片《奇妙小世界》中的移镜头画面。

图 2-16　移镜头画面

5. 升/降镜头

升 / 降镜头是指在镜头固定的情况下，摄像机本身进行垂直位移。相对于其他镜头来说，升 / 降镜头显得呆板、被动和机械化，带有旁观者的特性。在运用这种镜头时，一般需要与其他表演元素结合使用才能显示出画面的活力。升 / 降镜头一般和上下的直摇镜头相配合，才能对观众产生丰富的心理暗示。

在 Flash 中，要表现出升 / 降镜头的效果，跟上面的移镜头一样，可以先制作一幅宽度大于舞台的场景图，然后上下移动场景图即可。图 2-17 所示为系列 Flash 动画片《奇妙小世界》中的降镜头画面。

图 2-17　降镜头画面

2.3.4　Flash动画常用的景别

景别是镜头设计中的一个重要概念，是指角色对象和画面在屏幕框架结构中所呈现出的大小和范围。不同的景别可以引起观众不同的心理反应。

1. 远景

远景常用来交代事情发生的环境，渲染烘托气氛。其主要作用在于确定场景，确定角色与场景的空间关系，定义这一空间的基本要素，为全片在场景氛围上确立一个基调。远景往往用于展示大地、城市、乡村的广阔场景画面。图 2-18 所示为系列 Flash 动画片《奇妙小世界》中的远景画面。

2. 全景

全景是指用于表现人物全身形象或某一具体场景全貌的画面。全景画面通过特定环境和特定场景能够完整地表现人物的形体动作，可以通过人物形体动作来反映人物的内心情感和心理状态，环境对人物有说明、解释、烘托和陪衬的作用。图 2-19 所示为系列 Flash 动画片《奇妙小世界》中的全景画面。

图 2-18　远景画面

图 2-19　全景画面

3. 中景

中景是主体大部分出现的画面，从人物角度来讲，中景是表现成年人膝盖以上部分或场景局部的画面，能使观众看清人物半身的形体动作和情绪交流。图 2-20 所示为系列 Flash 动画片《奇妙小世界》中的中景画面。

4. 近景

近景表现的是成年人胸部以上的部分或物体局部。由于视距很近，观众可以清晰地看到角色的每一个细节，近景往往偏重于角色的五官表情变化和角色内在心理活动的描写。图 2-21 所示为系列 Flash 动画片《奇妙小世界》中的近景画面。

图 2-20　中景画面

图 2-21　近景画面

5. 特写

特写是指镜头只拍摄角色或物体的局部，比如人的脸、嘴、手、盒子等，特写能把拍摄对象细节看得非常清楚。图 2-22 所示为系列 Flash 动画片《奇妙小世界》中的特写画面。

特写镜头一般用于表现角色的表情变化或单个物体的外观特征，在特写镜头中，观众的注意力全都汇集在被拍摄物体身上。特写镜头具有强烈的主观意识，会夸大被拍摄物体的重要性。

图 2-22　特写画面

2.4　背景设计

背景设计（又称场景设计）就是按动画设定的整体美术风格并依据故事情节的要求，给每一个镜头中的角色提供表演、活动的特定场景。动画都是由若干个主要的场景组成的，如室内、室外、城市、乡村、森林、海港、现实或幻想等。它的主要功能是起衬托作用，渲染和营造出故事所需要的环境、气氛。

动画的造型风格与背景造型风格是一种对应关系。动画背景是因动画而存在的，与动画造型设计出自统一的美学构思之中，两者是共生的产物，构成和谐的整体。因此，背景的造型风格与角色的造型风格存在必然的因果关系。动画的背景设计大多仍采用人工描绘的手段。这并不完全是因为制作技术的制约，而是由于这些经设计者亲手绘制的画面包含着人的智慧和情感，它所传达出的是不可重复的、独特的艺术美和人性美，与实拍景物形成完全不同的视觉心理感受，这也是动画的艺术魅力之一。图 2-23 为绘制的系列 Flash 动画片《奇妙小世界》中的两幅背景的画面以及将角色放入背景画面中的效果图。

图 2-23　两幅背景的画面及将角色放入背景画面中的效果图

2.5 原画与动画

动画是由一张张“原画”和“动画中间画”组成的。动画创作中所有的思想都将在这一阶段得以完全体现。

2.5.1 原画

原画，是动画片中每个角色动作的主要创作者。原画设计师的主要职责和任务是按照剧情和导演的意图完成动画镜头中所有角色的动作设计，画出一张张不同动作和表情的关键动态画面。

在传统动画片的制作过程中，原画制作的工作是在脚本和设计稿的基础上，结合导演对该片角色的表述，而进行的角色动作绘制。

在 Flash 中，原画设计可以理解为关键帧动作的绘制，如图 2-24 所示。一张张静止的关键帧画面组成了动画的基础，原画设计的质量会直接影响到成片的质量。

图 2-24 原画画面

2.5.2 动画

“原画”的工序后就是“动画”的工序，即“中间画”。它是在原画中添加动作过程，使之连贯，进而形成连续播放的动画。动画相对于原画来说，比较简单，是初学动画者入门时首先接触到的。

在传统动画中，动画（中间画）制作的工作是通过透光台来完成的，所用的纸张都有一定的规格，并且在每一张动画纸上都打有 3 个统一的洞眼（定位孔）。绘制时必须将动画纸套在特制的定位尺上方可进行工作，如图 2-25 所示。比如，若要在“原画 1”与“原画 5”之间要添加 3 张中间画，首先要将“原画 1”与“原画 5”两张动画纸套在“定位尺”上，然后在中间绘制“中间画 3”，这个中间画就是“一动画”。接着在画好“中间画 3”后，再将“原画 1”和“中间画 3”两张动画纸套在定位尺上，画出“中间画 2”。同理，再将“原画 5”和“中间画 3”两张动画纸套在定位尺上，画出“中间画 4”。“中间画 2”和“中间画 4”是“二动画”。这样 3 张中间画就完成了。

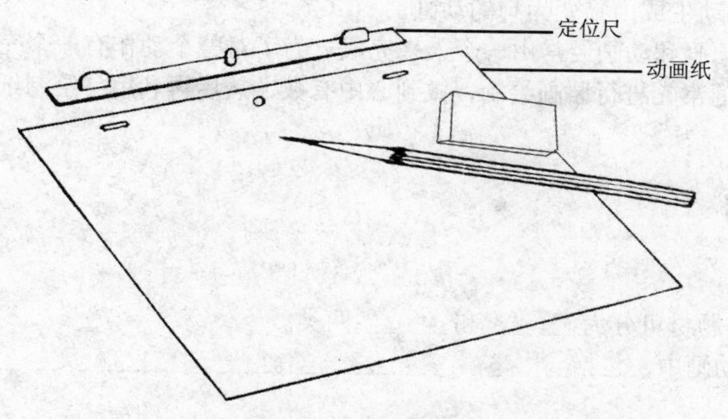

图 2-25　定位器和动画纸

在 Flash 中，“绘制纸外观”功能相当于传统动画中的透光台，设计者可以通过它方便地看到帧前与帧后的画面，以便制作中间画，如图 2-26 所示。

图 2-26　中间画效果

此外与传统的动画制作技法不同，如果要在 Flash 中制作简单的位置、形状、颜色、不透明度的动画，只需要在两个关键帧中分别定义对象的不同位置、形状、颜色、不透明度等要素，然后使用 Flash 中的补间命令，自动生成这两个关键帧中动画的过渡，这样就减少了绘制中间画的环节，从而大大提高了动画制作效率。例如，若需要制作一个由小猫变为小狗的动画，只需要在两个关键帧中分别绘制出猫和狗的图形，然后在两个关键帧之间创建补间形状，Flash 就会自动生成由猫变为狗的动画。

由于 Flash 的原画和动画经常由一个人来完成，为了对整个动作有一个完整的构思，在绘制动画前设计者通常先进行原画绘制，做到心中有数，然后再利用“绘制纸外观”功能来绘制中间画。

2.6 课后练习

1. 填空题

（1）Flash 剧本题材可分为________和________两类。

（2）在 Flash 动画中，包括________、________、________、________及________5 种基本镜头位置。

2. 选择题

（1）下列哪些属于 Flash 动画常用的镜头景别？（　）

A. 近景　B. 远景　C. 特写　D. 遮罩

（2）下列哪些属于 Flash 动画常用的运动镜头？（　）

A. 推　B. 拉　C. 摇　D. 移　E. 升 / 降

3. 问答题

（1）简述在剧本写作中应避免的问题。

（2）简述原画与动画的关系。

第3章　Flash CS6 动画基础

本章重点

目前，Flash 动画在诸多领域得到了广泛应用，不仅可以制作 Flash 站点、Flash 广告、Flash 游戏，而且可以制作 Flash 动画片等。本章将具体讲解 Flash CS6 软件的基本使用方法。通过本章的学习，读者应掌握以下内容：

- Flash CS6 的界面构成
- 利用 Flash 绘制图形
- 元件的创建与编辑
- 时间轴、图层和帧的使用
- 图像、视频和声音的使用
- 创建动画的方法
- 文本的使用
- 发布 Flash 动画的方法

3.1　Flash CS6 的界面构成

启动 Flash CS6，系统弹出如图 3-1 所示的启动界面。

图 3-1　Flash CS6 的启动界面

启动界面中部的主体部分列出了一些常用的任务。其中，左栏可以从模板中创建各种动画文件，并显示了最近用过的项目；中间栏可以创建各种类型的新项目；右栏是帮助用户操作的说明。

单击左栏下方的 打开... 按钮，打开一个已有文件，即可进入 Flash CS6 的工作界面，如图 3-2 所示。

图 3-2　Flash CS6 的工作界面

Flash CS6 的工作界面主要可以分为菜单栏、工具箱、时间轴，舞台、面板组、动画文件选项卡等部分。下面进行具体讲解。

1. 动画文件选项卡

用于显示当前打开的文件名称。如果此时打开了多个文件，可以通过单击相应的文件名称实现文件之间的切换。

2. 菜单栏

菜单栏包括“文件”“编辑”“视图”“插入”“修改”“文本”“命令”“控制”“调试”“窗口”和“帮助”，共 11 个菜单。单击其中任意一个菜单都会弹出相应的子菜单。

3. 时间轴

时间轴用于组织和控制影片内容在一定时间内播放的层数和帧数。具体可参见第 3.4 节的内容。

4. 工具箱

工具箱中包含了多种常用的绘制图形工具和辅助工具。它们的使用方法可参见第 3.2 节的内容。

5. 舞台

舞台又叫做工作区域，是 Flash 工作界面上最大的区域。在这里可以摆放一些图片、文字、按钮、动画等。

6. 面板组

面板组位于工作界面的右侧。利用它们，可以为动画添加非常丰富的特殊效果。Flash

CS6 中的面板组默认以缩略图的方式进行显现，如图 3-3 所示。此时单击任意一个缩略图图标，则可以显示出该缩略图代表的面板，如图 3-4 所示。单击面板组顶端的图标，将会显示出完整的面板组，如图 3-5 所示；此时单击面板组顶端的图标，将会恢复以缩略图的方式显示面板组。

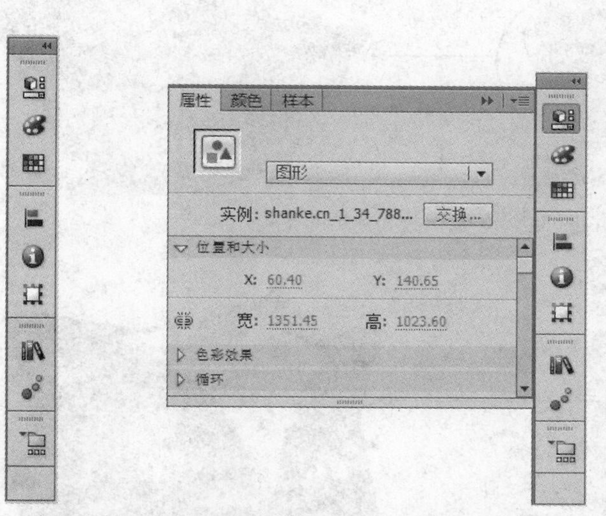

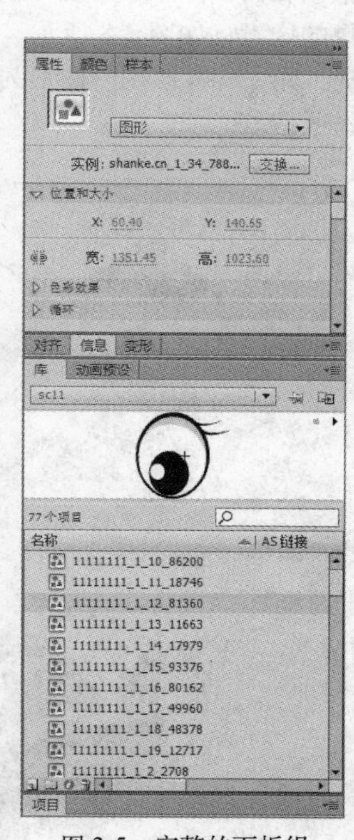

图 3-3　默认面板组　　图 3-4　显示出单个图标代表的面板　　图 3-5　完整的面板组

工具箱和各种面板位置调整之后，可以把这个调整后的工作区布局进行保存。其操作方法是：执行菜单中的“窗口 | 工作区 | 新建工作区”命令，在弹出的如图 3-6 所示的对话框中输入名称，单击“确定”按钮，即可将现在的工作界面保存起来。

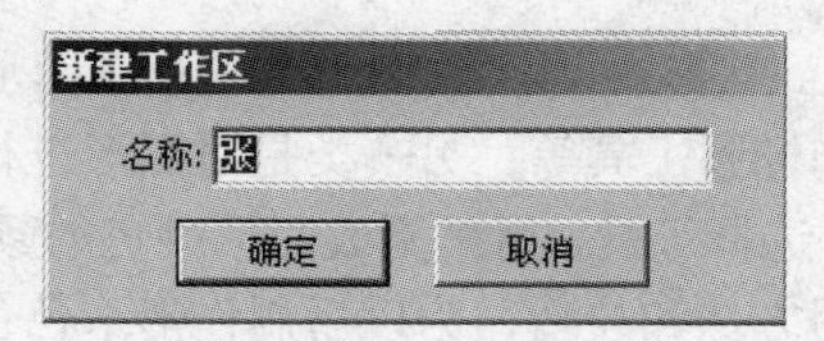

图 3-6　“新建工作区”对话框

3.2　利用Flash绘制图形

Flash 之所以能够大放异彩，很大程度上是因为使用它制作出来的文件非常小，适于在受到带宽限制的互联网中播放。而 Flash 制作出的文件之所以能够比其他多媒体软件制作出来的文件小很多，是因为 Flash 中绘制的图形是以矢量图的形式出现的。

3.2.1 矢量图和位图

矢量图和位图是计算机中最重要的两种图像格式。简单来讲，两者的区别在于：矢量图可以被无限放大，而不会出现模糊和锯齿的现象，如图 3-7 所示；而位图在被放大后，会出现模糊和锯齿，如果再进一步放大，则会显示出一个个的小方块，这些小方块即是组成位图图像的像素，如图 3-8 所示。矢量图中的信息由数字函数记录，而位图图像则由像素点组合而成。用 Flash 绘制的图形为矢量图，这种图像除去文件体积上的优势外，还有一个优点就是易于修改。

图 3-7　矢量图放大前后的比较

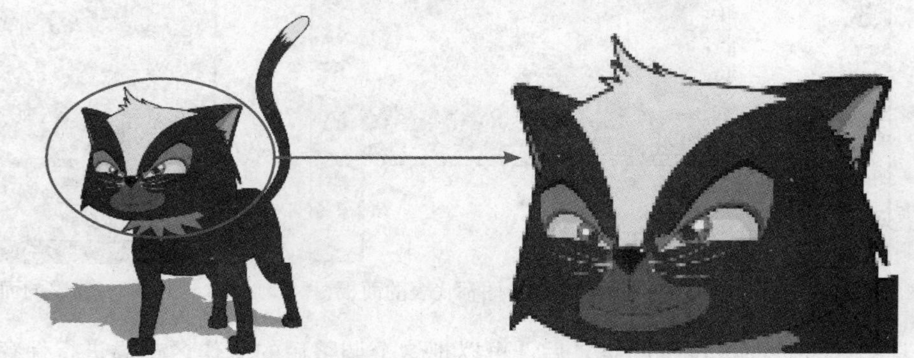

图 3-8　位图放大前后的比较

3.2.2 Flash图形的绘制

Flash 图形的绘制工具大致可以分为两类，一类是绘制图形的工具，如线条工具、铅笔工具、钢笔工具、矩形工具和椭圆工具等；另一类是对图形进行修改设置的工具，如用来更改图形形状的任意变形工具、选择工具，用来更改图形颜色的颜料桶工具、填充变形工具等。

下面讲解这些工具的使用方法和技巧，为以后制作形形色色的动画打下基础。

1. 绘制图形的工具

(1) 线条工具

线条是最简单的几何图形之一，利用 Flash 工具箱中的（线条工具）可以轻易绘制出直线。具体操作步骤如下：

1）单击工具箱中的（线条工具）按钮。

2）移动鼠标到舞台上，当鼠标变为“＋”字形状，按住鼠标左键不放并拖动。

3）绘制完成后，松开鼠标，线条就画好了，如图 3-9 所示。

如果要对绘制的线条进行修改，可以选中线段，在如图 3-10 所示的“属性”面板中完成。具体操作步骤如下：

图 3-9　绘制线条

图 3-10　线条的“属性”面板

1）　调整线条的颜色，可以单击按钮，在弹出的如图 3-11 所示的调色板中进行更改。

2）调整线条的样式，可以单击（编辑笔触样式）按钮，从弹出的“笔触样式”对话框中进行设置，如图 3-12 所示。

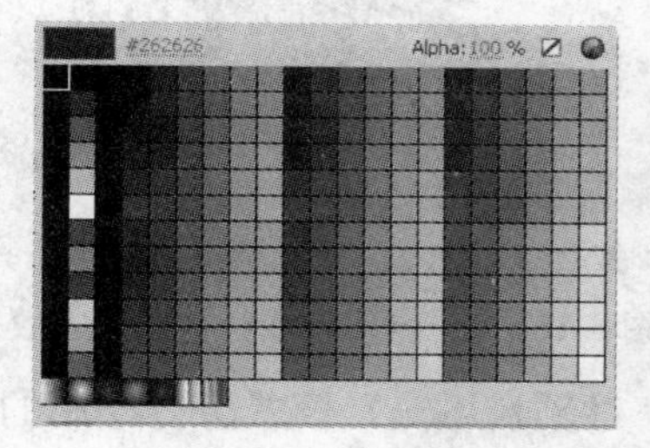

图 3-11　调色板

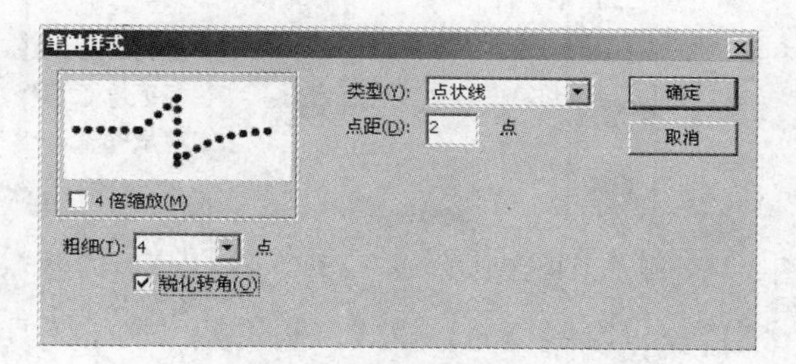

图 3-12　“笔触样式”对话框

(2)　铅笔工具

利用（铅笔工具）可以绘制出线条和几何图形的轮廓，就像用真的铅笔绘制图形一样，运用自如，“铅笔”的颜色、粗细、样式定义和（线条工具）一样，这里不再具体讲解。

利用（铅笔工具）绘制出的线条平滑程度取决于所选择的绘图模式。选择工具箱中的（铅笔工具），然后在工具箱下方单击“选项”栏中的（平滑）按钮，在弹出的菜单中有（伸直）、（平滑）和（墨水）3 种模式可供选择，如图 3-13 所示。

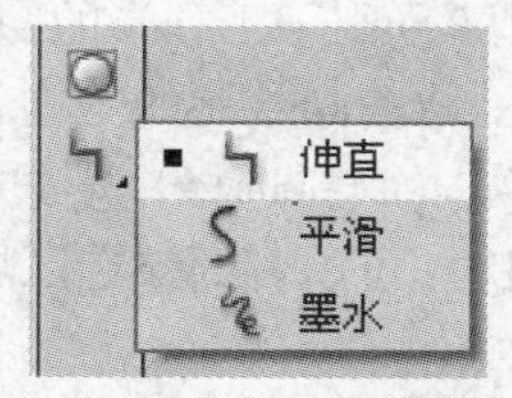

图 3-13　铅笔工具的模式

● （伸直）模式：利用该模式绘制的线条会自动拉直，在绘制封闭图形时，会模拟成三角形、矩形及正方形等规则的几何图形。

- （平滑）模式：利用该模式绘制的线条会自动光滑化，使线条转换成平滑的曲线。
- （墨水）模式：利用该模式绘制的线条会完全保持鼠标轨迹的形状，比较接近于原始的手绘图形。

(3) 刷子工具

利用（刷子工具）可以随意地画出刷子般的笔触、各种色块，就好像在涂色一样。利用它可以模拟出书法效果。

选择工具箱中的（刷子工具），工具箱下方会显示出它的选项栏，如图3-14所示。然后单击“选项”栏中的（标准绘画）按钮，在弹出菜单中有（标准绘画）、（颜料填充）、（后面绘画）、（颜料选择）和（内部绘画）5种模式可供选择，如图3-15所示。

1）（标准绘画）模式。利用（刷子工具）的（标准绘画）模式进行绘制的具体操作方法如下：单击工具箱中的（填充色）按钮，选择黑色，然后选择（标准绘画）后移动笔刷到图形上，按下鼠标左键并拖动，可以看到不管是线条还是填色范围，只要是画笔经过的地方，都变成了画笔所选的颜色，如图3-16所示。

图3-14 刷子工具选项栏

图3-15 刷子工具的模式

图3-16 （标准绘画）模式的效果

2）（颜料填充）模式。利用（刷子工具）的（颜料填充）模式进行绘制的具体操作方法如下：按快捷键〈Ctrl+Z〉，取消刚绘制的笔刷效果；然后单击工具箱中的按钮，选择黑色；接着选择（颜料填充）模式后移动笔刷到图形上，按下鼠标左键并拖动，可以看到笔刷只影响了添色的内容，不会遮盖住线条，如图3-17所示。

3）（后面绘画）模式。利用（刷子工具）的（后面绘画）模式进行绘制的具体操作方法如下：按快捷键〈Ctrl+Z〉，取消刚绘制的笔刷效果；然后单击工具箱中的（填充色）按钮，选择黑色；接着选择（后面绘画）模式后移动笔刷到图形上，按下鼠标左键并拖动，可以看到无论怎样画，笔刷都在图像的后方，不会影响前景图像，如图3-18所示。

4）（颜料选择）模式。利用（刷子工具）的（颜料选择）模式进行绘制的具体操作方法如下：按快捷键〈Ctrl+Z〉，取消刚绘制的笔刷效果；然后单击工具箱中的（填充色）按钮，选择黑色；接着选择（颜料选择）模式后，然后利用（选择工具）选择星形的填充区域，按下鼠标左键并拖动，可以看到被选区域内出现了一条黑色轨迹，如图3-19所示。

提示：如果没选择区域进行涂抹，图形丝毫不会起任何变化。

5）◎（内部绘画）模式。利用🖌（刷子工具）的◎（内部绘画）模式进行绘制的具体操作方法如下：按快捷键〈Ctrl+Z〉，取消刚绘制的笔刷效果；然后单击工具箱中的▣（填充色）按钮，选择黑色；接着选择◎（内部绘画）模式后，再在图形上进行绘制。在绘制时，笔刷的起点要在轮廓线以内，笔刷的范围也只作用在轮廓线以内，如图 3-20 所示。

图 3-17　◎（颜料填充）模式的效果

图 3-18　◎（后面绘画）模式的效果

图 3-19　◎（颜料选择）的效果

图 3-20　◎（内部绘画）的效果

（4）钢笔工具♦

利用♦（钢笔工具）可以绘制出直线和平滑流畅的曲线。下面通过绘制一段波浪线来说明♦（钢笔工具）的使用方法，具体操作步骤如下：

1）为了使定点更准确、更容易，执行菜单中的“视图 | 网格 | 显示网格”命令，显示出网格。

2）选择工具箱中的♦（钢笔工具），在一个网格的顶点单击确定起点，然后每隔 3 个网格进行拖放，每次拖放的方向与前次方向相反，如图 3-21 所示。

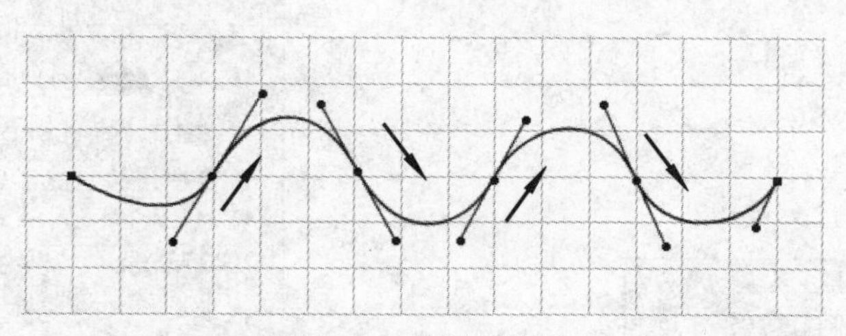

图 3-21　绘制波浪线

提示：使用♦（钢笔工具）放置在控制点以外的曲线上，此时鼠标变为♦形状，单击即可添加一个控制点；使用♦（钢笔工具）放置在控制点上，此时鼠标变为♦形状，单击即可删除该控制点。

（5）矩形工具

选择工具箱中的（矩形工具），然后将鼠标拖动到场景中，拖动鼠标即可绘制出一个矩形。如果在拖动鼠标的同时按下〈Shift〉键，则可绘制正方形。如果在拖动鼠标的同时按下〈Shift+Alt〉组合键，则可绘制以单击点为中心的正方形，如图 3-22 所示。

（6）椭圆工具

按住工具箱中的（矩形工具）右下角的小三角不放，从弹出的下拉菜单中选择（椭圆工具），然后将鼠标拖动到场景中，拖动鼠标即可绘制出一个椭圆形。如果在拖动鼠标的同时按下〈Shift〉键，则可绘制正圆形，如图 3-23 所示。如果在拖动鼠标的同时按下〈Shift+Alt〉组合键，则可绘制以单击点为中心的正圆形。

图 3-22　绘制正方形

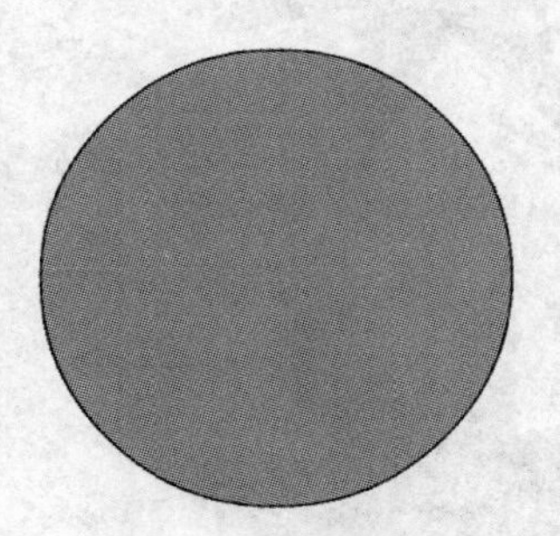

图 3-23　绘制正圆形

（7）多角星形工具

按住工具箱中的（矩形工具）右下角的小三角不放，从弹出的下拉菜单中选择（多角星形工具），如图 3-24 所示。单击“属性”面板中的“选项”按钮，如图 3-25 所示。接着在弹出的对话框中进行设置，如图 3-26 所示，单击“确定”按钮后即可在舞台中绘制出五边形，如图 3-27 所示。如果要创建星形，可以单击“属性”面板中的“选项”按钮，在弹出的对话框中进行设置，如图 3-28 所示，单击“确定”按钮后即可在舞台中绘制出五角星，如图 3-29 所示。

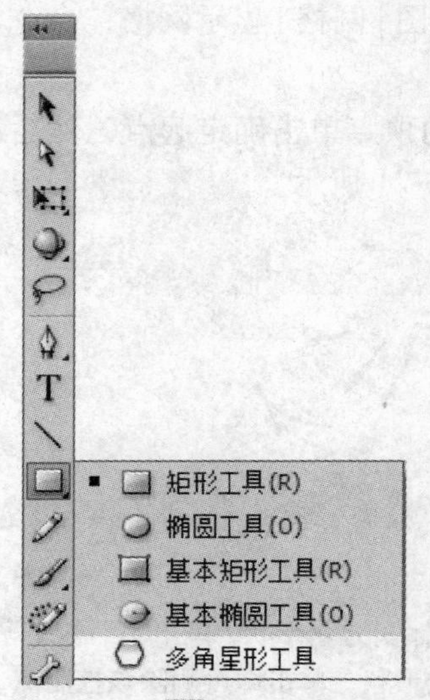

图 3-24　选择（多角星形工具）

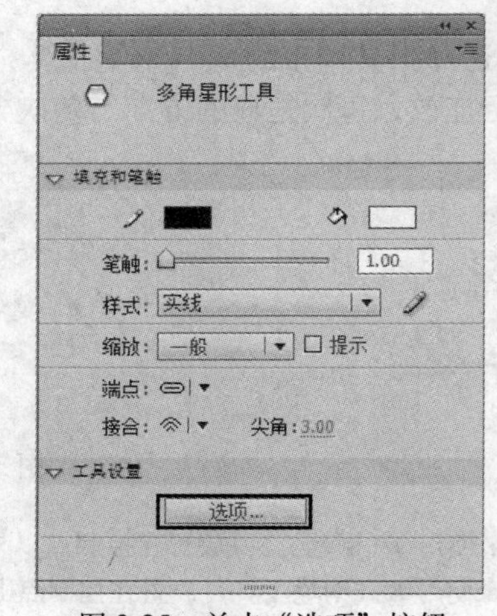

图 3-25　单击“选项”按钮

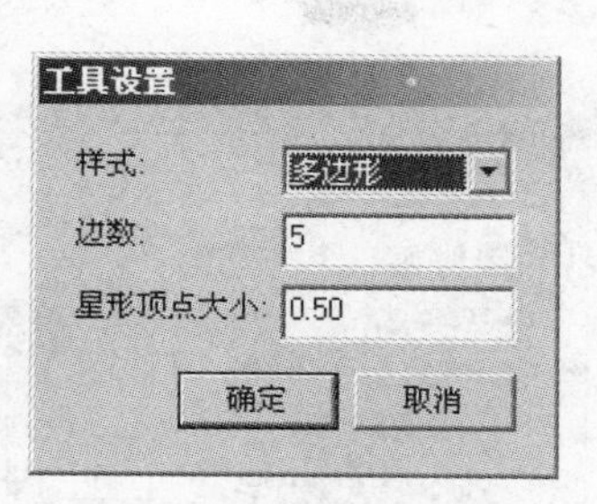

图 3-26　选择“多边形”

图 3-27　绘制五边形

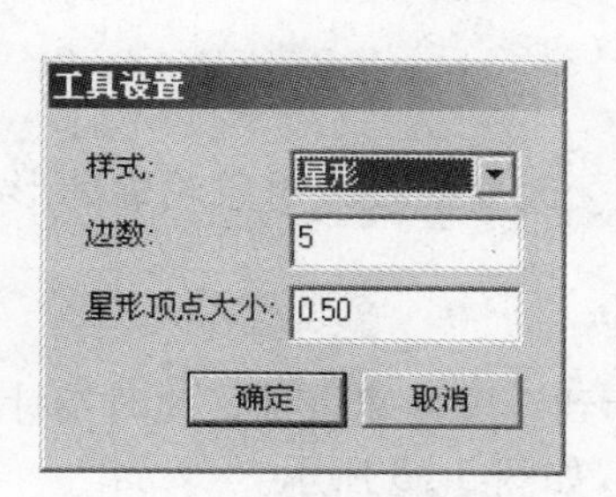

图 3-28　选择“星形”

图 3-29　绘制五角星

(8) 基本矩形工具和基本椭圆工具

使用（基本矩形工具）或（基本椭圆工具）可以直接创建出矩形或椭圆图元，如图 3-30 所示。它们不同于使用（矩形工具）或（椭圆工具）创建的形状。前者在绘制完毕后，随时可以在“属性”面板中对矩形的角半径以及椭圆的开始角度、结束角度和内径等进行再次设置，如图 3-31 所示；而后者绘制完毕后只能在“属性”面板中对填充、笔触高度、端点和接合参数等进行调整，如图 3-32 所示，而不能对矩形的角半径以及椭圆的开始角度、结束角度和内径进行再次设置。

图 3-30　创建基本矩形和基本椭圆图元

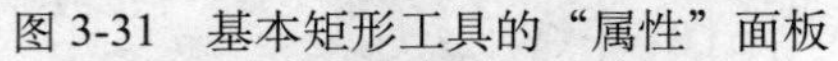

图 3-31　基本矩形工具的"属性"面板

图 3-32　矩形工具的"属性"面板

2. 对图形进行修改设置的工具

(1) 选择工具

利用（选择工具）可以选择对象、移动对象、改变线段或对象轮廓的形状。下面通过一个小例子来进行说明，具体操作步骤如下：

1）利用（线条工具）创建一条线段。

2）选择工具箱中的（选择工具），移动鼠标到线段的端点处，此时指针右下角变成直角状，此时拖动鼠标可以改变线段的方向和长短，如图 3-33 所示。

3）将鼠标移动到线条上，指针右下角会变成弧线状，拖动鼠标，可以将直线变成曲线，如图 3-34 所示。

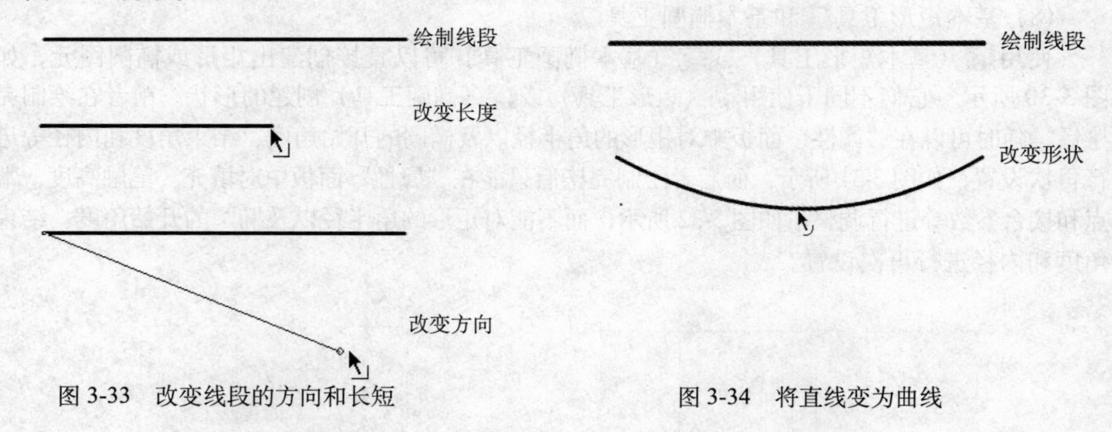

图 3-33　改变线段的方向和长短　　图 3-34　将直线变为曲线

(2) 部分选取工具

利用（部分选取工具）可以调整直线或曲线的长度和曲线的曲率。具体操作步骤如下：

1）利用（钢笔工具）绘制一段曲线，如图 3-35 所示。

2）选择工具箱中的（部分选取工具），然后单击如图 3-36 所示的控制柄，此时鼠标变为 ▹ 形状。接着向上移动，此时两条控制柄控制的曲线均发生曲率的变化，如图 3-37 所示。

3）按快捷键〈Ctrl+Z〉，取消上一步操作，然后按住〈Alt〉键同时单击如图 3-36 所示的控制点并向上移动，此时只有该控制柄控制的后半部分曲线的曲率发生变化，如图 3-38 所示。

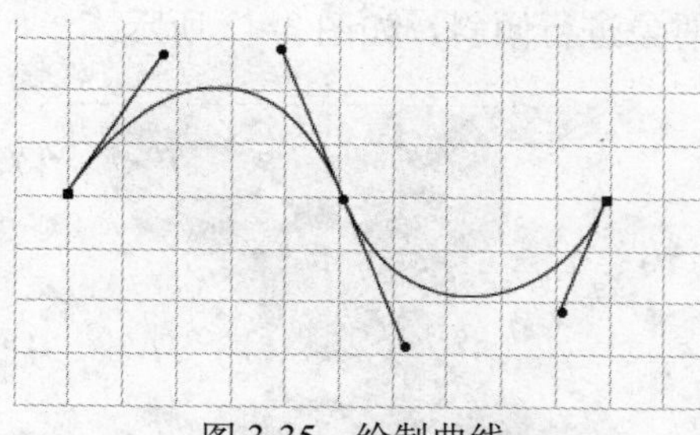

图 3-35　绘制曲线

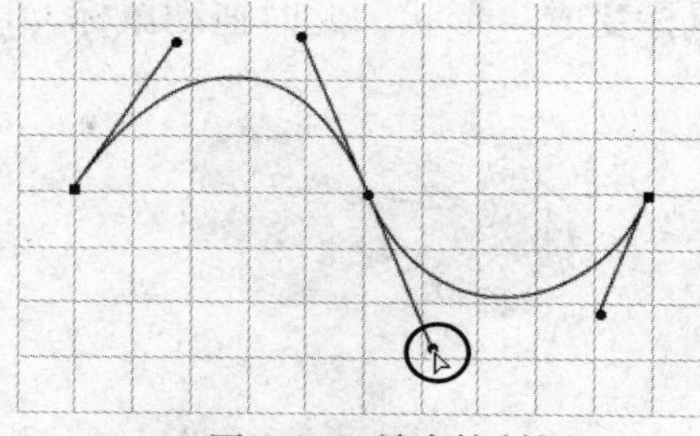

图 3-36　单击控制柄

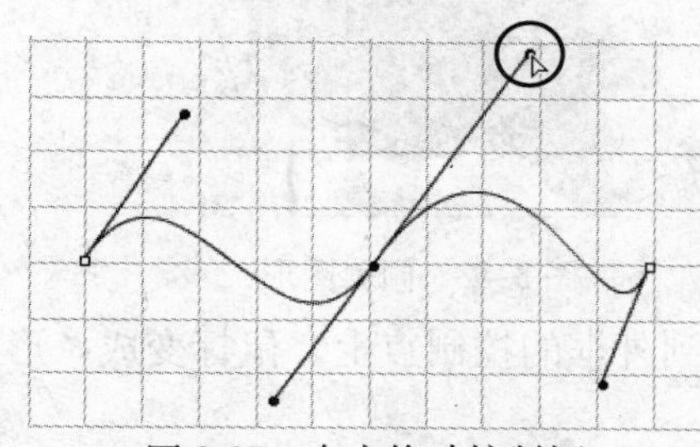

图 3-37　向上拖动控制柄

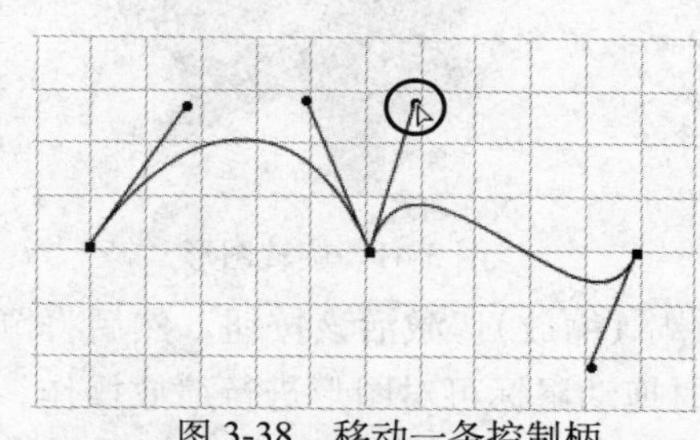

图 3-38　移动一条控制柄

（3）套索工具

使用（套索工具）可以创建不规则选区，通过激活或关闭（多边形模式）按钮，可以在不规则和直边选择模式之间切换。

（4）任意变形工具

利用（任意变形工具）可以旋转、缩放图形对象，也可以进行扭曲、封套变形，将图形改变成任意形状。

选择工具箱中的（选择工具）选择对象，然后在工具箱中选取（任意变形工具），此时被选中的图形将被一个带有 8 个控制点的方框包住，如图 3-39 所示。工具箱的下方会出现（任意变形工具）的“选项”栏，它有（贴紧至对象）、（旋转与倾斜）、（缩放）、（扭曲）和（封套）5 个按钮可供选择，如图 3-40 所示。

图 3-39　选取（任意变形工具）后的效果

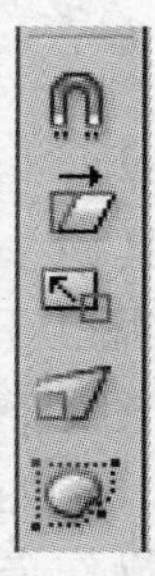

图 3-40　（任意变形工具）的“选项”栏

- (贴紧至对象)：激活该按钮，可以启动自动吸附功能。
- (旋转与倾斜)：激活该按钮，将鼠标移动到外框顶点的控制点上，鼠标变成形状，此时拖动鼠标，可对图形进行旋转，如图 3-41 所示；将鼠标移动到中间的控制点上，鼠标变成形状，此时拖动鼠标，可以将对象进行倾斜，如图 3-42 所示。

图 3-41 旋转图形

图 3-42 倾斜图形

- (缩放)：激活该按钮，然后将鼠标移动到外框的控制点上，鼠标变成形状，此时拖动鼠标可对图形进行缩放操作。
- (扭曲)：激活该按钮，然后将鼠标移动到外框的控制点上，鼠标变成形状，拖动鼠标，可以使图形进行扭曲变形，如图 3-43 所示。
- (封套)：激活该按钮，此时图形的外围出现很多控制点，拖动这些控制点，可以使图形进行更细微的变形，如图 3-44 所示。

图 3-43 扭曲图形

图 3-44 封套图形

(5) 墨水瓶工具

利用（墨水瓶工具）可以设置线条的颜色、线型和宽度等属性。如果场景中已有线条和填充了色块的图形，那么选取（墨水瓶工具），然后在“属性”面板中修改参数后再单击已有的图形，可以改变线条和图形的属性。下面通过一个例子来说明（墨水瓶工具）的使用方法，具体操作步骤如下：

1）在场景中绘制一个带黄色边框的矩形，如图 3-45 所示。

2）选择工具箱中的（墨水瓶工具），在“属性”面板中进行如图 3-46 所示的设置，然后用单击矩形的黑色边框，即可将边框改变为所设置的形状，如图 3-47 所示。

图 3-45 绘制矩形

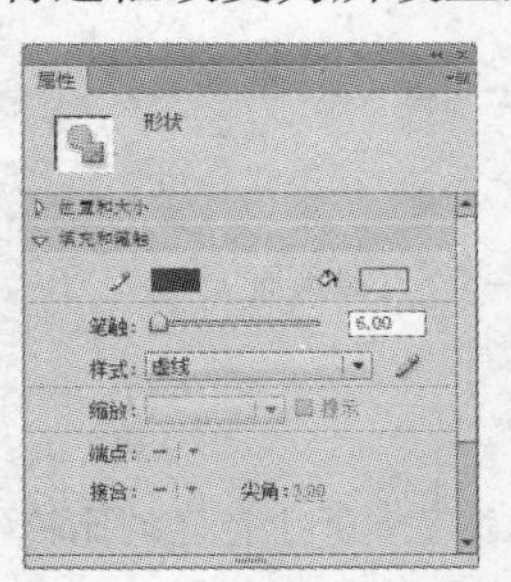

图 3-46 设置边框的属性

图 3-47 调整边框的形状

(6) 滴管工具

利用（滴管工具）可以快速地将一条线条的样式套用到其他线条上。下面通过一个例子来说明（滴管工具）的使用方法，具体操作步骤如下：

1）利用（线条工具）单击绘制出来的两条不同样式的线段，然后利用（滴管工具）放置到下方的线条上，此时鼠标变为形状，如图 3-48 所示。

2）单击鼠标，此时鼠标变为形状。然后将鼠标放到位于上方的线条上，单击即可将吸取的下方线条属性应用到上方线条上，如图 3-49 所示。

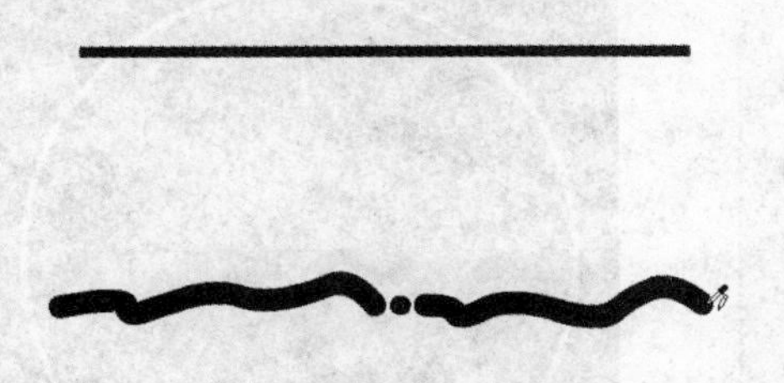

图 3-48 将（滴管工具）放置到线条上

图 3-49 套用到其他线条上的效果

(7) 颜料桶工具

利用（颜料桶工具）可以给图形中的封闭区域填充颜色，也就是可以对某一区域进行单色、渐变色或位图填充，它的图标类似于（墨水瓶工具）。但（墨水瓶工具）是用于线条上色，而（颜料桶工具）用于对封闭区域填充。图 3-50 为二者上色的位置比较。

选择工具箱中的（颜料桶工具），然后在工具箱下方单击“选项”栏，在弹出的菜单中有（不封闭空隙）、（封闭小空隙）、（封闭中等空隙）和（封闭大空隙）4 种模式可供选择，如图 3-51 所示。

- （不封闭空隙）：表示要填充的区域必须在完全封闭的状态下才能进行填充。
- （封闭小空隙）：表示要填充的区域在有小缺口的状态下才能进行填充。
- （封闭中等空隙）：表示要填充的区域在有中等大小缺口的状态下进行填充。
- （封闭大空隙）：表示要填充的区域在有较大缺口的状态下也能填充。

提示：在 Flash 中即使中等空隙和大空隙，缺口也是很小的。有时图形的缺口看起来很小，但是选中（封闭大空隙）也无法对图形进行填充，遇到这种情况，还是应该手动封闭要填充的区域后再填充。

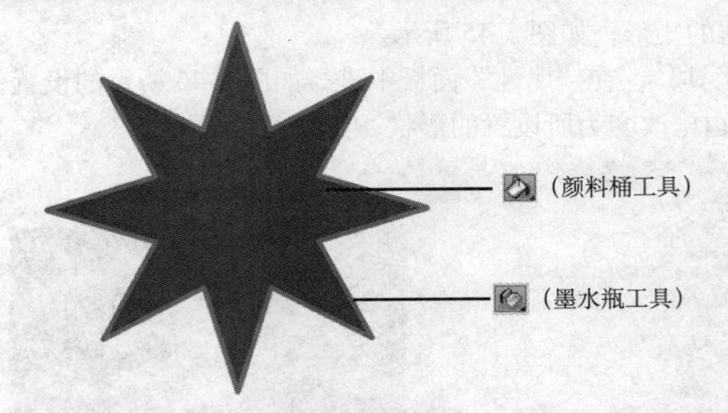

图 3-50 （颜料桶工具）和（墨水瓶工具）上色区域比较

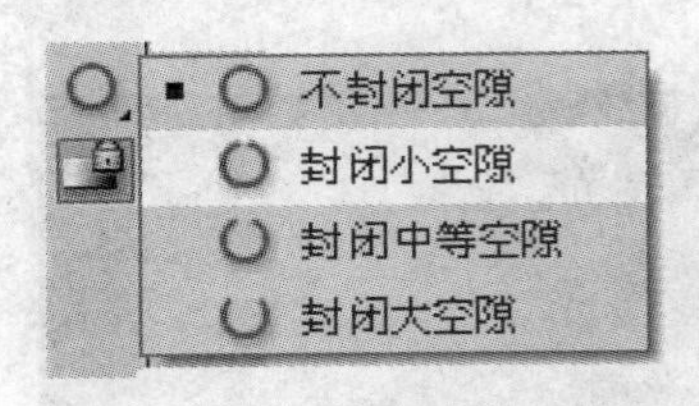

图 3-51 颜料桶工具的模式

（8）填充变形工具

利用（填充变形工具）可以调整填充的色彩变化。下面通过创建一个水滴来说明（填充变形工具）的使用方法，具体操作步骤如下：

1）为了便于观看效果，下面执行菜单中的“修改 | 文档”命令，在弹出的对话框中将背景色设为深蓝色（#0000FF），如图 3-52 所示，单击“确定”按钮。

2）选择工具箱中的（椭圆工具），设置笔触颜色为白色，填充颜色为（无色），然后配合〈Shift〉键，绘制一个正圆形，如图 3-53 所示。

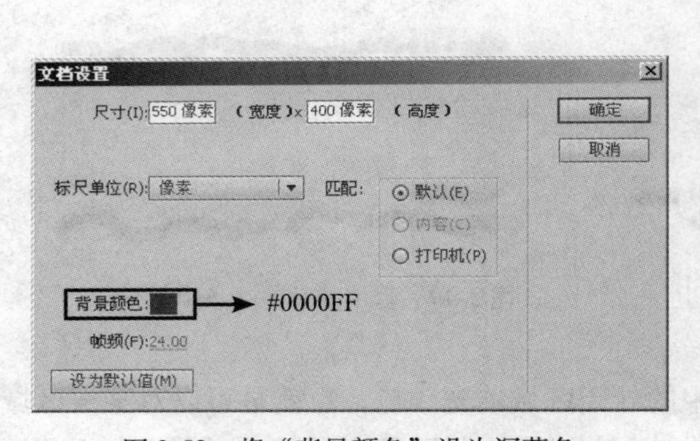

图 3-52 将“背景颜色”设为深蓝色

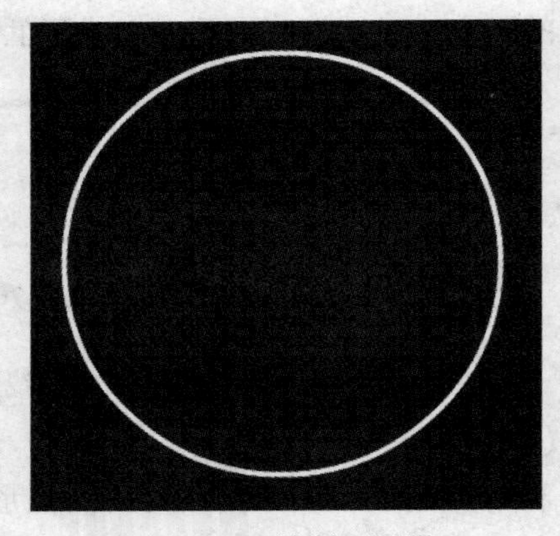

图 3-53 绘制正圆形

3）执行菜单中的“窗口 | 颜色”命令，调出“颜色”面板，然后单击“类型”右侧下拉列表框，此时会弹出所有的填充类型，如图 3-54 所示。

- 无：表示对区域不进行填充。
- 纯色：表示对区域进行单色填充。
- 线性渐变：表示对区域进行线性填充。
- 径向渐变：表示对区域进行从中心处向两边扩散的球状渐变填充。
- 位图填充：表示对区域进行从外部导入的位图填充。

4）选择“径向渐变”填充类型，此时在“颜色”面板上会出现一个颜色条，颜色条的下方有一些定位标志，称之为“色标”，通过对色标颜色值和位置的设置，可定义出各种填充色。下面分别单击颜色条左右两侧的在其上面设置颜色，如图 3-55 所示。

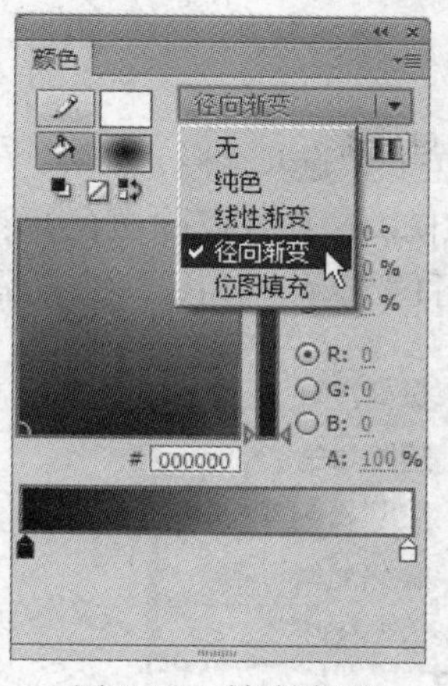

图 3-54　填充类型

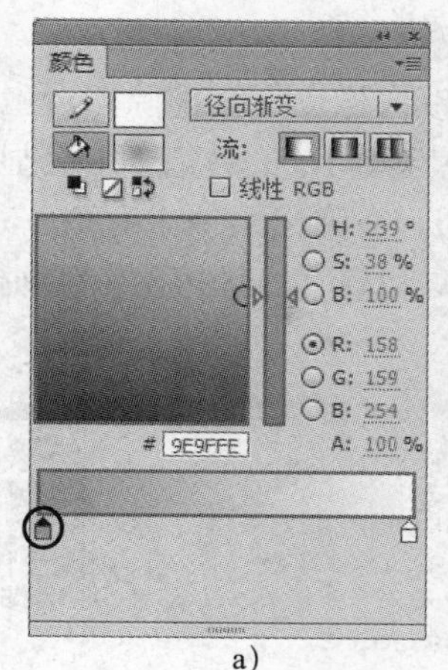

a)

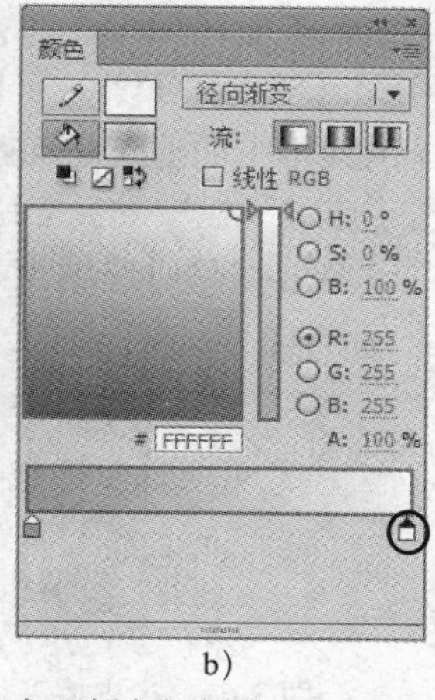

b)

图 3-55　设置左右两侧色标颜色
a）设置颜色条左侧色标　b）设置颜色条右侧色标

5）选择工具箱中的（颜料桶工具），对绘制的圆形进行填充，结果如图 3-56 所示。

6）将正圆形调整为水滴的形状。方法：选择工具箱中的（选择工具），将鼠标放置到圆的顶部，然后按住〈Ctrl〉键向上拖动鼠标，结果如图 3-57 所示。接着松开〈Ctrl〉键对圆形两侧进行处理，并用（颜料桶工具）对调整好的水滴形状进行再次填充。最后选择白色边线，按〈Delete〉键进行删除，结果如图 3-58 所示。

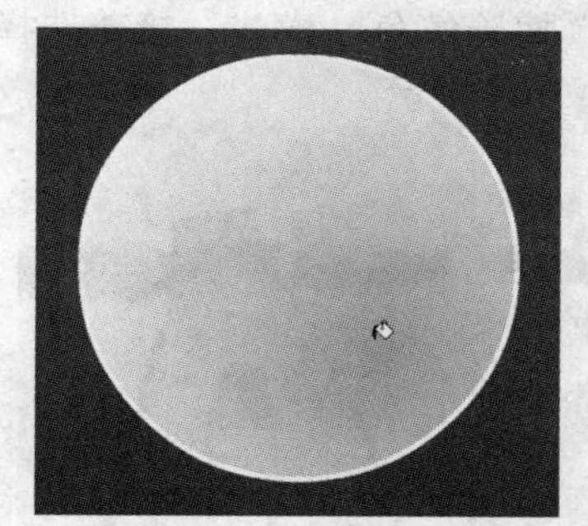

图 3-56　填充圆形

图 3-57　调整水滴顶部

图 3-58　水滴最终形状

7）此时水滴填充后的效果缺乏立体通透感，下面通过（填充变形工具）来解决这个问题。方法：选择工具箱中的（填充变形工具），单击水滴，结果如图 3-59 所示。然后选择如图 3-60 所示的按钮，向圆形内部移动，从而缩小渐变区域，达到立体通透感的效果。

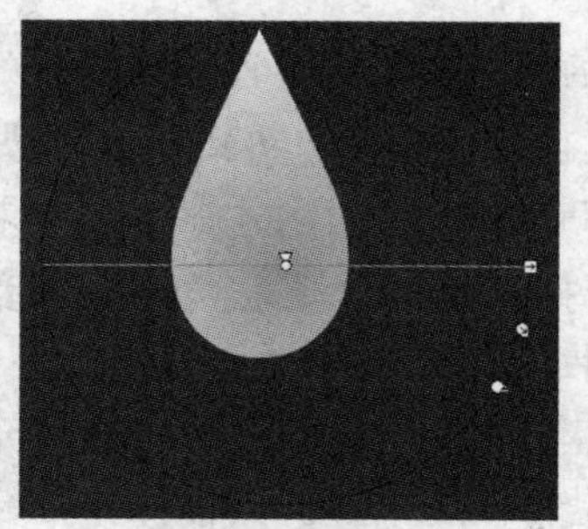

图 3-59　使用（填充变形工具）选中水滴

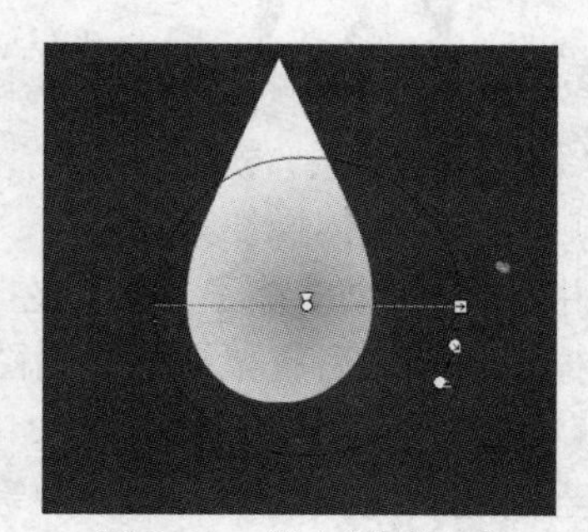

图 3-60　缩小渐变区域

(9) 橡皮擦工具

利用（橡皮擦工具）可以像橡皮一样擦除舞台上不需要的地方。

选择工具箱中的（橡皮擦工具），工具箱下方会显示出它的“选项”栏，如图3-61所示。然后单击“选项”栏中的按钮，在弹出菜单中有（标准擦除）、（擦除填色）、（擦除线条）、（擦除所选填充）和（内部擦除）5种模式可供选择，如图3-62所示。

图3-61 橡皮擦工具选项栏

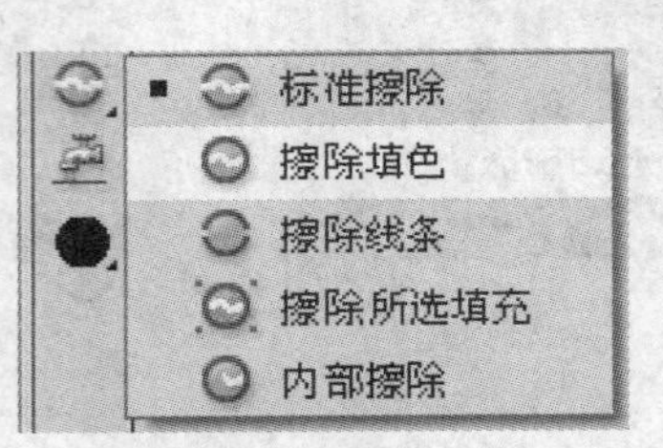

图3-62 橡皮擦工具的模式

1）（标准擦除）模式。利用（橡皮擦工具）的（标准擦除）模式可以擦除同一层上的笔触和填充。具体操作方法如下：首先绘制图形，如图3-63所示；然后选择工具箱中的（橡皮擦工具），在“选项”栏中选择（标准擦除）模式；接着选择相应的橡皮擦形状，然后将鼠标移动到图形上涂抹，结果如图3-64所示。

2）（擦除填色）模式。利用（橡皮擦工具）的（擦除填色）模式可以只擦除填充，而不影响笔触。具体操作方法如下：按快捷键〈Ctrl+Z〉，取消刚才擦除的效果；然后选择工具箱中的（橡皮擦工具），在“选项”栏中选择（擦除填色）模式；接着选择相应的橡皮擦形状，然后将鼠标移动到图形上涂抹，结果如图3-65所示。

图3-63 绘制图形

图3-64 标准擦除的效果

图3-65 擦除填色的效果

3）（擦除线条）模式。利用（橡皮擦工具）的（擦除线条）模式可以只擦除线条，而不影响填充。具体操作方法如下：按快捷键〈Ctrl+Z〉，取消刚才擦除的效果；然后选择工具箱中的（橡皮擦工具），在“选项”栏中选择（擦除线条）模式；接着选择相应的橡皮擦形状，然后将鼠标移动到图形上涂抹，结果如图3-66所示。

4）（擦除所选填充）模式。利用（橡皮擦工具）的（擦除所选填充）模式可以只擦除当前选定的填充，而不影响笔触（不管笔触是否被选中）。具体操作方法如下：按快捷键〈Ctrl+Z〉，取消刚才擦除的效果；然后选择工具箱中的（橡皮擦工具），在“选项”

栏中选择 （擦除所选填充）模式；接着选择相应的橡皮擦形状，然后将鼠标移动到图形上涂抹，结果如图 3-67 所示。

提示：在使用该模式之前，一定要先选中要擦除的填充。

5）（内部擦除）模式。利用 （橡皮擦工具）的 （内部擦除）模式可以只擦除橡皮擦笔触开始处的填充。具体操作方法如下：按快捷键〈Ctrl+Z〉，取消刚才擦除的效果；然后选择工具箱中的 （橡皮擦工具），在“选项”栏中选择 （内部擦除）模式；接着选择相应的橡皮擦形状，然后将鼠标移动到图形上涂抹，结果如图 3-68 所示。

提示：双击 （橡皮擦工具）可以擦除舞台中的所有内容。

图 3-66　擦除线条的效果

图 3-67　擦除所选填充的效果

图 3-68　内部擦除的效果

Flash CS6 在 （橡皮擦工具）选项中新增了一个 （水龙头）按钮，利用它可以快速删除笔触段或填充区域，如图 3-69 所示。

a）

b）

c）

图 3-69　水龙头效果
a）原图　b）擦除填充　c）擦除笔触

3.3　元件的创建与编辑

Flash 除了图形的绘制外，还有一个非常重要的概念就是元件，绝大多数 Flash 就是通过对各种元件的操作，如元件位置的移动、旋转以及透明度变化等来实现动画效果的。此外，通过反复使用元件还可大大减少文件大小。下面就来具体讲解元件的创建和编辑。

3.3.1 元件的类型

Flash 中的元件可分为影片剪辑、按钮和图形 3 类。

1. 影片剪辑

影片剪辑是一个独立的“万能演员”，是自成一格的可以包含动画、互动控制、音效的一个小动画，利用它可以创造出各种动画效果。

2. 按钮

按钮好比是“特别演员”，利用它可以对鼠标事件作出反应，从而控制影片。

3. 图形

图形好比是“群众演员”，利用它可以存放静态的图像，也可以用来创建动画，在动画中也可包含其他的元件，但不能添加交互控制和声音效果。

3.3.2 创建元件

创建元件的方法有两种：一种是直接创建元件；另一种是将对象转换为元件。

1. 直接创建元件

直接创建元件的具体操作步骤如下：

1）执行菜单中的“插入 | 新建元件”（快捷键〈Ctrl+F8〉）命令，在弹出的如图 3-70 所示的对话框中选择相应的元件类型，并输入元件名称。

2）单击“确定”按钮，即可创建一个元件并进入该元件的编辑状态。

2. 将对象转换为元件

将对象转换为元件的具体操作步骤如下：

1）在舞台中选择要转换为元件的对象。

2）执行菜单中的“修改 | 转换为元件”（快捷键〈F8〉）命令，在弹出的如图 3-71 所示的对话框中选择相应的元件类型，并输入元件名称。

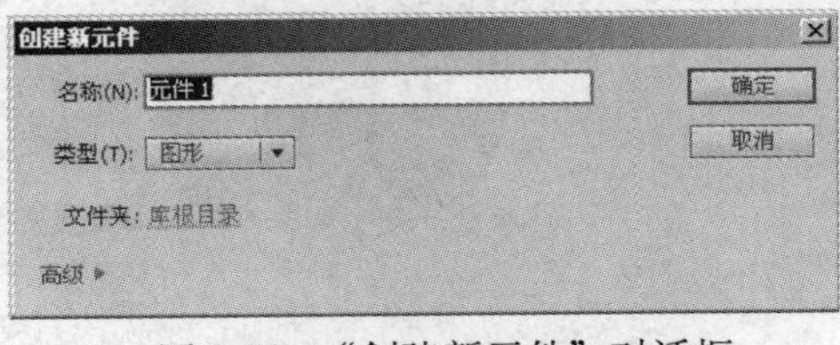

图 3-70 “创建新元件”对话框

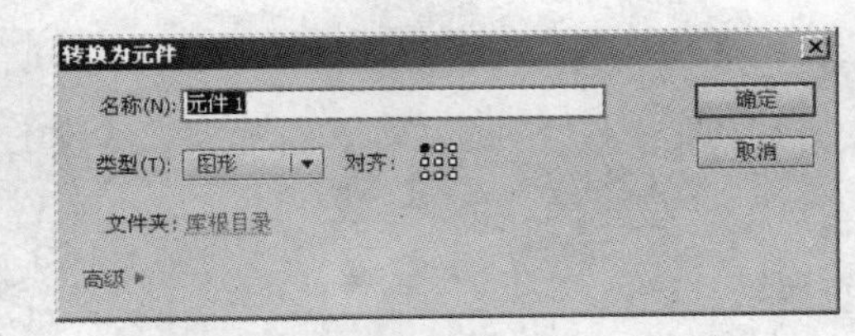

图 3-71 “转换为元件”对话框

3）单击“确定”按钮，即可将其转换为元件。

3.3.3 编辑元件的不同界面

在 Flash 中，编辑元件有两种界面：一种是标准编辑界面；另一种是主场景上的编辑界面。

1. 标准编辑界面

标准编辑界面的特点是元件的编辑场景与主场景是分离的。进入元件的编辑场景后，可对元件内容进行独立编辑，此时没有主场景中的内容作为参考。进入标准编辑界面的具体操作步骤如下：

1）选中需要编辑的元件，如图 3-72 所示。

2）执行菜单中的“编辑 | 编辑元件”命令，即可进入所选元件的标准编辑界面，如图 3-73 所示。

提示：在“库”面板中双击元件名称，也可进入该元件的标准编辑界面。

图 3-72　选中需要编辑的元件

图 3-73　进入元件的标准编辑界面

2. 主场景上的编辑界面

在主场景上的编辑界面中存在的编辑元件可以以在主场景中的其他内容作为参考，但只能对元件内容进行编辑，无法对主场景的其他内容进行编辑。执行菜单中的“编辑 | 在当前位置编辑”命令，即可进入主场景的编辑界面，此时的主场景的其他内容会以淡色显示，以便于与编辑元件进行区分，如图 3-74 所示。

图 3-74　主场景上的编辑界面

3.3.4 利用库来管理元件

在制作动画的过程中，“库”面板是使用次数最多的面板之一。Flash 创建好的元件被存放在“库”面板中。默认情况下，“库”面板位于舞台右侧，如图 3-75 所示。按〈Ctrl+L〉快捷键，可以在“库”面板的“打开”和“关闭”状态中切换。

- 库名称：用于显示库的名称，单击可将“库”面板“折叠”起来，再次单击，可将“库”面板再次展开。
- 元件预览窗：选中一个元件后，会在该窗口中显示被选元件的缩略图。
- 面板选项按钮：单击它，可以弹出相关的快捷菜单，如图 3-76 所示。

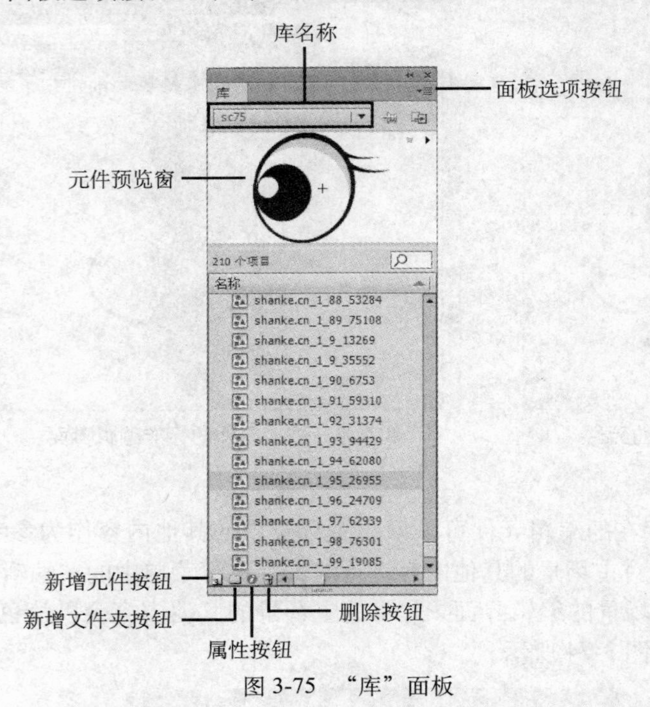

图 3-75 “库”面板

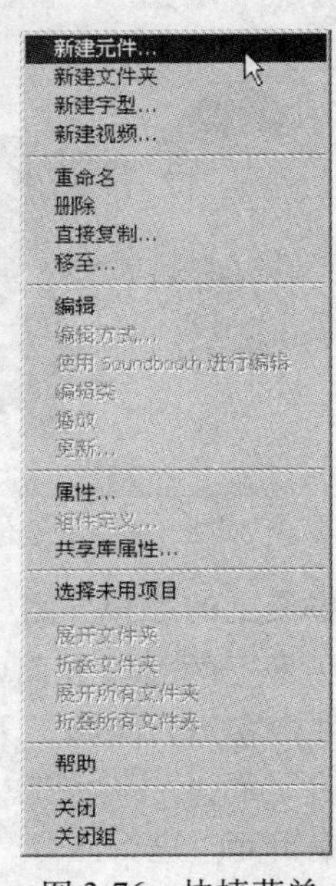

图 3-76 快捷菜单

- 新增元件按钮：单击它，会弹出“创建新元件”对话框。
- 新增文件夹按钮：单击它，能在“库”面板中新增文件夹。此功能便于元件的归类和管理。
- 属性按钮：单击该按钮，将弹出“元件属性”对话框，如图 3-77 所示。在该对话框中可对已建立的元件属性进行修改。

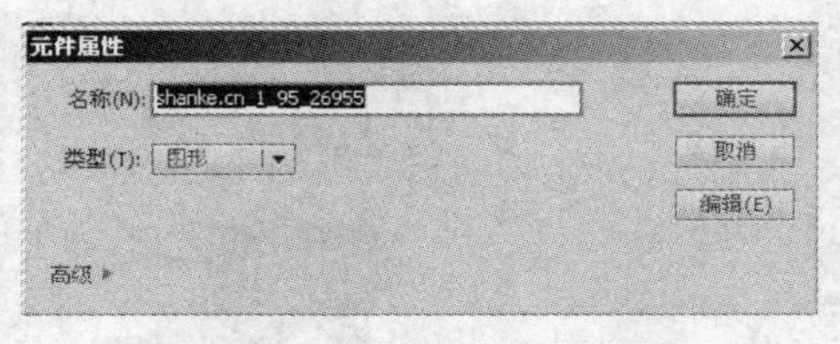

图 3-77 “元件属性”对话框

- 删除按钮：单击它，可以删除选中的元件。

3.4　时间轴、图层和帧的使用

3.4.1　“时间轴”面板

在 Flash 中，时间轴位于舞台的正上方，如图 3-78 所示。它是进行 Flash 作品创作的核心部分，主要用于组织动画各帧中的内容，并可以控制动画在某一段时间内显示的内容。时间轴从形式上看分为两部分：左侧的图层控制区和右侧的帧控制区。

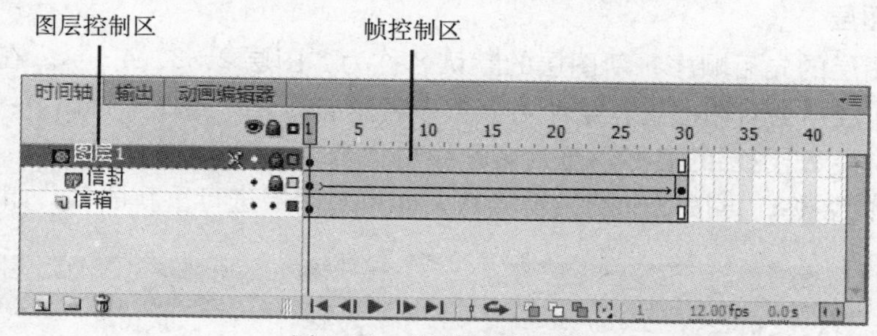

图 3-78　“时间轴”面板

3.4.2　使用图层

时间轴中的“图层控制区”是对图层进行各种操作的区域，在该区域中可以创建和编辑各种类型的图层。

1. 创建图层

创建图层的具体操作步骤如下：

1）单击“时间轴”面板下方的（新建图层）按钮，可新增一个图层。

2）右击已有的图层，从弹出的快捷菜单中选择“添加传统运动引导层”命令，可新增一个引导层，如图 3-79 所示。关于引导层的应用将在第 3.7.4 小节中详细讲解。

3）单击“时间轴”面板下方的（新建文件夹）按钮，可新增一个图层文件夹，其中可以包含若干个图层，如图 3-80 所示。

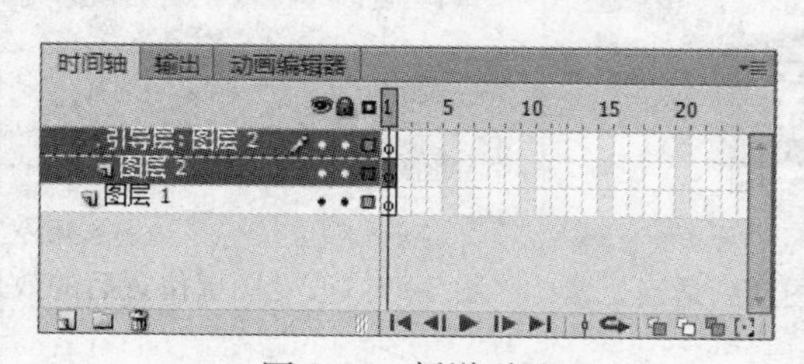

图 3-79　新增引导层

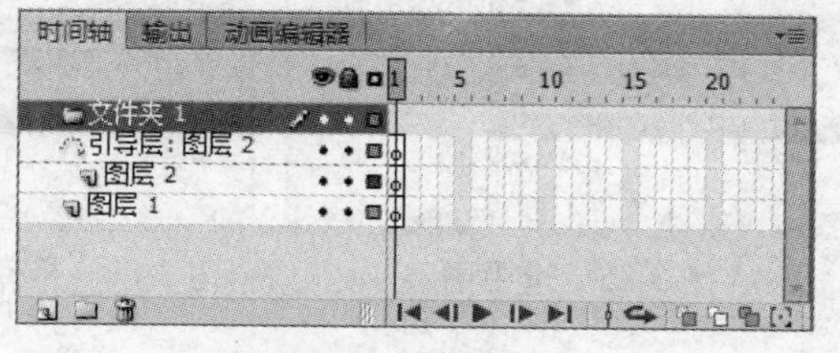

图 3-80　新增文件夹

2. 删除图层

当不再需要某个图层时，可以将其删除，具体操作步骤如下：

1）选择想要删除的图层。

2）单击“时间轴”面板左侧图层控制区下方的（删除图层）按钮，如图 3-81 所示，即可将选中的图层删除，如图 3-82 所示。

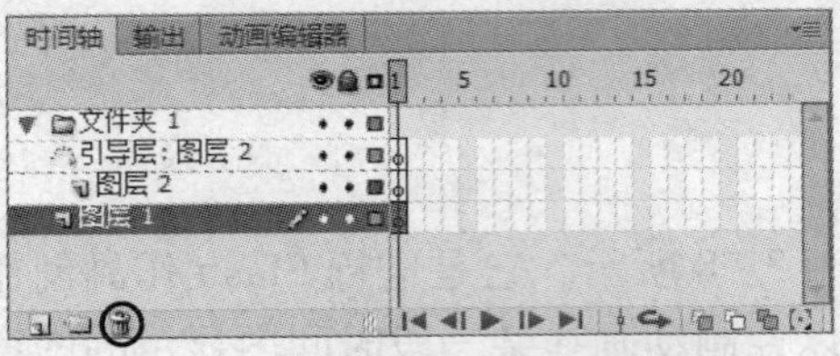

图 3-81　单击 （删除图层）按钮

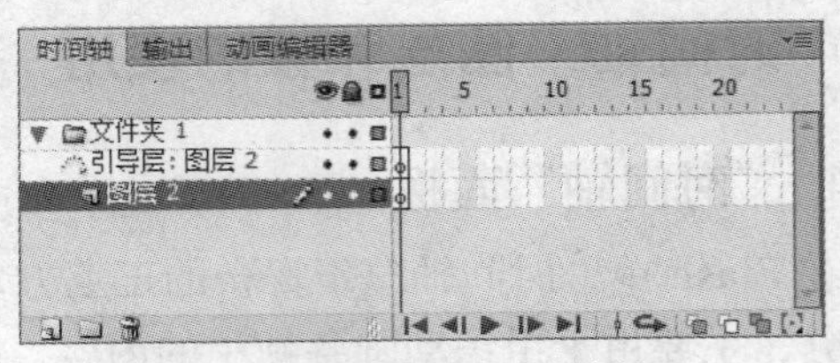

图 3-82　删除图层后效果

3. 重命名图层

根据创建图层的先后顺序，新图层的默认名称为“图层 2、3、4…”。在实际工作中，为了便于识别，经常会对图层进行重命名。重命名图层的具体操作步骤如下：

1）利用鼠标双击图层的名称，进入名称编辑状态，如图 3-83 所示。

2）输入新的名称，再按〈Enter〉键确认，即可对图层进行重新命名，如图 3-84 所示。

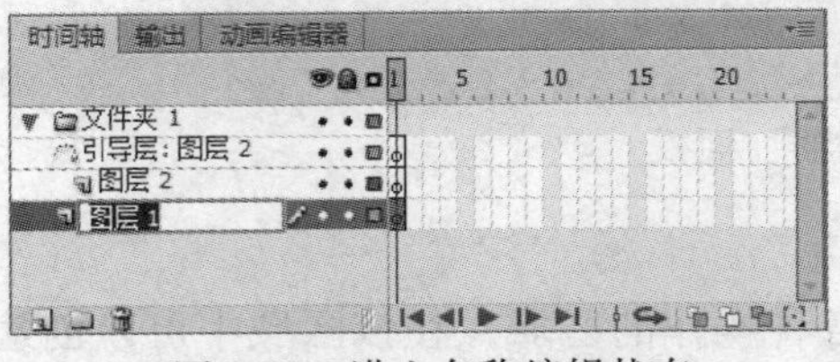

图 3-83　进入名称编辑状态

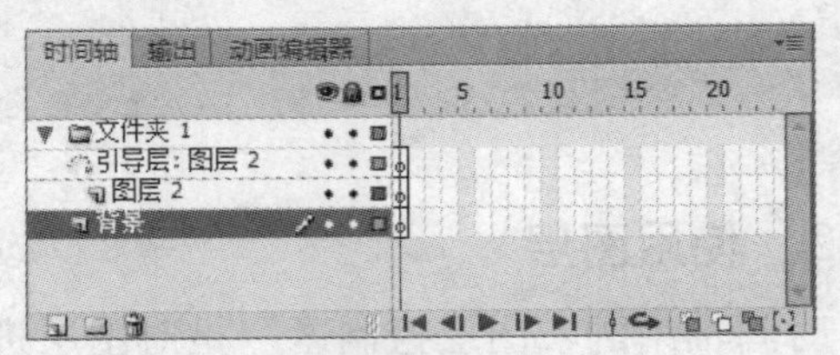

图 3-84　重命名图层

4. 调整图层的顺序

图层中的内容是相互重叠的关系，上面图层中的内容会覆盖下面图层中的内容。在实际制作过程中，可以调整图层之间的位置关系，具体操作步骤如下：

1）单击选中需要调整位置的图层，如图 3-85 所示。

2）用鼠标按住图层，然后拖动到需要调整的相应位置，此时会出现一个灰色的线条，如图 3-86 所示。接着释放鼠标，图层的位置就调整好了，如图 3-87 所示。

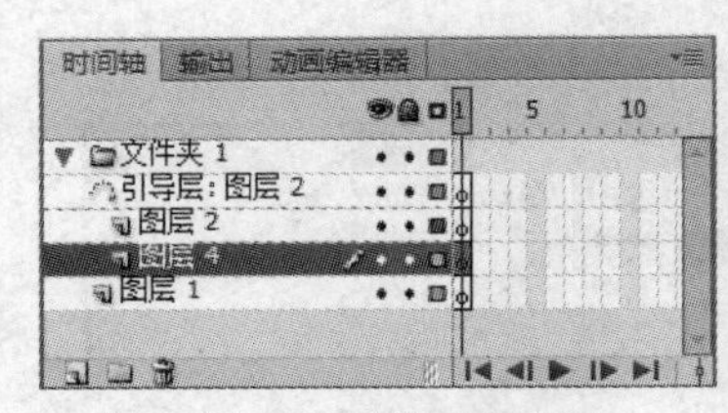

图 3-85　选中图层

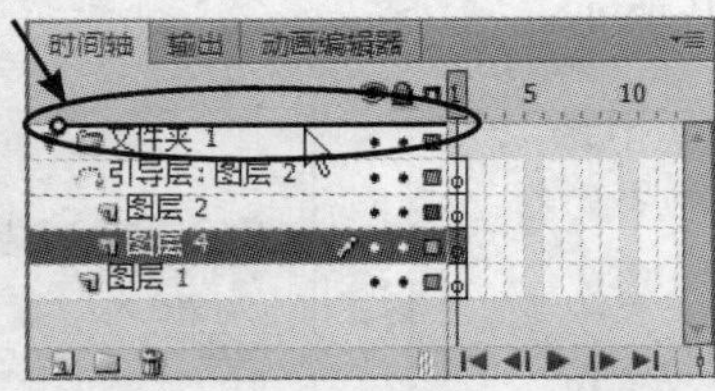

图 3-86　拖动图层到适当位置

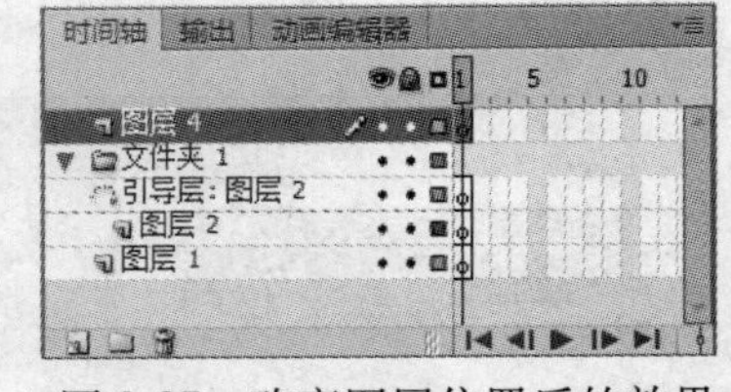

图 3-87　改变图层位置后的效果

5. 设置图层的属性

图层的属性包括图层的名称、类型、显示模式和轮廓颜色等，这些属性的设置可以在“图层属性”对话框中完成。利用鼠标双击图层名称右边的■标记，即可打开“图层属性”对话框，如图 3-88 所示。

- 名称：在该文本框中可输入图层的名称。
- 显示：选中该复选框，可使图层处于显示状态。
- 锁定：选中该复选框，可使图层处于锁定状态。

- 类型：用于选择图层的类型，包括“一般”“引导层”“被引导”“遮罩层”“被遮罩”和“文件夹”6 个选项。
- 轮廓颜色：选中下方的“将图层视为轮廓”复选框，可将图层设置为轮廓显示模式，即可通过单击“颜色框”按钮，对轮廓的颜色进行设置。
- 图层高度：在下拉列表框中可设置图层的高度。

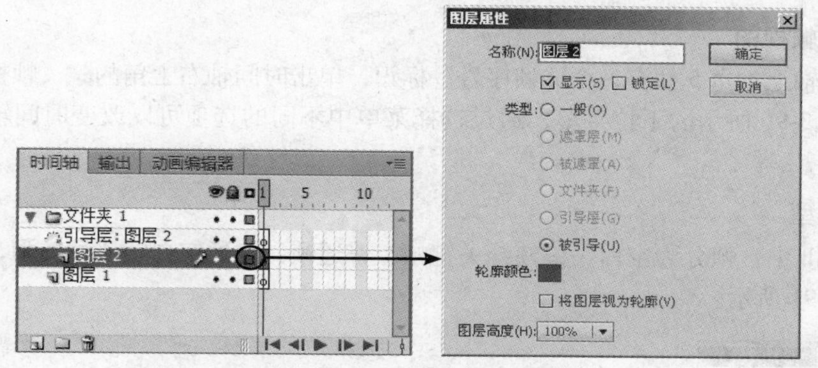

图 3-88　打开“图层属性”对话框

6. 设置图层的状态

时间轴的“图层控制区”的最上方有 3 个图标。用于控制图层中对象的可视性，单击它，可隐藏所有图层中的对象，再次单击可将所有对象显示出来；用于控制图层的锁定，图层一旦被锁定，图层中的所有对象将不能被编辑，再次单击它可以取消对所有图层的锁定；用于控制图层中的对象是否只显示轮廓线，单击它，图层中的对象的填充色将被隐藏，以方便编辑图层中的对象，再次单击可恢复到正常状态。图 3-89 为图层轮廓显示前后比较。

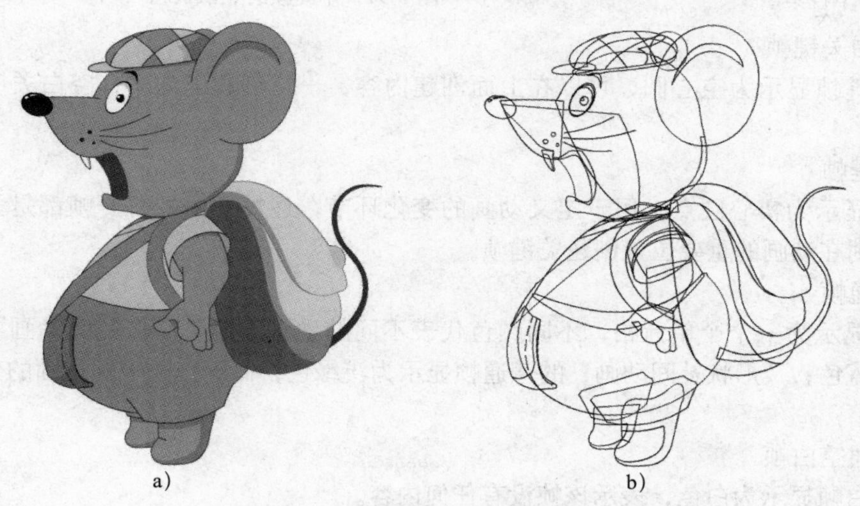

图 3-89　轮廓显示前后比较
a）轮廓显示前　b）轮廓显示后

3.4.3　使用帧

帧是形成动画最基本的时间单位，不同的帧对应着不同的时刻。在逐帧动画中，需要在每一帧上创建一个画面，画面随着时间的推移而连续出现，形成动画。补间动画只须确定动画起点帧和终点帧的画面，而中间部分的画面由 Flash 根据两帧的内容自动生成。

1. 播放头

“播放头”以红色矩形▮表示，用于指示当前显示在舞台中的帧。使用鼠标沿着时间轴左右拖动播放头，从一个区域移动到另一个区域，可以预览动画。

2. 改变帧视图

在时间轴上，每 5 帧有一个“帧序号”标识，单击时间轴右上角的▤（帧视图）按钮，会弹出如图 3-90 所示的下拉菜单，通过选择菜单中不同的选项可以改变时间轴中帧的显示模式。

3. 帧类型

在 Flash 中，帧分为空白关键帧、关键帧、普通帧、普通空白帧 4 种类型，它们的显示状态如图 3-91 所示。

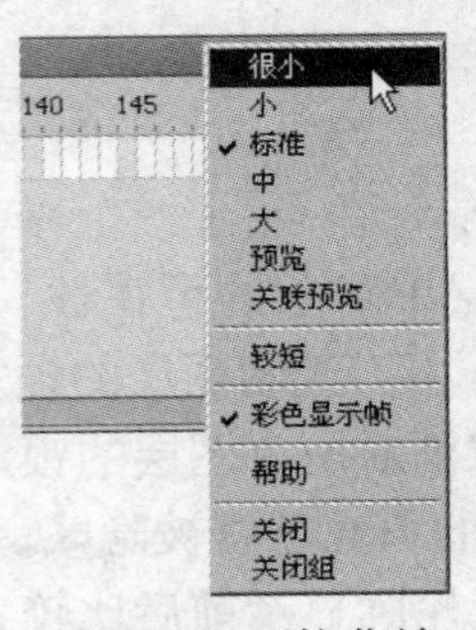

图 3-90　下拉菜单

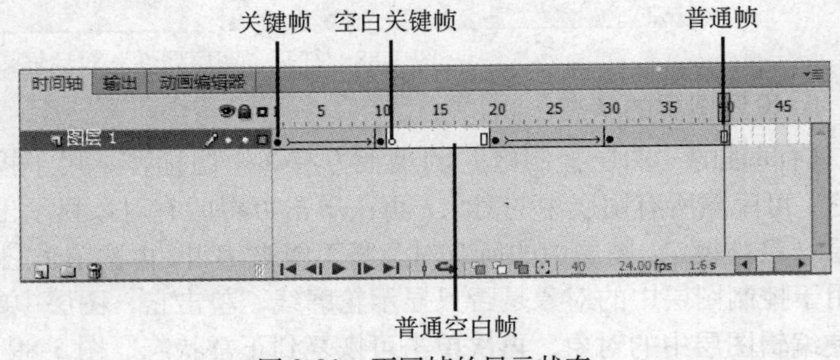

图 3-91　不同帧的显示状态

(1) 空白关键帧

空白关键帧显示为空心圆，可以在上面创建内容，一旦创建了内容，空白关键帧就变成了关键帧。

(2) 关键帧

关键帧显示为实心圆点，用于定义动画的变化环节，逐帧动画的每一帧都是关键帧，而补间动画则在动画的重要位置创建关键帧。

(3) 普通帧

普通帧显示为一个个单元格，不同颜色代表不同的动画，如“动作补间动画”的普通帧显示为浅蓝色；“形状补间动画”的普通帧显示为浅绿色；而静止关键帧后面的普通帧显示为灰色。

(4) 普通空白帧

普通空白帧显示为白色，表示该帧没有任何内容。

4. 编辑帧

编辑帧的操作是制作动画时使用频率最高、最基本的操作，主要包括插入帧、删除帧等。这些操作都可以通过帧的快捷菜单命令来实现，调出快捷菜单的具体操作方法如下：选中需要编辑的帧，然后单击鼠标右键，从弹出的如图 3-92 所示的快捷菜单中选择相关命令即可。

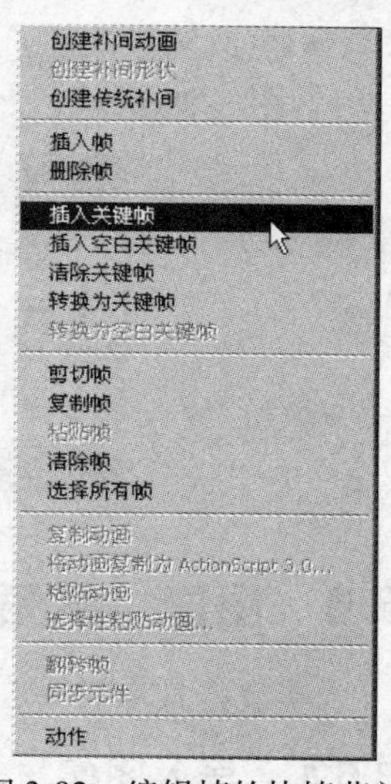

图 3-92　编辑帧的快捷菜单

编辑关键帧除了快捷菜单外，在实际操作中还经常使用快捷键，下面是常用的编辑帧的快捷键：

- “插入帧”的快捷键〈F5〉。
- “删除帧”的快捷键〈Shift+F5〉。
- “插入关键帧”的快捷键〈F6〉。
- “插入空白关键帧”的快捷键〈F7〉。
- “清除关键帧”的快捷键〈Shift+F6〉。

3.5　场景的使用

在制作比较复杂的动画时，可以将动画分为若干场景，然后再进行组合，Flash 会根据场景的先后顺序进行播放。此外，还可以利用动作脚本实现不同场景间的跳转。

执行菜单中的“窗口|其他面板|场景”命令，调出“场景”面板，如图 3-93 所示，在“场景”面板中可以进行下列操作。

- 复制场景：选中要复制的场景，然后单击“场景”面板下方的（重制场景）按钮，即可复制出一个原来场景的副本，如图 3-94 所示。
- 添加场景：单击“场景”面板下方的（添加场景）按钮，可以添加一个新的场景，如图 3-95 所示。

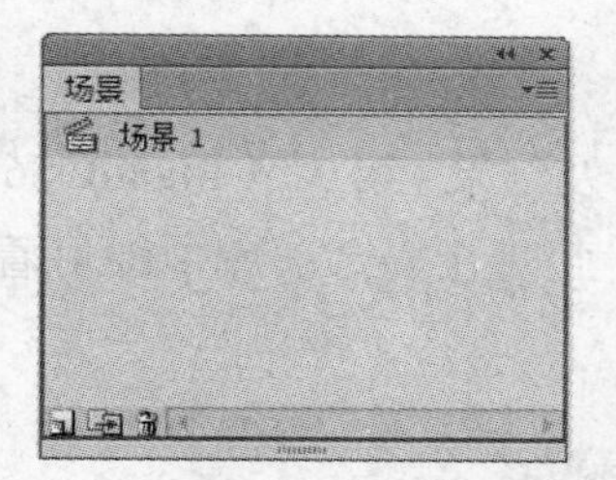

图 3-93　“场景”面板

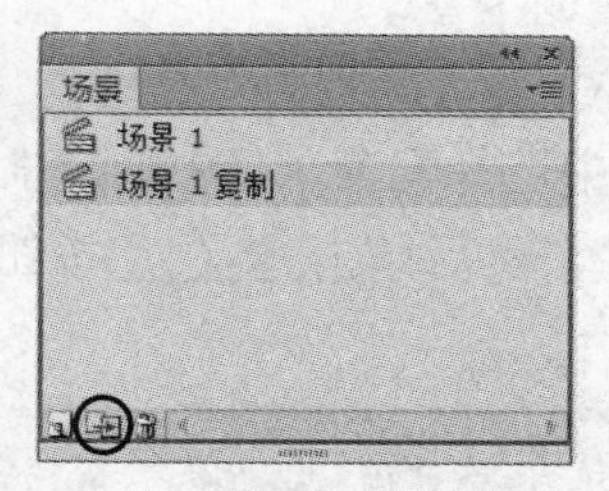

图 3-94　复制场景

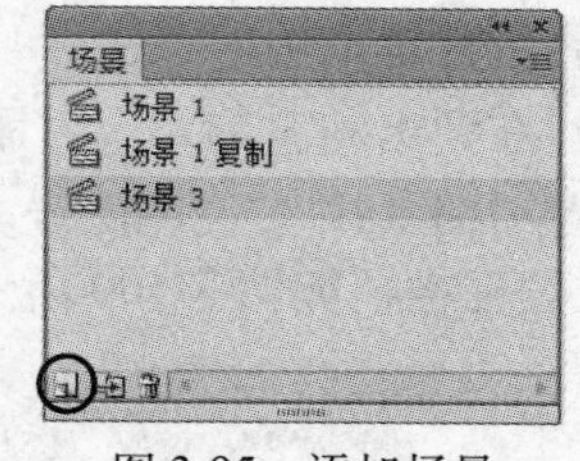

图 3-95　添加场景

- 删除场景：选中要删除的场景，单击“场景”面板下方的（删除场景）按钮，即可将选中的场景进行删除。
- 更改场景名称：在“场景”面板中双击场景名称，进入名称编辑状态，如图 3-96 所示，然后输入新名称，按〈Enter〉键即可，如图 3-97 所示。

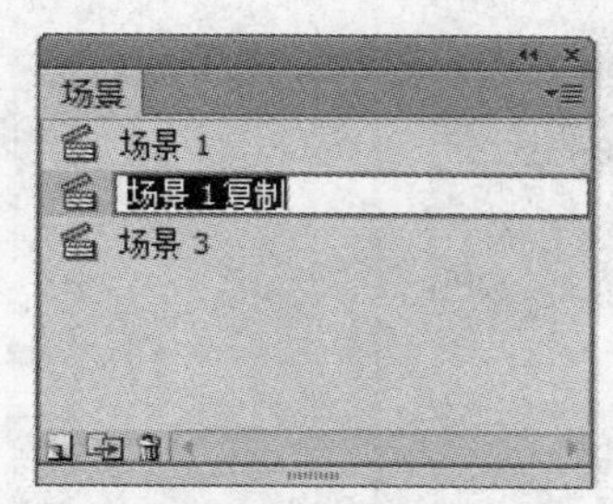

图 3-96　进入名称编辑状态

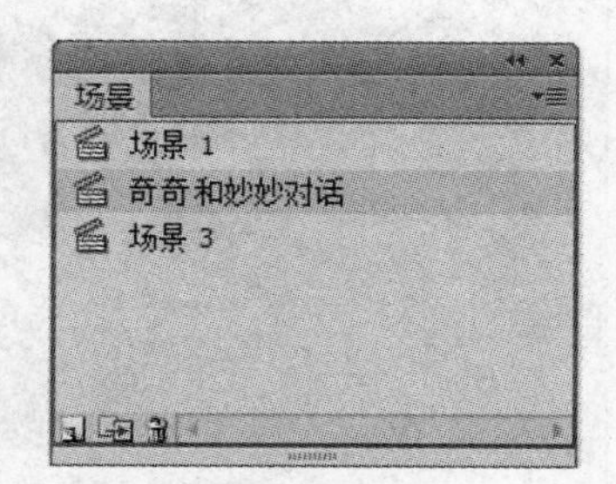

图 3-97　更改场景名称

● 更改场景顺序：在“场景”面板中用鼠标单击并按住场景名称拖动到相应的位置，如图 3-98 所示，然后松开鼠标即可，如图 3-99 所示。

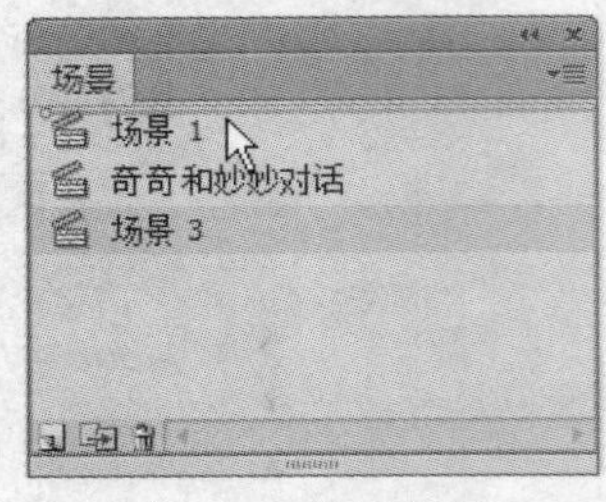

图 3-98　拖动场景

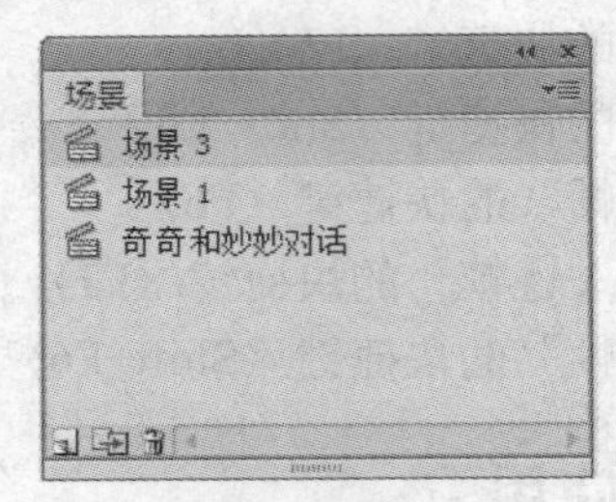

图 3-99　拖动后的效果

3.6　图像、视频和声音的使用

本节将具体讲解在 Flash 中导入图像、视频和声音的方法。

3.6.1　导入图像

在 Flash CS6 中可以很方便地导入其他程序制作的位图图像和矢量图形文件。

1. 导入位图图像

在 Flash 中导入位图图像会增加 Flash 文件的大小，但在图像属性对话框中可以对图像进行压缩处理。

导入位图图像的具体操作步骤如下：

1）执行菜单中的“文件 | 导入 | 导入到舞台”命令。

2）在弹出的“导入”对话框中选择配套光盘中的“素材及结果 \ 第 3 章 FlashCS6 动画基础 \ 背景 1.JPG”位图图像文件，然后单击 打开(O) 按钮，此时在舞台和库中即可看到导入的位图图像，如图 3-100 所示。

图 3-100　导入位图图像

3）为了减小图像文件的大小，下面选择“库”面板中的“背景 1.jpg”，然后单击鼠标右键，从弹出的快捷菜单中选择“属性”命令。接着在弹出的对话框中单击选中“自定义：”单选钮，并在“自定义：”文本框中设定 0~100 的数值来控制图像的质量，此时设定的数值为 50，如图 3-101 所示。输入的数值越高，图像压缩后的质量越高，图像文件也就越大。设置完毕后，单击“确定”按钮，即可完成图像压缩。

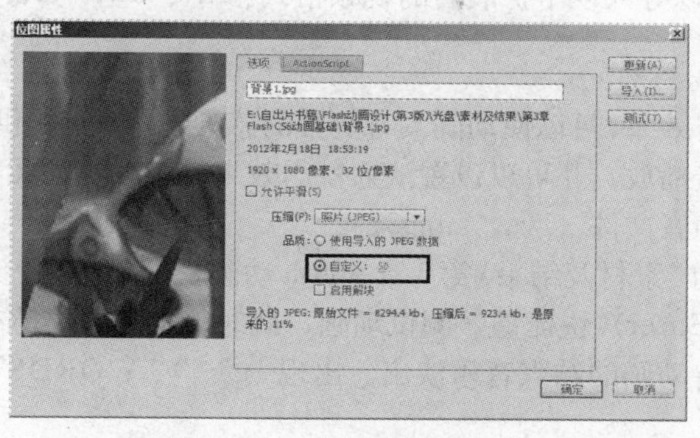

图 3-101　单击“自定义：”

2. 导入矢量图形

Flash CS6 还可导入其他软件中创建的矢量图形，并可对其进行编辑使之成为生成动画的元素。导入矢量图形的具体操作步骤如下：

1）执行菜单中的“文件 | 导入 | 导入到舞台”命令。

2）在弹出的“导入”对话框中选择配套光盘中的“素材及结果 \ 第 3 章 Flash CS6 动画基础 \ 商标 .ai”矢量图形文件，然后单击 打开(O) 按钮。

3）在弹出的对话框中使用默认参数，如图 3-102 所示，单击“确定”按钮。此时可在舞台中看到导入的图形，如图 3-103 所示。

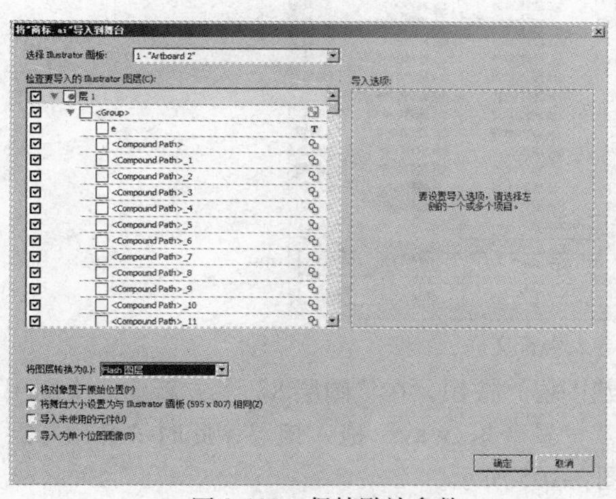

图 3-102　保持默认参数

图 3-103　导入后效果

3.6.2 导入视频

在 Flash CS6 中可以导入 QuickTime 或 Windows 播放器支持的媒体文件。同时 Flash CS6 中加入的 SorensonSpark 解码器还可以直接支持视频文件的播放。另外，在 Flash 中还可以对导入的对象进行缩放、旋转、扭曲等处理，也可以通过编写脚本来创建视频对象的动画。在 Flash CS6 中可以导入以下扩展名的视频格式：.flv、.avi、.dv、.mpg、.mov、.wmv。

3.6.3 导入声音

给动画片添加声音效果，可以使动画具有更强的感染力。Flash 提供多种使用声音的方式，可以使动画与声音同步播放，还可以设置淡入淡出效果使声音更加柔美。在 Flash CS6 中可以导入以下扩展名的声音文件：.wav、.mp3。

打开配套光盘中的“素材及结果 \ 第 3 章 Flash 动画基础 \ 篮球片头 \ 篮球介绍 - 完成 .fla”文件，然后按〈Ctrl+Enter〉快捷键，测试动画，此时伴随着节奏感很强的背景音乐，动画开始播放，最后伴随着动画的结束音乐淡出，出现一个“ 3 WORDS”按钮，当按下按钮时会听到提示声音。

声音效果的产生是因为加入了一些声音：背景音乐和为按钮加入的音效。下面就来讲解添加声音的方法，具体操作步骤如下。

1. 引用声音

1）执行菜单中的“文件 | 打开”命令，打开配套光盘中的“素材及结果 \ 第 3 章 Flash CS6 动画基础 \ 篮球片头 \ 篮球介绍 - 素材 .fla”文件。

2）执行菜单中的“文件 | 导入 | 导入到库”命令，在弹出的对话框中选择配套光盘中的“素材及结果 \ 第 3 章 Flash CS6 动画基础 \ 篮球片头 \ 背景音乐 .wav”和“sound.mp3”声音文件，如图 3-104 所示，单击 打开(O) 按钮，将其导入到库。

图 3-104 导入声音文件

3）选择“图层 8”，然后单击 （新建图层）按钮，在“图层 8”上方新建一个图层，并将其重命名为“音乐”，然后从库中将“背景音乐 .wav”拖入该层，此时“音乐”层上出现了“背景音乐 .wav”详细的波形，如图 3-105 所示。

4）按〈Enter〉键，即可听到音乐效果。

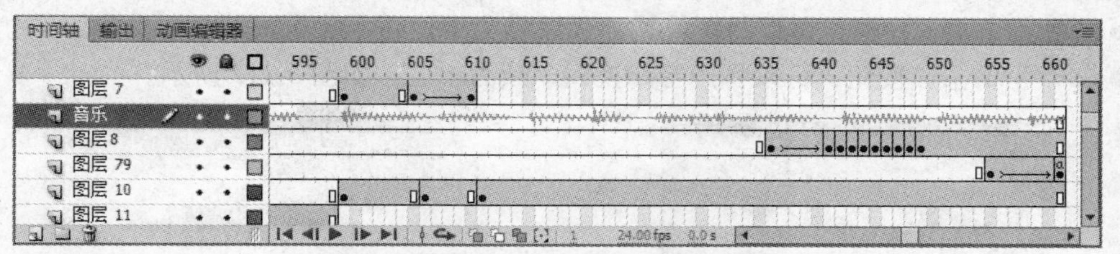

图 3-105　将“背景音乐 .wav”拖入“音乐”层

2. 编辑声音

1）制作主体动画消失后音乐淡出的效果。方法：选择“音乐”层，打开“属性”面板，如图 3-106 所示。在“属性”面板中有很多设置和编辑声音对象的参数。打开“名称”下拉列表，可以选择要引用的声音对象，只要将声音导入到库中，声音都将显示在下拉列表中，这也是另一种导入库中声音的方法，如图 3-107 所示。打开“效果”下拉列表，从中可以选择一些内置的声音效果，如声音的右声道、淡入、淡出等效果，如图 3-108 所示。

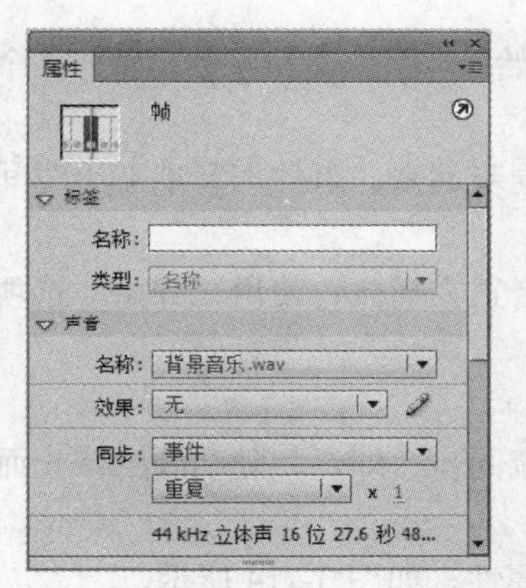

图 3-106　声音的“属性”面板

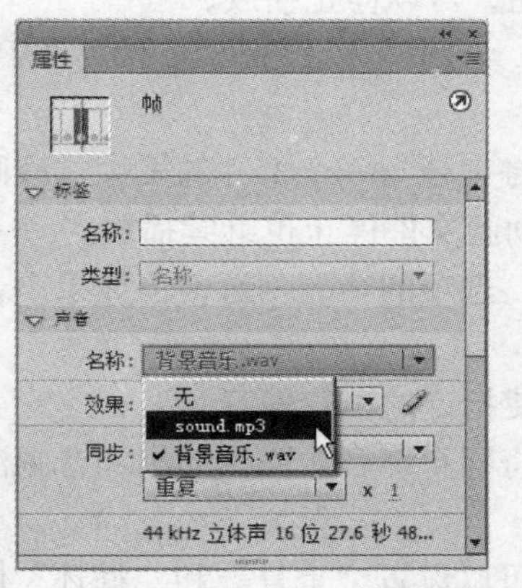

图 3-107　“声音”下拉列表框

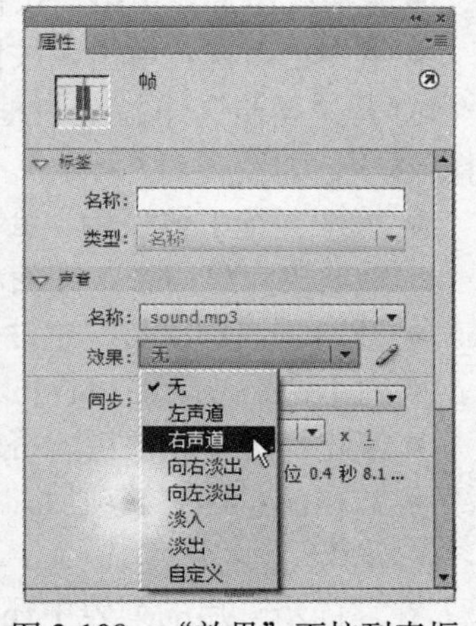

图 3-108　“效果”下拉列表框

单击（编辑声音嵌套）按钮，弹出如图 3-109 所示的“编辑封套”对话框。

- 放大：单击该按钮，可以放大声音的显示，如图 3-110 所示。

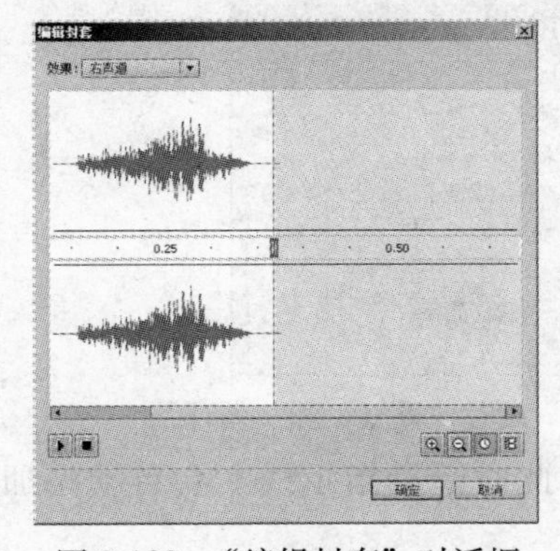

图 3-109　“编辑封套”对话框

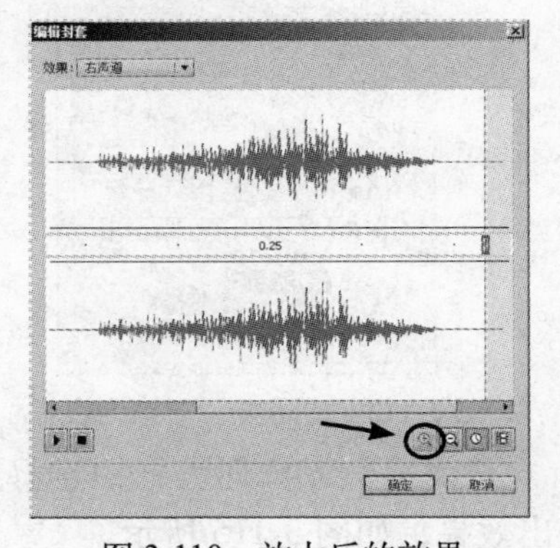

图 3-110　放大后的效果

- 缩小：单击该按钮，可以缩小声音的显示，如图 3-111 所示。

● 秒：单击该按钮，可以将声音切换到以秒为单位。

● 帧：单击该按钮，可以将声音切换到以帧为单位，如图 3-112 所示。

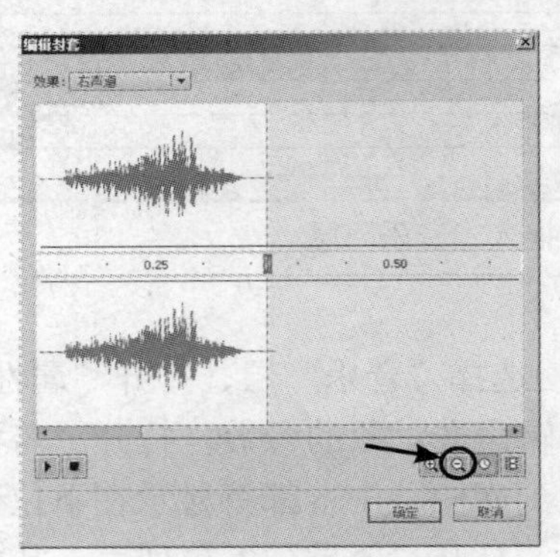

图 3-111　缩小后的效果

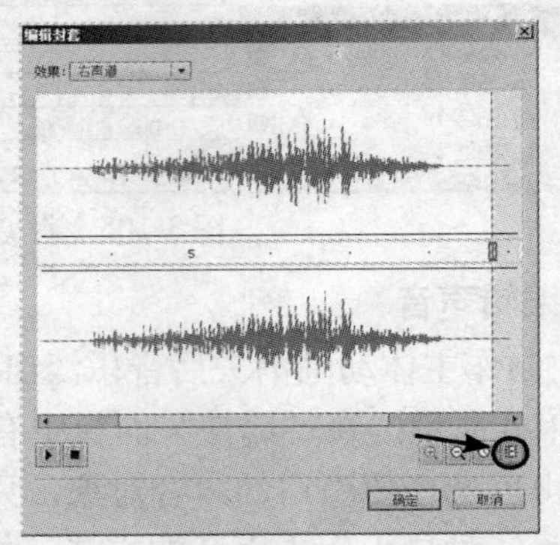

图 3-112　以帧为单位显示的效果

● 播放声音：单击该按钮，可以试听编辑后的声音。

● 停止声音：单击该按钮，可以停止播放。

打开“同步”下拉列表框，这里可以设置“事件”“开始”“停止”和“数据流”4 个同步选项，如图 3-113 所示。

● 事件：选中该项后，会将声音与一个事件的发生过程同步起来。事件声音独立于时间轴播放完整声音，即使动画文件停止也继续播放。

● 开始：该选项与“事件”选项的功能相近，但如果声音正在播放，使用“开始”选项则不会播放新的声音。

● 停止：选中该项后，将使指定的声音静音。

● 数据流：选中该项后，将同步声音，强制动画和音频流同步，即音频随动画的停止而停止。

在“同步”后的列表中还可以设置“重复”和“循环”属性，如图 3-114 所示。

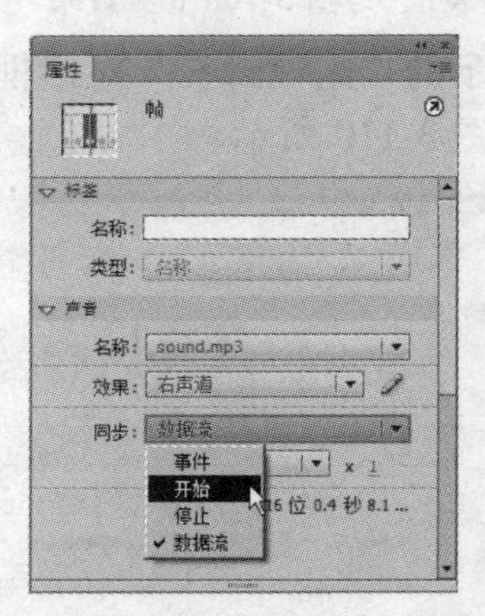

图 3-113　“同步”下拉列表框

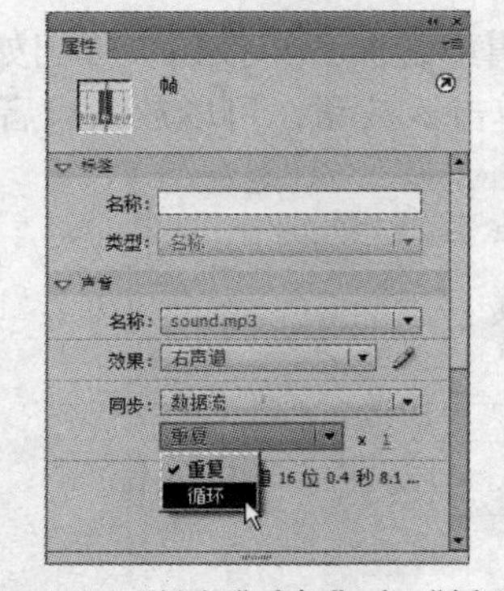

图 3-114　设置“重复”和“循环”

2）在“效果”下拉列表框中选择“淡出”选项，此时音量指示线上会自动添加节点，产生淡出效果，如图 3-115 所示。

3）这段动画在 600 帧之后就消失了，而后出现“3 WORDS”按钮。为了使声音随动画结束而淡出，下面单击按钮放大视图，如图 3-116 所示，然后在第 600 帧音量指示线上单击，添加一个节点，并向下移动，如图 3-117 所示，单击“确定”按钮。

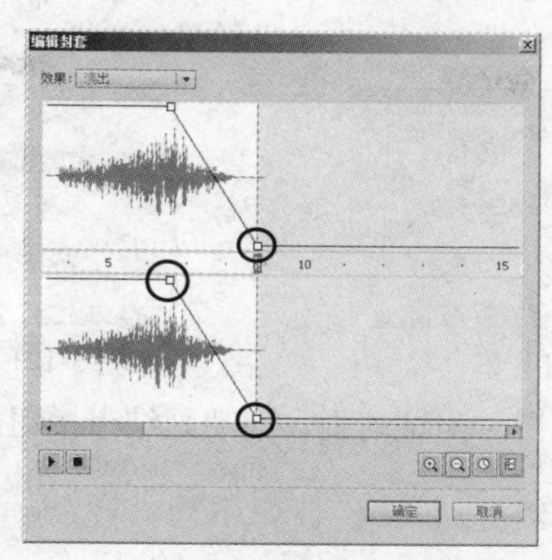

图 3-115　默认淡出效果

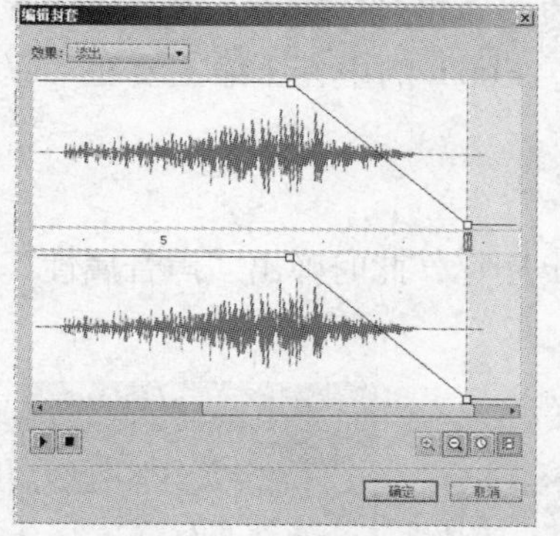

图 3-116　放大视图

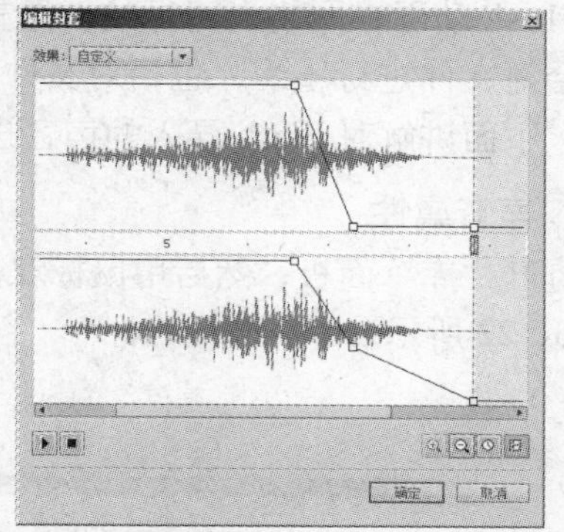

图 3-117　添加并调整节点

3. 给按钮添加声效

1）在第 661 帧，双击舞台中的“3 WORDS”按钮，如图 3-118 所示，进入按钮编辑模式，如图 3-119 所示。

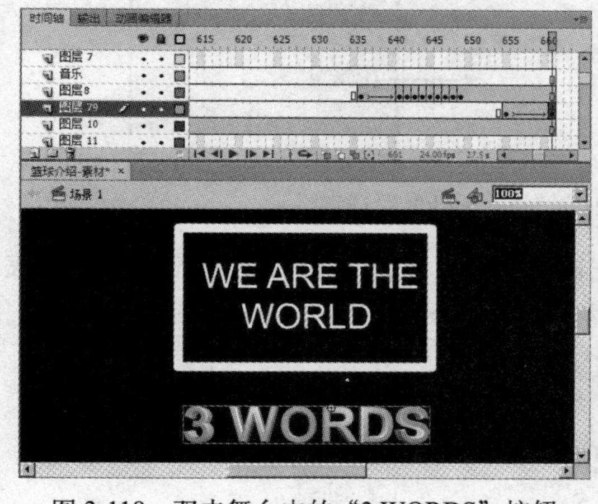

图 3-118　双击舞台中的“3 WORDS”按钮

图 3-119　进入按钮编辑模式

2）单击 （新建图层）按钮，新建“图层 2”，如图 3-120 所示。然后在该层单击“按下”帧按快捷键〈F7〉插入空白关键帧，接着从“库”面板中将“sound.mp3”拖入该层，结果如图 3-121 所示。

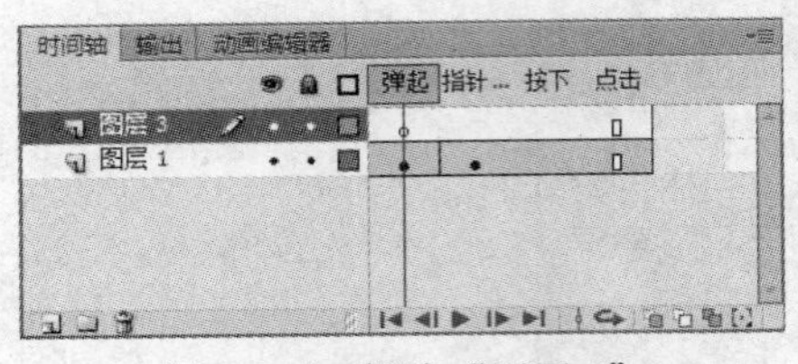

图 3-120　新建“图层 2”

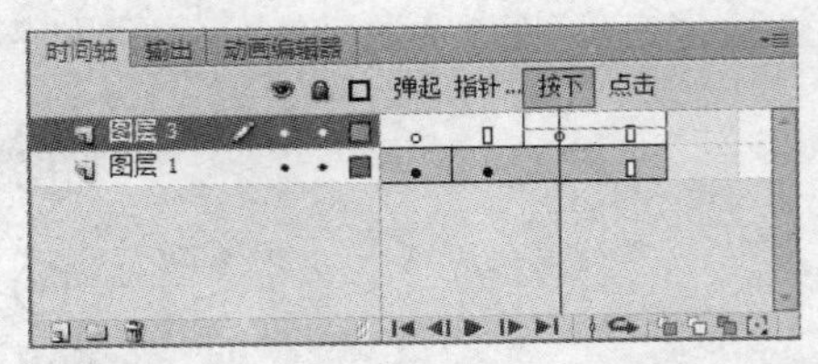

图 3-121　在“按下”帧添加声音

3）按〈Ctrl+Enter〉快捷键，测试动画，当动画结束按钮出现后，单击该按钮就会出现提示音的效果。

3.6.4 压缩声音

Flash 动画在网络上流行的一个重要原因是它的文件相对比较小。这是因为 Flash 在输出时会对文件进行压缩，包括对文件中的声音压缩。Flash 的声音压缩主要在“库”面板中进行，下面讲解对 Flash 导入的声音进行压缩的方法。

1. 声音属性

打开“库”面板，然后用鼠标双击声音左边的图标，此时弹出“声音属性”对话框，如图 3-122 所示。

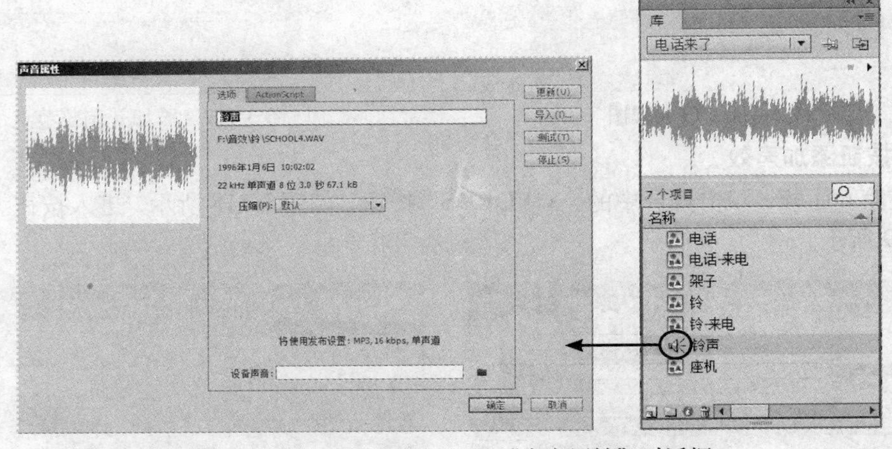

图 3-122　“声音属性”对话框

在“声音属性”对话框中，可以对声音进行“压缩”处理，打开“压缩”下拉列表，其中有“默认”“ADPCM”“MP3”“Raw”和“语音”5 种压缩模式，如图 3-123 所示。

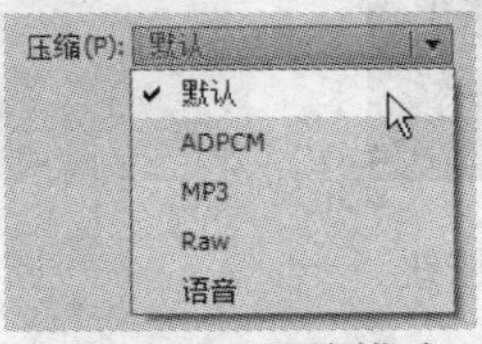

图 3-123　压缩模式

在这里，重点介绍最为常用的“MP3”压缩选项，通过对它的学习达到举一反三，掌握其他压缩选项的设置。

2. 压缩属性

在“声音属性”对话框中，打开“压缩”下拉列表，选择“MP3”选项，如图 3-124 所示。

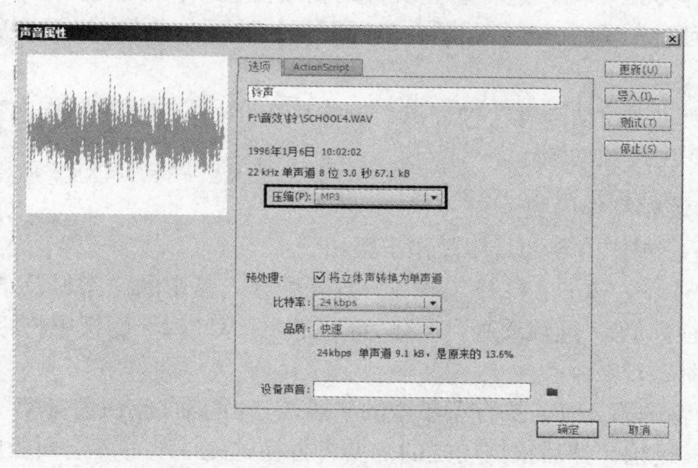

图 3-124　选择“MP3”选项

- 比特率：用于确定导出的声音文件中每秒播放的位数。Flash 支持的比特率为 8 ～ 160kbps，如图 3-125 所示。“比特率”越低，声音压缩的比例就越大，但是在设置时一定要注意，导出音乐时，需要将比特率设为 16kbps 或更高。如果设得过低，将很难获得令人满意的声音效果。
- 预处理：该项只有在选择的比特率为 20kbps 或更高时才可用。选中“将立体声转换为单声道”复选框，表示将混合立体声转换为单声（非立体声）。
- 品质：该项用于设置压缩速度和声音品质。它有“快速”“中”和“最佳”3 个选项可供选择，如图 3-126 所示。“快速”表示压缩速度较快，声音品质较低；“中”表示压缩速度较慢，声音品质较高；“最佳”表示压缩速度最慢，声音品质最高。

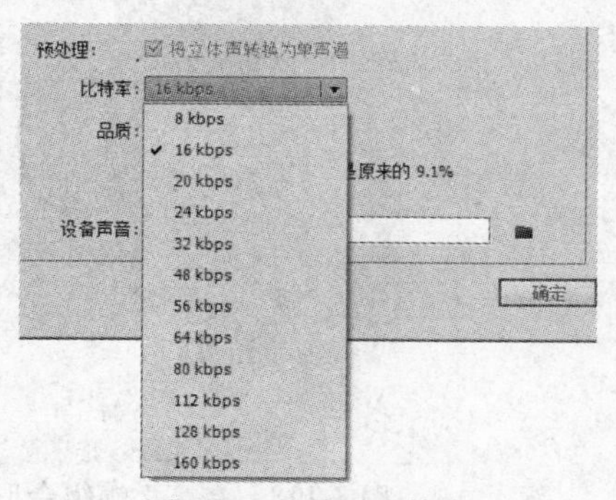

图 3-125　设置比特率

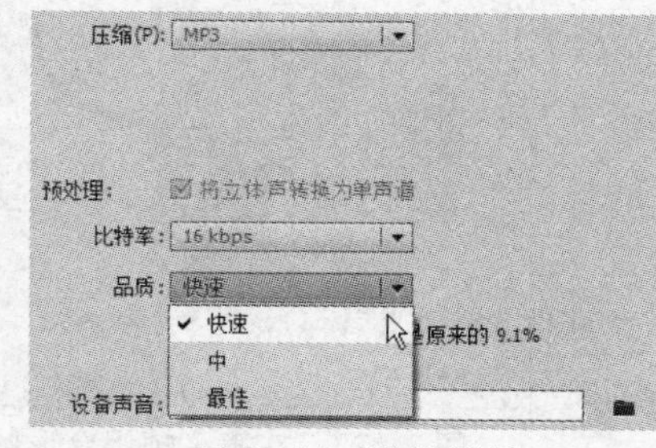

图 3-126　设置品质

3.7　创建动画

Flash CS6 的动画分为逐帧动画、动作补间动画、形状补间动画、引导层动画、遮罩动画和时间轴特效动画 6 种类型，下面就来进行具体讲解。

3.7.1 创建逐帧动画

逐帧动画是指在时间轴中逐帧放置不同的内容，使其连续播放而形成的动画。这与早期的传统动画制作方法相同，这种动画文件的占用空间较大，但它具有非常大的灵活性，几乎可以表现任何想表现的内容，很适合表现细腻的动画。本书第 7 章中就大量使用了逐帧动画的方式。

在 Flash 中创建逐帧动画有两种方法：一种是在 Flash 中逐帧制作内容；另一种是通过导入图片组自动产生逐帧动画。

1. 在Flash中逐帧制作内容

在 Flash 中逐帧制作内容的具体操作步骤如下：

1）执行菜单中的“文件 | 打开”命令，打开配套光盘中的“素材及结果 \ 第 3 章 Flash CS6 动画基础 \ 逐帧动画 \ 逐帧动画 - 素材 .fla”文件，从“库”面板中将相关元件拖入舞台，并组合形状，如图 3-127 所示。

2）单击时间轴的第 2 帧，执行菜单中的“插入 | 时间轴 | 空白关键帧”（快捷键〈F7〉）命令，插入空白关键帧，然后根据动画的需要将替换的元件从“库”面板中拖入舞台，并组合形状，如图 3-128 所示。

图 3-127 在第 1 帧组合形状

图 3-128 在第 2 帧组合形状

3）同理，插入第 3~8 帧，并分别在舞台中组合元件，如图 3-129 所示。

4）执行菜单中“控制 | 测试影片”(快捷键〈Ctrl+Enter〉) 命令，播放动画，即可看到连续播放的动画效果。

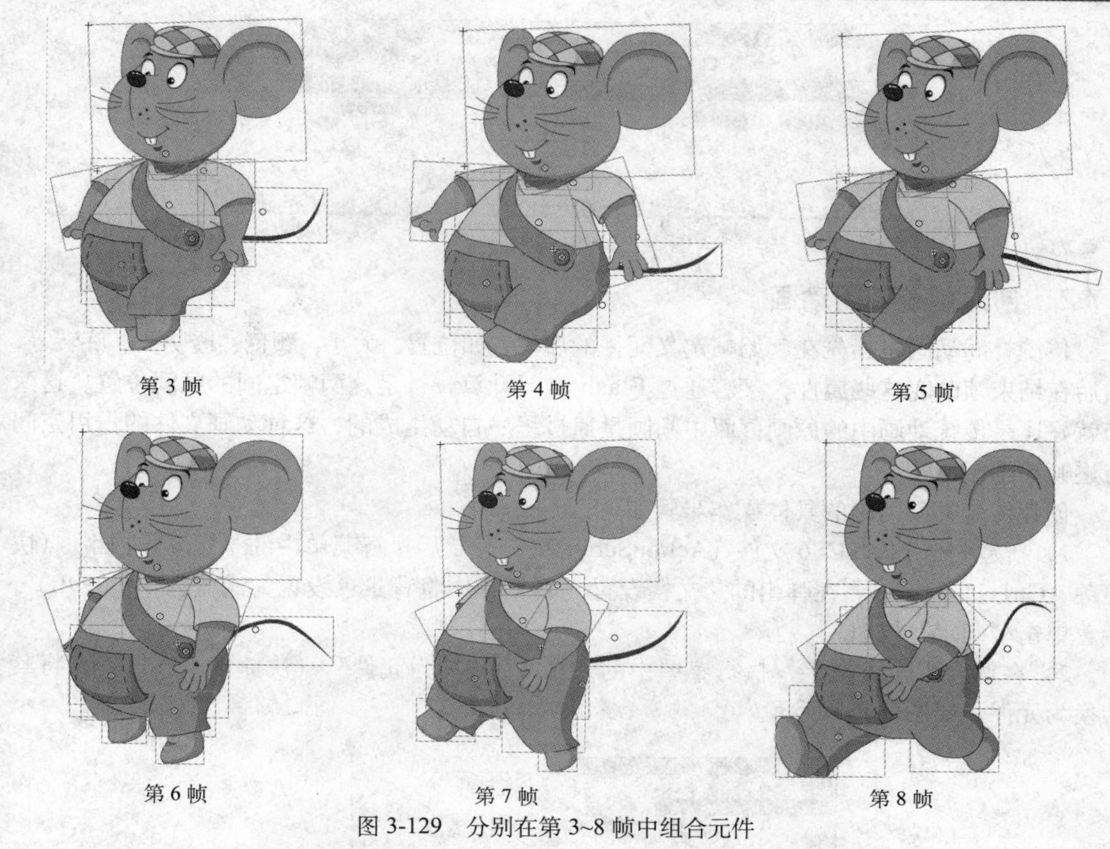

图 3-129　分别在第 3~8 帧中组合元件

2. 导入图片组产生逐帧动画

导入图片组产生逐帧动画的具体操作步骤如下：

1）执行菜单中的“文件 | 导入 | 导入到舞台”命令，在弹出的“导入”对话框中选择配套光盘中的“素材及结果 \ 第 3 章 Flash CS6 动画基础 \sc33\sc330001.png”图片，如图 3-130 所示。

提示：“sc33”文件夹中包括了多张以“sc330001”为起始的序列图片。

2）单击“打开”按钮，此时会弹出如图 3-131 所示的对话框，单击“是”按钮，即可将图片导入连续的帧中，如图 3-132 所示。

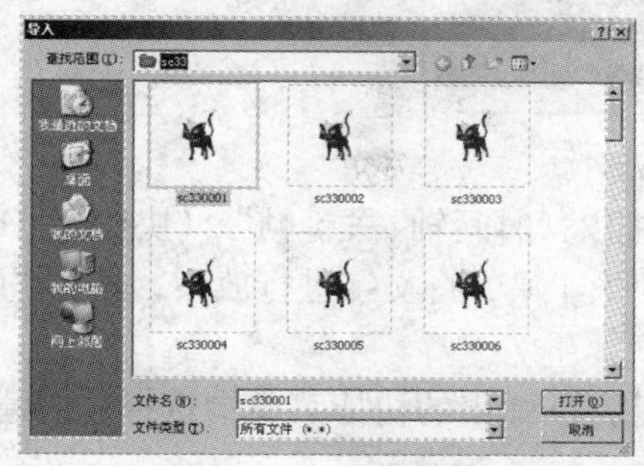

图 3-130　选择“sc330001.PNG”图片

图 3-131　单击“是”按钮

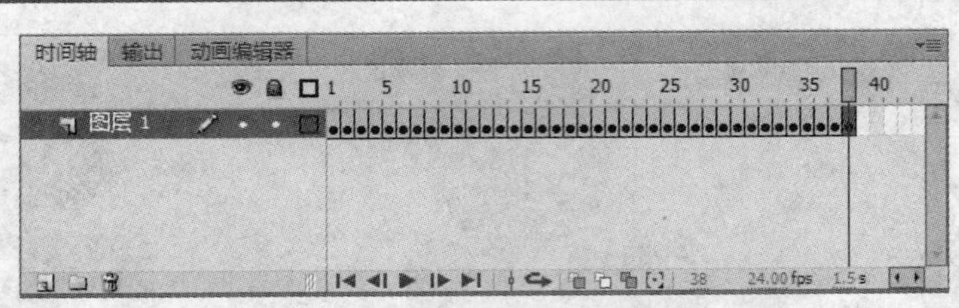

图 3-132　时间轴分布

3.7.2　创建传统补间动画

传统补间动画是指先在起始帧定义元件的属性，如位置、大小、颜色、透明度、旋转等，然后在结束帧改变这些属性，接着通过 Flash 进行计算，补足这两帧之间的区间位置。这两帧就好比是传统动画中的原画，而中间画是通过程序自动生成的，这种动画文件的占用空间与逐帧动画相比较小。

创建传统补间动画的具体操作步骤如下：

1）新建一个 Flash CS6 文件（ActionScript 2.0），然后执行菜单中的“修改 | 文档”（快捷键〈Ctrl+J〉）命令，在弹出的“文档设置 ”对话框中将背景色设置为浅蓝色（#0099ff），接着单击“确定”按钮。

2）在舞台中输入文字，执行菜单中的“修改 | 转换为元件”（快捷键〈F8〉），将其转换为元件，如图 3-133 所示。

图 3-133　将文字转换为元件

3）选择“图层 1”的第 10 帧，执行菜单中的“插入 | 时间轴 | 关键帧”（快捷键〈F6〉）命令，插入关键帧，然后利用工具箱中的（任意变形工具）将文字进行放大，并在“属性”面板中将其 Alpha 值设为 0，如图 3-134 所示。

4）在“图层 1”的第 1~10 帧之间单击鼠标右键，从弹出的快捷菜单中选择“创建传统补间”命令，此时时间轴分布如图 3-135 所示。

图 3-134　将文字放大并将 Alpha 设为 0

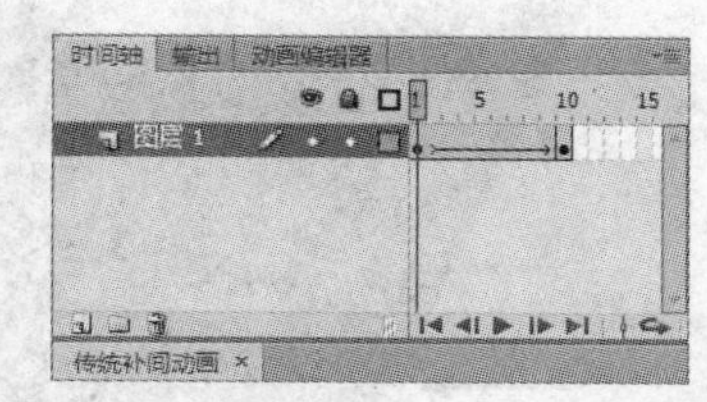

图 3-135　创建传统补间后的时间轴分布

5）执行菜单中“控制 | 测试影片”（快捷键〈Ctrl+Enter〉）命令，播放动画，即可看到文字放大并逐渐消失的效果，如图 3-136 所示。

图 3-136　预览效果

3.7.3　创建形状补间动画

形状补间动画是指在两个关键帧之间制作出变形的效果，即让一种形状随时间变化成另一种形状，还可以对物体的位置、大小和颜色进行渐变。与传统补间动画一样，制作者只要定义起始和结束两个关键帧即可，中间画是通过程序自动生成的，这种动画文件的占用空间与逐帧动画相比较小。

创建形状补间动画的具体操作步骤如下：

1）新建一个 Flash CS6 文件（ActionScript 2.0）。

2）执行菜单中的“修改 | 文档”（快捷键〈Ctrl+J〉）命令，在弹出的“文档设置”对话框中进行如图 3-137 所示的设置，单击“确定”按钮。

3）使用工具箱中的（矩形工具）在舞台中绘制一个矩形，如图 3-138 所示。

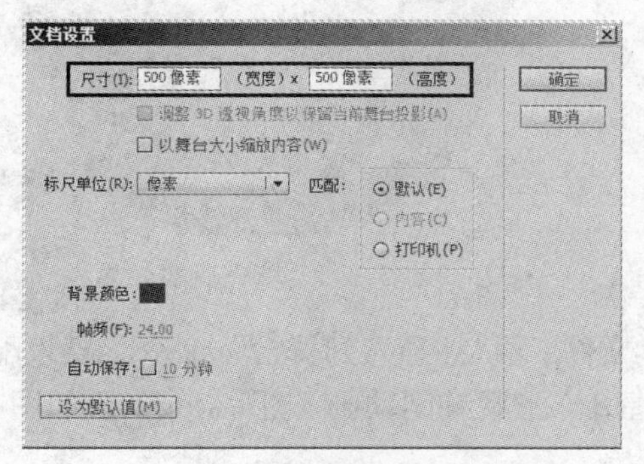

图 3-137　设置文档属性

图 3-138　绘制一个矩形

4）利用工具箱中的（选择工具）将矩形下部的两个角向内移动，如图 3-139 所示。然后再将矩形上下两条边向下移动，从而形成曲线，移动位置如图 3-140 所示。

图 3-139　将矩形下部的两个角向内移动　　图 3-140　将矩形上下两条边向下移动

5）利用“对齐”面板，将元宝居中心对齐，如图 3-141 所示。

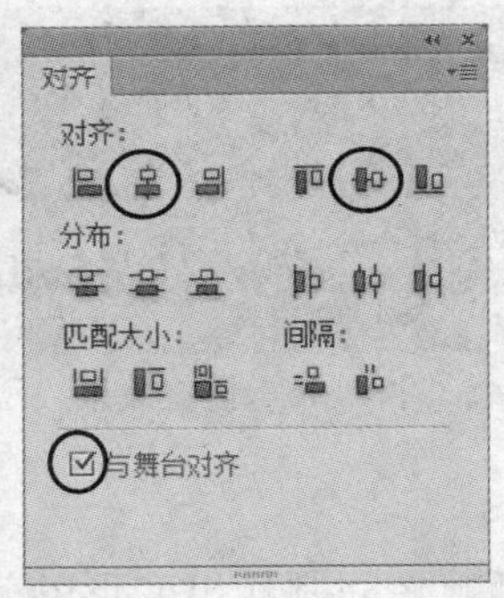

图 3-141　将元宝居中对齐

6）选择元宝外形，执行菜单中的“窗口 | 颜色”命令，调出“颜色”面板。然后设置颜色，如图 3-142 所示，结果如图 3-143 所示。

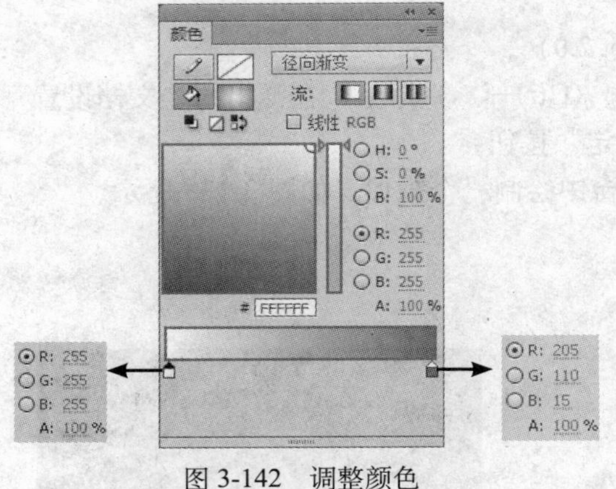

图 3-142　调整颜色

图 3-143　填充后的效果

7）新建“图层 2”，然后执行菜单中的“文件 | 导入 | 导入到舞台”命令，导入配套光盘中的“素材及结果 \ 第 3 章　Flash CS6 动画基础 \ 形状补间动画 \ 图片 .jpg”，如图 3-144 所示。

8）将“图层 2”移动到“图层 1”的下方作为参照，然后使用工具箱中的（钢笔工具）在“图层 1”中，根据导入的图片，绘制出元宝娃娃的外形，填充颜色为金黄色（#F5D246），如图 3-145 所示。

提示 1：为了防止错误操作，可以锁定“图层 2”，如图 3-146 所示。

提示 2：元宝和元宝娃娃不要重叠在一起，否则两个图形会合并在一起，移动时会出现错误。

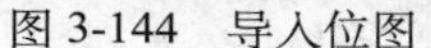

图 3-144　导入位图

图 3-145　绘制出元宝娃娃

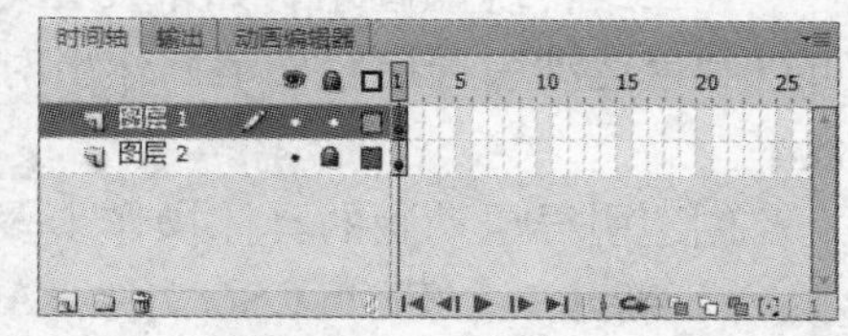

图 3-146　时间轴分布

9）选择绘制好的元宝娃娃的图形，按快捷键〈Ctrl+X〉，剪切图形，然后删除“图层 2 ”。接着在“图层 1 ”的第 16 帧按快捷键〈F7〉，插入空白关键帧，再按快捷键〈Ctrl+Shift+V〉，原地粘贴图形。

10）利用工具箱中的（任意变形工具），将粘贴后的图形适当放大，然后利用“对齐”面板将图形居中对齐。

提示：使用（钢笔工具）绘制出的图形为矢量图形，这种图形放大后不会影响清晰度。

11）右击第 1~15 帧之间的任意一帧，从弹出的快捷菜单中选择“创建补间形状”命令，此时时间轴分布如图 3-147 所示。

12）为了使动画播放完后能停留在第 15 帧一段时间后再重新播放，下面在时间轴的第 30 帧，按快捷键〈F5〉，插入普通帧，此时时间轴分布如图 3-148 所示。

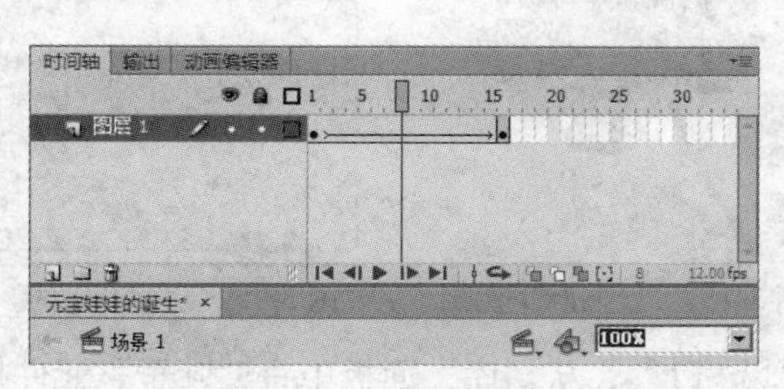

图 3-147　时间轴分布 1

图 3-148　时间轴分布 2

13）执行菜单中“控制 | 测试影片”(快捷键〈Ctrl+Enter〉) 命令，播放动画，即可看到文字放大并逐渐消失的效果，如图 3-149 所示。

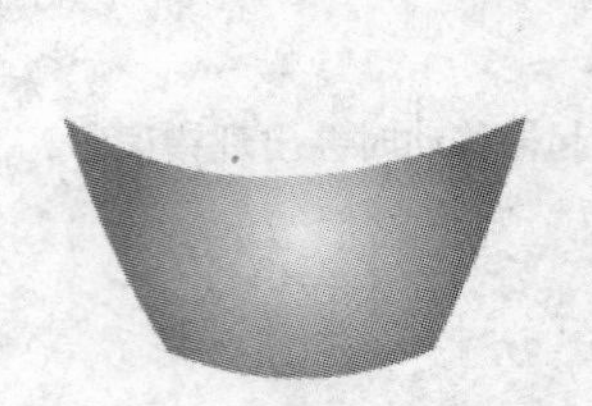

图 3-149　元宝娃娃的诞生效果

3.7.4　创建引导层动画

在二维传统动画中，如果要让对象沿曲线运动，必须逐帧绘制来实现。而在 Flash 中，可以利用运动引导层轻松地制作出对象沿一条曲线进行运动变化的动画，从而大大提高工作效率。

创建引导层动画的具体操作步骤如下：

1）新建一个 Flash CS6 文件（ActionScript 2.0），然后执行菜单中的“插入 | 新建元件”命令，在弹出的对话框中进行如图 3-150 所示的设置，单击“确定”按钮。

2）在新建的“叶子”图形元件中，绘制图形，如图 3-151 所示。

提示：手绘功底不高的朋友，可以执行菜单中的“文件 | 导入到库”命令，从光盘中导入配套光盘中的“素材及结果 \ 第 3 章 Flash CS6 动画基础 \ 引导线动画 \ 引导线动画 .swf”文件，此时库面板中会出现该文件使用的相关元件，如图 3-152 所示。

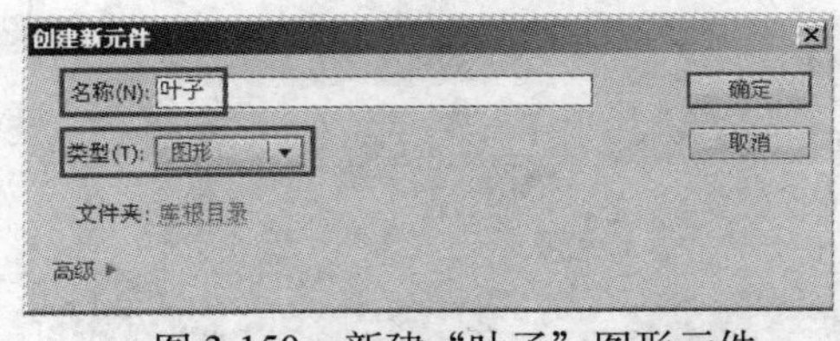

图 3-150　新建“叶子”图形元件

图 3-151　绘制叶子图形

图 3-152　“库”面板

3）单击时间轴上方的 场景 1 按钮，回到“场景 1”，从“库”面板中将“叶子”元件拖入场景。然后在“变形”面板中将其缩放为原来的 50%，接着选择“图层 1”的第 15 帧，执行菜单中的“插入 | 时间轴 | 关键帧”（快捷键〈F6〉）命令，插入关键帧，如图 3-153 所示。

4）右击“图层 1”，从弹出的快捷菜单中选择“添加传统运动引导层”命令，给“图层 1”添加一个引导层，然后利用（铅笔工具）绘制曲线作为叶子运动的路径，如图 3-154 所示。

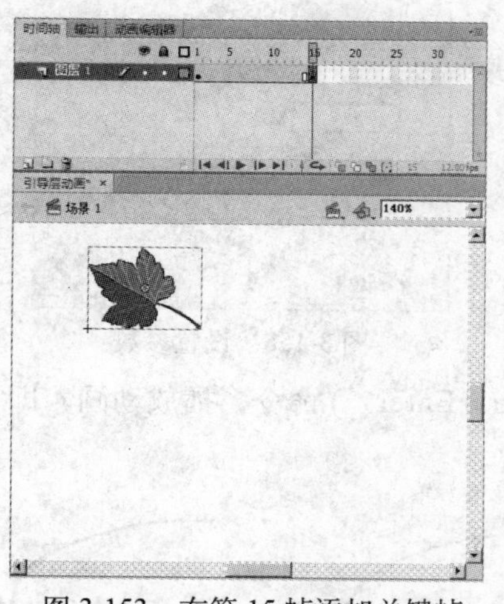
图 3-153　在第 15 帧添加关键帧

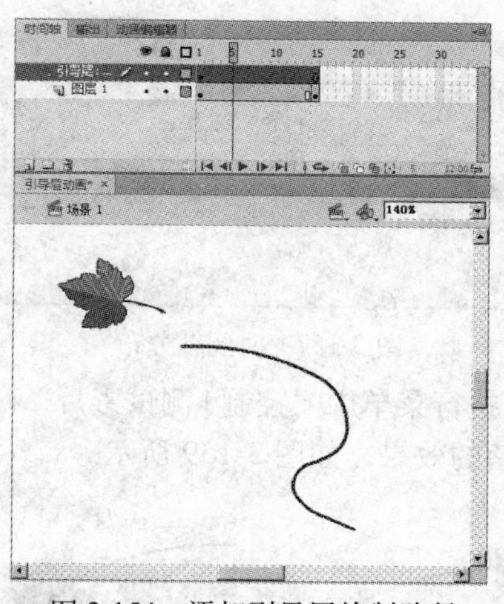
图 3-154　添加引导层绘制路径

5）为了便于操作，激活工具栏中的（贴紧至对象）按钮，然后单击“图层 1”的第 1 帧，将“叶子”元件移到曲线的一端，并适当旋转一下角度，如图 3-155 所示。接着单击第 15 帧，将“叶子”元件移到曲线的另一端，同样也旋转一定角度，如图 3-156 所示。

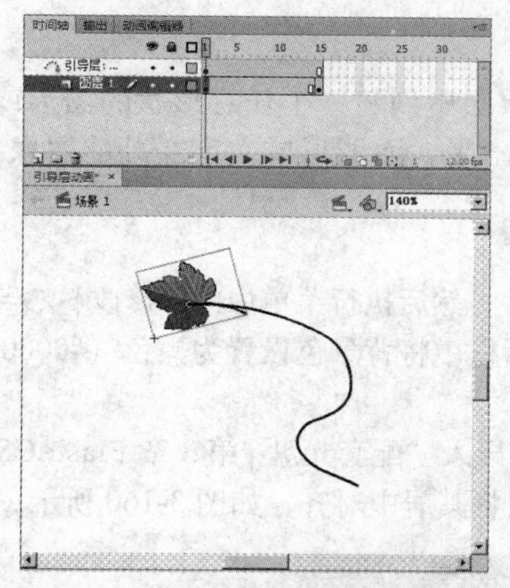
图 3-155　在第 1 帧旋转“叶子”元件

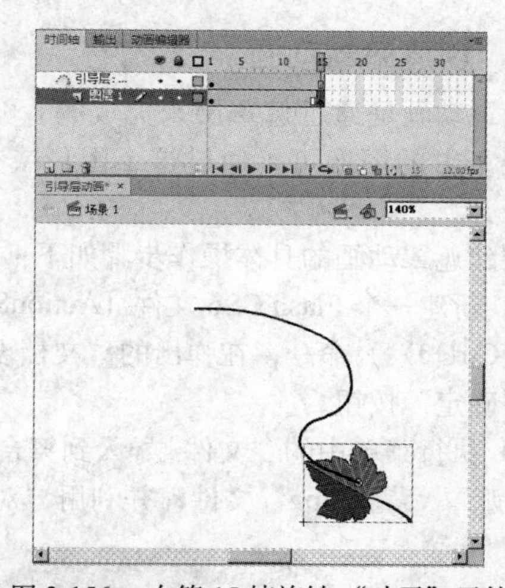
图 3-156　在第 15 帧旋转“叶子”元件

6）在“图层 1”的第 1~15 帧之间单击鼠标右键，从弹出的快捷菜单中选择“创建传统补间”命令，此时时间轴如图 3-157 所示。

7）此时按〈Enter〉键预览动画，会发现两个问题：一是叶子运动的速度是匀速的；二是叶子自始至终方向一致，不符合自然界中树叶落下过程中不断改变方向的特点。解决这两个问题的方法：单击“图层 1”的第 1 帧，在“属性”面板中将“缓动”设置为“-15”，从而产生树叶在下落过程中加速运动的效果。然后选中“调整到路径”选项，如图 3-158 所示，从而产生树叶在下落过程沿曲线而改变方向的效果。

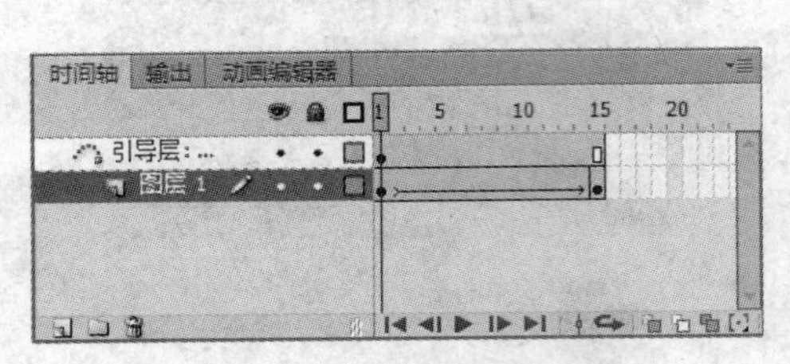

图 3-157　时间轴分布

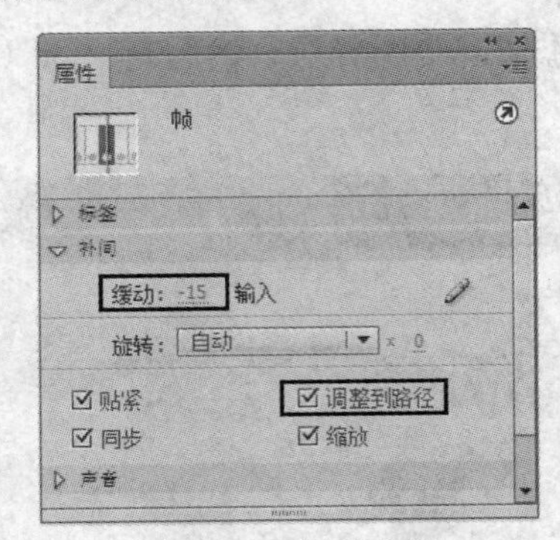

图 3-158　设置参数

8）执行菜单中“控制 | 测试影片”（快捷键〈Ctrl+Enter〉）命令，播放动画，即可看到树叶飘落的效果，如图 3-159 所示。

图 3-159　树叶飘落的效果

3.7.5　创建遮罩动画

遮罩动画是通过遮罩层来完成的，可以在遮罩层中创建一个任意形状的图形或文字，遮罩层下方的图像可以通过这个图形或文字显示出来，而图形或文字之外的图像将不会显示。

创建遮罩动画的具体操作步骤如下：

1）新建一个 Flash CS6 文件（ActionScript 2.0），然后执行菜单中的“修改 | 文档”（快捷键〈Ctrl+J〉）命令，在弹出的“文档设置”对话框中将背景色设置为黑色（#000000），单击“确定”按钮。

2）执行菜单中的“文件 | 导入到舞台”命令，导入“配套光盘 \ 第 3 章 Flash CS6 动画基础 \ 遮罩 \ 背景 .jpg”文件，并利用“对齐”面板将其居中对齐，如图 3-160 所示。

图 3-160　将图片居中对齐

3）选择“图层 1”的第 60 帧，执行菜单中的“插入 | 时间轴 | 帧”（快捷键〈F5〉）命令，插入普通帧，此时时间轴分布如图 3-161 所示。

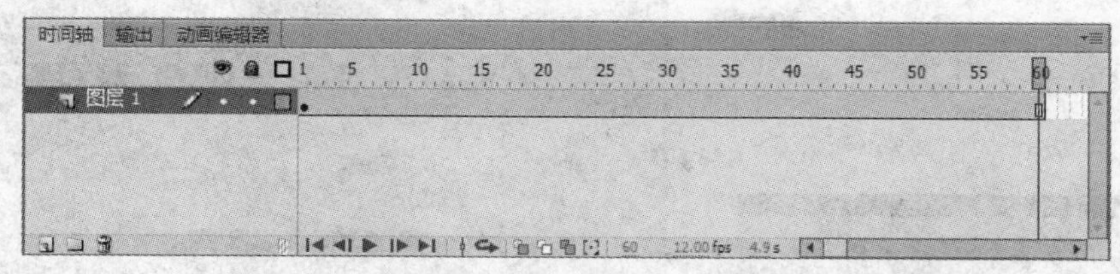

图 3-161　时间轴分布

4）单击时间轴下方的 （新建图层）按钮，新建“图层 2”。然后利用工具箱中的 （椭圆工具），配合〈Shift〉键，绘制一个笔触颜色为 （无色），填充色为绿色的正圆形，放置位置如图 3-162 所示。

提示：为了便于观看圆形所在位置，可以单击“图层 2”后面的颜色框，将圆形进行线框显示，如图 3-163 所示。

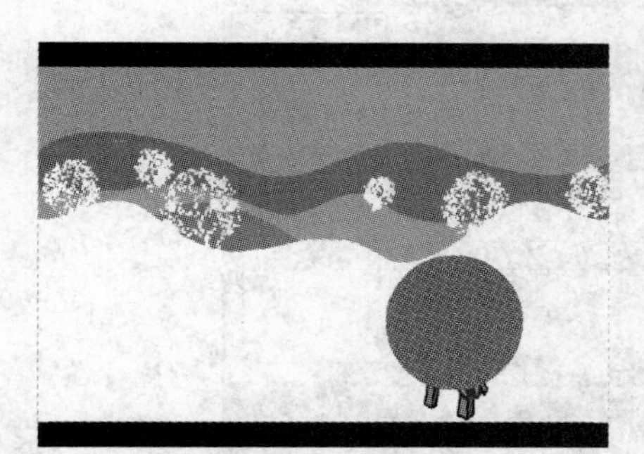

图 3-162　绘制圆形

图 3-163　线框显示

5）执行菜单中的“修改 | 转换为元件”（快捷键〈F8〉）命令，将其转换为元件，结果如图 3-164 所示。

6）选择“图层 2”的第 35 帧，执行菜单中的“插入 | 时间轴 | 关键帧”（快捷键〈F6〉）命令，插入关键帧。

7）利用工具箱中的 （任意变形工具），将第 1 帧的圆形元件放大，如图 3-165 所示。

8）在“图层 2”的第 1~10 帧之间单击鼠标右键，从弹出的快捷菜单中选择“创建补间动画”命令，此时时间轴分布如图 3-166 所示。然后按〈Enter〉键，播放动画，即可看到圆形从大变小的动画。

9）右击“图层 2”，从弹出的快捷菜单中选择“遮罩层”命令，此时时间轴分布如图 3-167 所示。

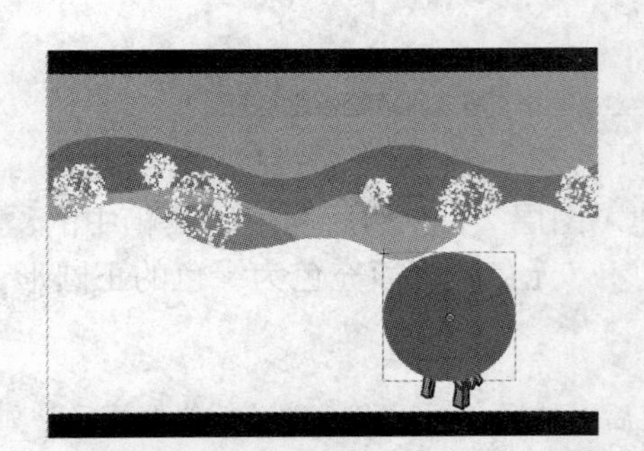

图 3-164　将圆形转换为元件

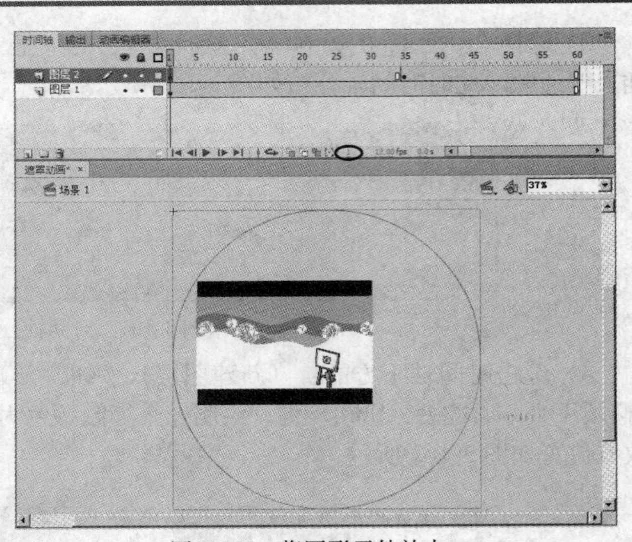

图 3-165　将圆形元件放大

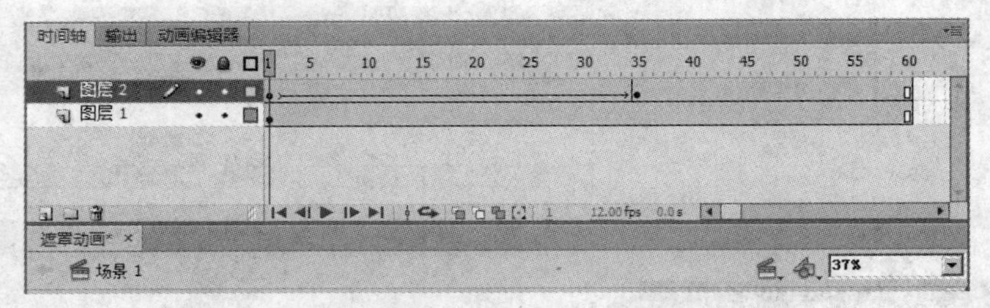

图 3-166　时间轴分布 1

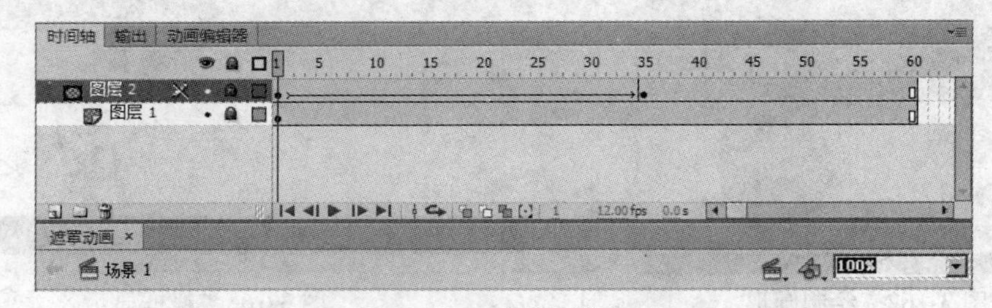

图 3-167　时间轴分布 2

10）执行菜单中“控制 | 测试影片”(快捷键〈Ctrl+Enter〉) 命令，播放动画，即可看到图片在可视区域逐渐变小的效果，如图 3-168 所示。

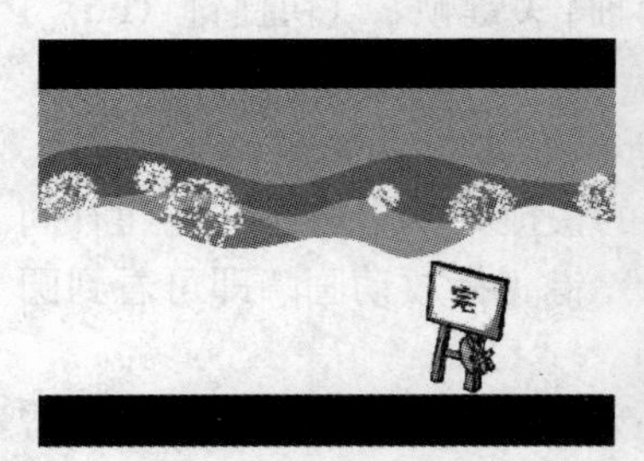

图 3-168　图片可视区域逐渐变小的效果

3.8 文本的使用

文本在 Flash 动画片中使用的频率很高，本节将具体讲解一下文本在 Flash 中的应用。

3.8.1 输入文本

在输入文本时，文本框有两种状态：无宽度限制和有宽度限制。创建这两种文本的具体操作步骤如下：

1) 创建无宽度限制的文本。方法：选择工具箱中的T.（文本工具），在舞台中单击鼠标，此时文本框的右上角有一个小圆圈。然后输入文本，这时文本框会随着文字的增加而加长，如图 3-169 所示。

2）创建有宽度限制的文本。方法：选择工具箱中的T.（文本工具），在舞台中拖动鼠标，此时工作区会出现一个文本框，右上角有一个方形，在该文本框中输入的文字会根据文本框的宽度自动换行，如图 3-170 所示。使用鼠标拖动方形还可以调整文本框的宽度。

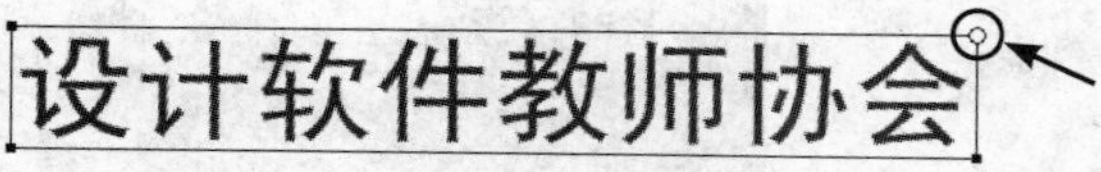

设计软件教师协会

图 3-169 创建无宽度限制的文本

设计软件教
师协会

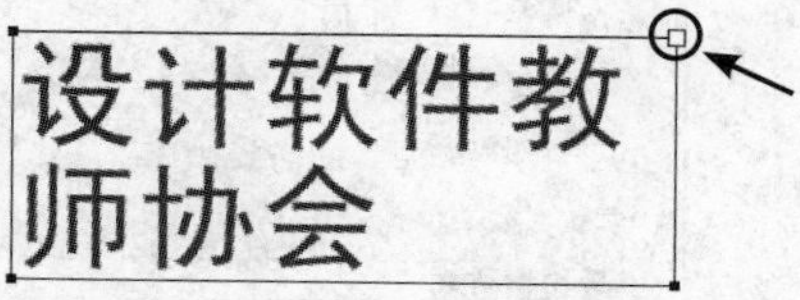

图 3-170 创建有宽度限制的文本

3.8.2 编辑文本

在输入文本之后，用户还可以在“属性”面板中对其进行编辑。文本的“属性”面板，如图 3-171 所示。

1. 文本类型

Flash CS6 的文本分为“静态文本”“动态文本”和“输入文本”3 种类型。选择不同类型的文本，属性面板也会随之变化。

(1) 静态文本

选择“静态文本”类型，输入的文字是静态的，此时可以对文字进行各种文字格式的操作。图 3-171 为选择“静态文本”类型时的文本“属性”面板。

(2) 动态文本

选择“动态文本”类型，输入的文字相当于变量，可以随时从服务器支持的数据库中调用或修改。图 3-172 为选择“动态文本”类型时的文本“属性”面板。

(3) 输入文本

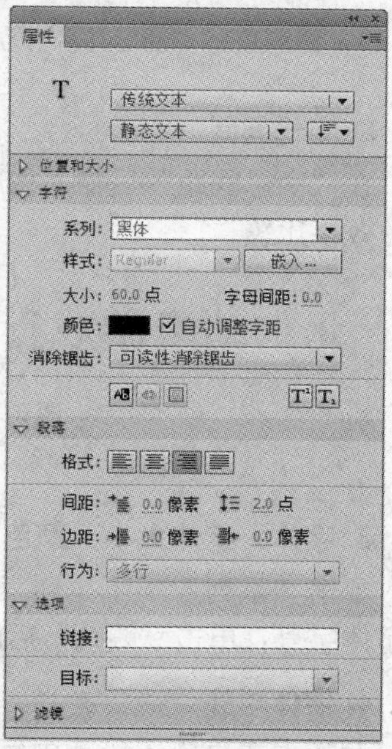

选择“输入文本”类型，使用T.（文本工具）可以在工作区中绘制表单，并可在表单中直接输入用户信息，但不能创建文字链接。图 3-173 为选择“输入文本”类型时的文本“属性”面板。

属性
T
传统文本
静态文本
位置和大小
字符
系列：宋体
样式：Regular 嵌入...
大小：60.0 点 字母间距：0.0
颜色： 自动调整字距
消除锯齿：可读性消除锯齿
段落
格式：
间距：0.0 像素 2.0 点
边距：0.0 像素 0.0 像素
行为：多行
选项
链接：
目标：
滤镜

图 3-171 文本的“属性”面板

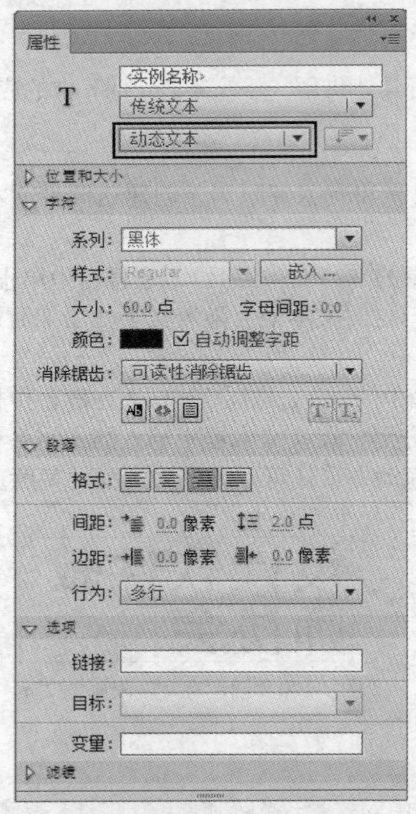

图 3-172 “动态文本”的属性面板

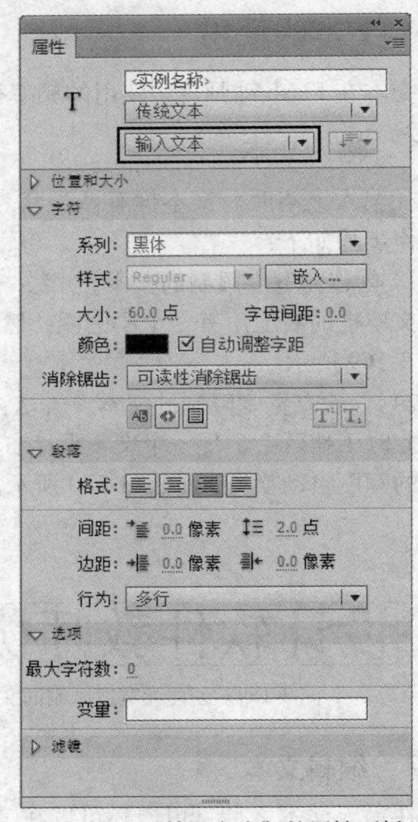

图 3-173 “输入文本”的属性面板

2. 字母间距

在“字母间距”后输入相应数值，即可调节字母间的相互距离。图 3-174 为不同字母间距的效果比较。

北京动漫游戏行业协会　　北 京 动 漫 游 戏 行 业 协 会

a)　　b)

图 3-174 不同“字母间距”的效果比较
a）“字母间距”为 0 b）“字母间距”为 10

3. 字体、字体大小、颜色

单击“系列”的下拉列表按钮，从中可以选择相关字体；在“大小”右侧可以直接输入字体字号；单击“颜色”后的颜色框，在弹出的面板中可以选择字体颜色。

4. 字体对齐

对齐方式决定了段落中每行文本相对于文本块边缘的位置。展开“段落”选项，单击▤按钮，可使文字左对齐；单击▤按钮，可使文字居中对齐；单击▤按钮，可使文字右对齐；单击▤按钮，可使文本两端对齐。

5. 编辑格式选项

展开“段落”选项，通过调整“间距”右侧（首行缩进）后的数值，可以调节文本块中的段落首行缩进的大小，图 3-175 为不同“首行缩进”的效果比较；通过调整“间距”右侧（行距）后的数值，可以调节文字块段落中相邻行（列）之间的距离，图 3-176 为不同“行距”的效果比较；通过调整“边距”右侧（左缩进）后的数值，可以调节文字块中的整个段落左缩进的大小，图 3-177 为不同“左缩进”的效果比较；通过调整“边距”右侧（右缩进）后的数值，可以调节文字块中的整个段落右缩进的大小，图 3-178 为不同“右缩进”的效果比较。

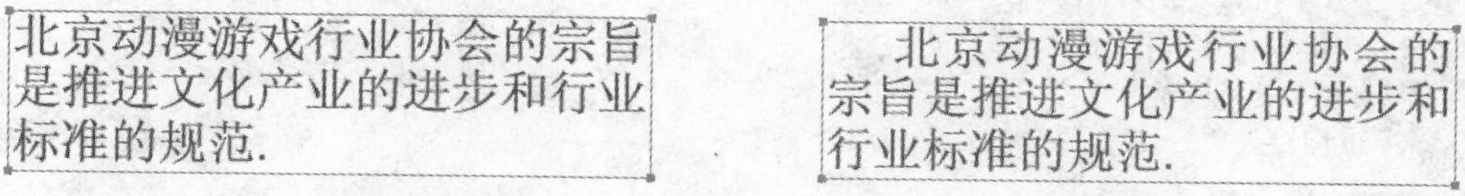

北京动漫游戏行业协会的宗旨是推进文化产业的进步和行业标准的规范.

a）

北京动漫游戏行业协会的宗旨是推进文化产业的进步和行业标准的规范.

b）

图 3-175　不同（首行缩进）值的效果比较
a）“首行缩进”值为 0　b）“首行缩进”值为 40

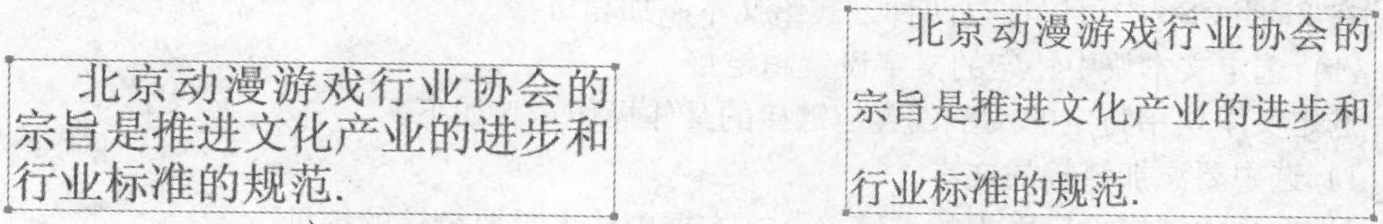

北京动漫游戏行业协会的宗旨是推进文化产业的进步和行业标准的规范.

a）

北京动漫游戏行业协会的宗旨是推进文化产业的进步和行业标准的规范.

b）

图 3-176　不同（行距）值的效果比较
a）“行距”值为 2　b）“行距”值为 30

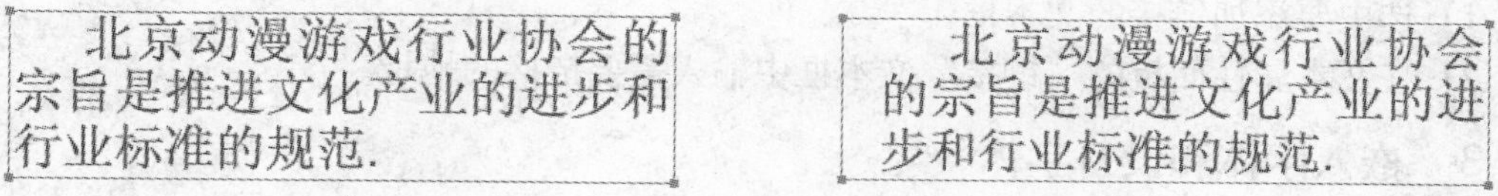

北京动漫游戏行业协会的宗旨是推进文化产业的进步和行业标准的规范.

a）

北京动漫游戏行业协会的宗旨是推进文化产业的进步和行业标准的规范.

b）

图 3-177　不同（左缩进）的效果比较
a）“左缩进”值为 0　b）“左缩进”值为 20

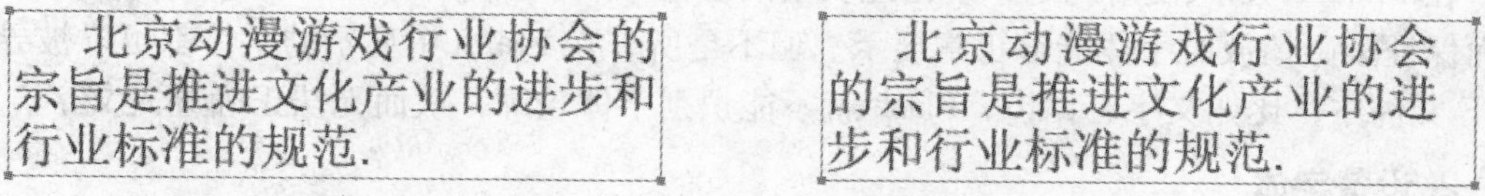

北京动漫游戏行业协会的宗旨是推进文化产业的进步和行业标准的规范.

a）

北京动漫游戏行业协会的宗旨是推进文化产业的进步和行业标准的规范.

b）

图 3-178　不同（右缩进）的效果比较
a）“右缩进”值为 0　b）“右缩进”值为 20

6. 改变文本方向

单击（改变文本方向）按钮，从弹出的快捷菜单中有“水平”“垂直”和“垂直，从左向右”3 个文本方向选项可供选择。图 3-179 为选择不同选项的效果比较。

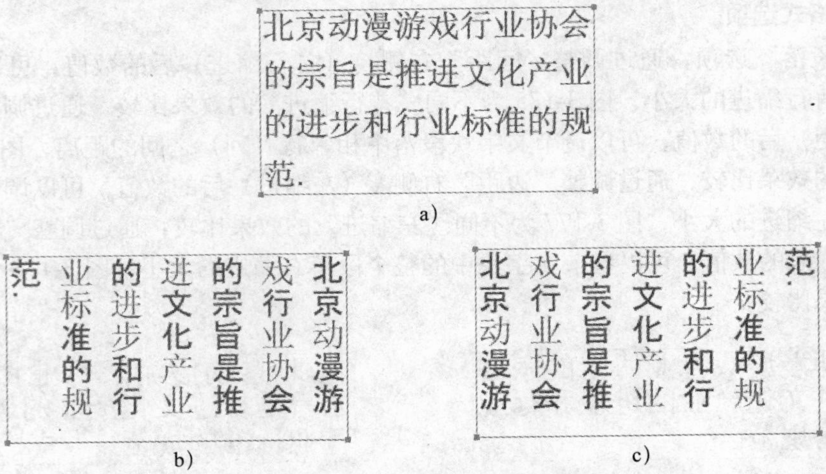

北京动漫游戏行业协会
的宗旨是推进文化产业
的进步和行业标准的规
范.

a)

北京动漫游
戏行业协会
的宗旨是推
进文化产业
的进步和行
业标准的规
范.

b)

北京动漫游
戏行业协会
的宗旨是推
进文化产业
的进步和行
业标准的规
范.

c)

图 3-179　选择不同文本方向选项的效果比较

a）选择“水平”的效果　b）选择“垂直”的效果　c）选择“垂直，从左向右”的效果

7. URL链接

在 Flash CS6 中可以通过两种方式给文本添加超链接。

（1）选定文本块中特定的文字设置超链接

选定文本块中特定的文字设置超链接的具体操作步骤如下：

1）选中要添加链接的文本。

2）在文本“属性”面板的“链接”文本框中输入需要链接的地址。

（2）给整个文本框设置超链接

给整个文本框设定超链接的具体操作步骤如下：

1）选中要添加链接的文本框。

2）在文本属性面板的“链接”文本框中输入需要链接的地址。

3.8.3　嵌入字体和设备字体

在 Flash CS6 中使用的字体可以分为嵌入字体和设备字体两种。

1. 嵌入字体

在 Flash 中如果使用的是系统已经安装的字体，Flash 将在 SWF 文件中嵌入字体信息，从而保证动画播放时字体能够正常显示。但不是所有在 Flash 中显示的字体都可以被导入到 SWF 文件中，比如文字有锯齿，Flash 就不能识别字体轮廓，从而无法正确导入文字。

2. 设备字体

利用 Flash 制作动画时，为了产生一些特殊文字效果经常会使用一些特殊字体，即设备字体。设备字体不会嵌入到字体 SWF 文件中，因此使用设备字体发布的影片会很小。但是由于设备字体没有嵌入到影片中，如果浏览者的系统上没有安装相应的字体，在浏览时观赏到的字体会与预期的效果有区别。如果用户打开计算机中不存在相关字体的 Flash 文件时，Flash 会打开一个警告框。单击“选择替换字体”按钮，在打开的对话框中会显示出本地计算机中不存在的字体，并允许为这些字体选择替换字体。

3.8.4 对文本使用滤镜

滤镜是可以应用到对象的特殊效果。在 Flash CS6 中对文字可以应用的滤镜有“投影”“模糊”“发光”“斜角”“渐变发光”“渐变斜角”和“调整颜色”7 种。选择要添加滤镜的文字，然后在“属性”面板中单击（添加滤镜）按钮，从弹出的如图 3-180 所示的快捷菜单中选择相应的滤镜即可。下面就来具体讲解一下。

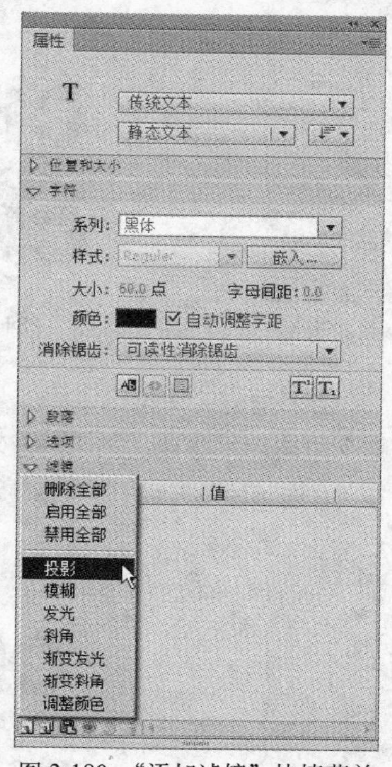

图 3-180 “添加滤镜”快捷菜单

1. 投影

“投影”滤镜可以模拟对象向一个表面投影的效果，或者在背景中剪出一个形似对象的洞，来模拟对象的外观。图 3-181 为“投影”参数面板，图 3-182 为“投影”前后效果比较。

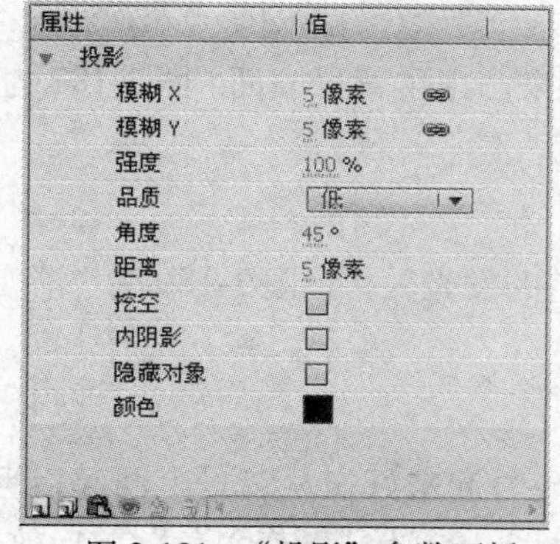

图 3-181 “投影”参数面板

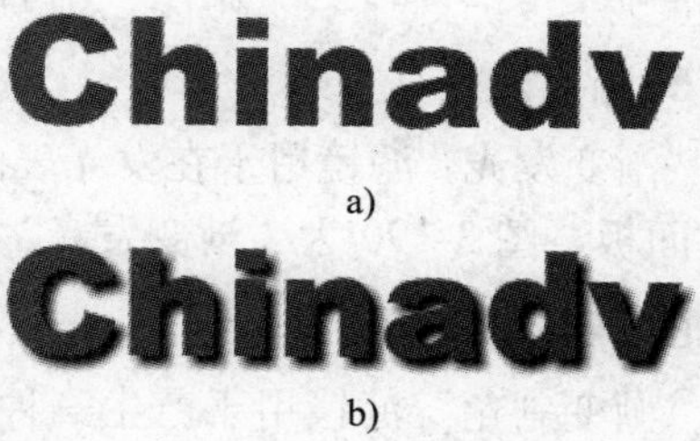

Chinadv

a)

Chinadv

b)

图 3-182 “投影”前后效果比较
a）“投影”前 b）“投影”后

2. 模糊

“模糊”滤镜可以柔化对象的边缘和细节。将模糊应用于对象，可以让其看起来好像位于其他对象的后面，或者使对象看起来好像是运动的。图 3-183 为“模糊”参数面板，图 3-184 为“模糊”前后效果比较。

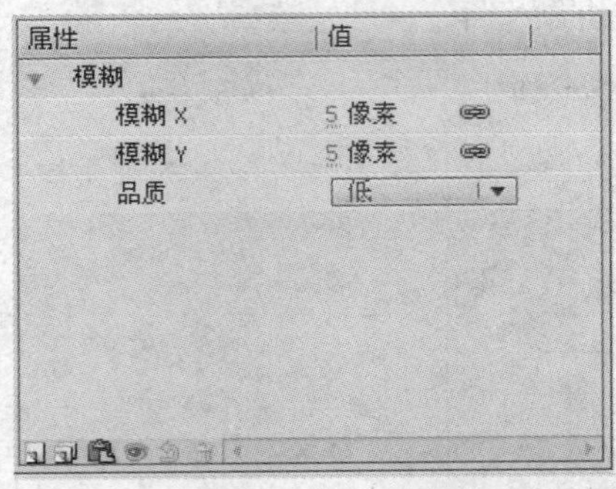

图 3-183 “模糊”参数面板

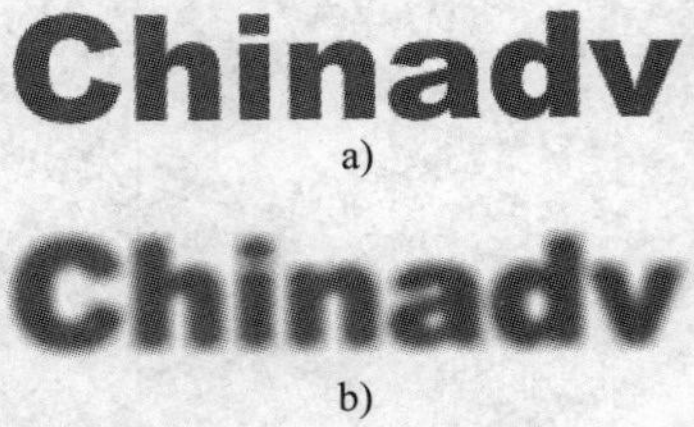

Chinadv

a)

Chinadv

b)

图 3-184 “模糊”前后效果比较
a）“模糊”前 b）“模糊”后

3. 发光

“发光”滤镜用于为对象的整个边缘应用颜色。图 3-185 为“发光”参数面板，图 3-186 为“发光”前后效果比较。

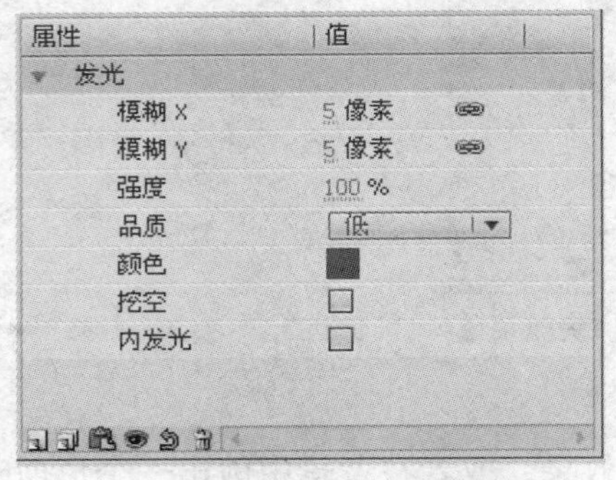

图 3-185 “发光”参数面板

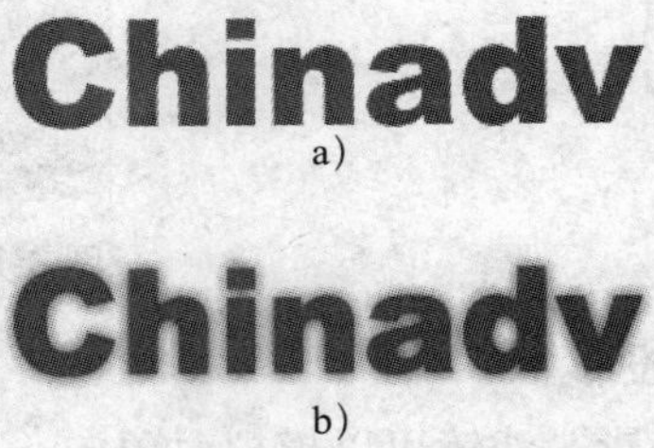

Chinadv

a)

Chinadv

b)

图 3-186 “发光”前后效果比较
a）“发光”前 b）“发光”后

4. 斜角

“斜角”滤镜可以为对象添加加亮效果，使其看起来凸出于背景表面。图 3-187 为“斜角”参数面板，图 3-188 为“斜角”前后效果比较。

5. 渐变发光

“渐变发光”滤镜用于在发光表面产生带渐变颜色的发光效果。图 3-189 为“渐变发光”参数面板，图 3-190 为“渐变发光”前后效果比较。

6. 渐变斜角

“渐变斜角”滤镜用于产生一种凸起效果，使对象看起来好像从背景上凸起，且斜角表面有渐变颜色。图 3-191 为“渐变斜角”参数面板，图 3-192 为“渐变斜角”前后效果比较。

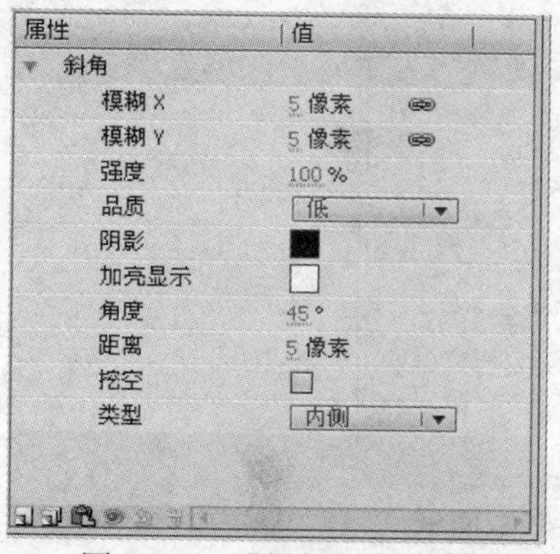

图 3-187　“斜角”参数面板

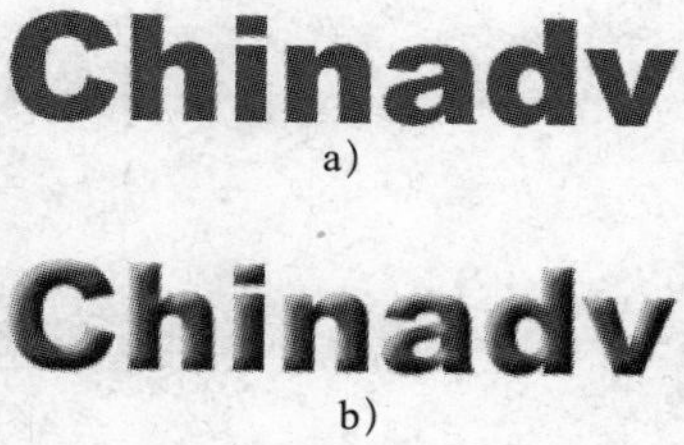

Chinadv

a)

Chinadv

b)

图 3-188　“斜角”前后效果比较
a）“斜角”前　b）“斜角”后

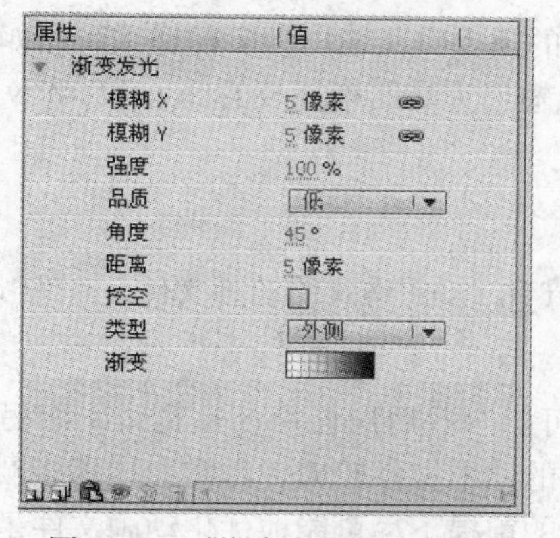

图 3-189　“渐变发光”参数面板

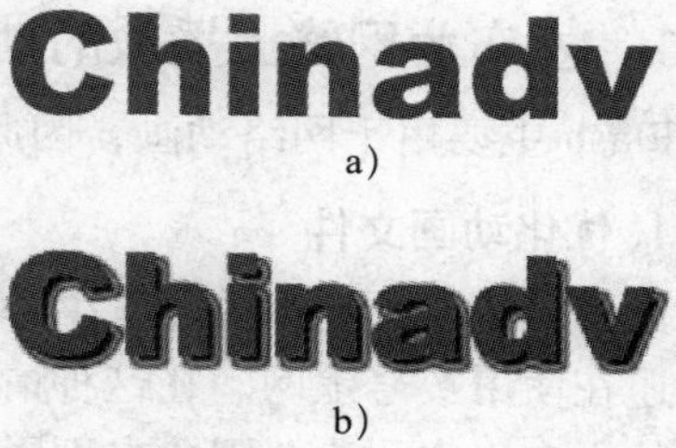

Chinadv

a)

Chinadv

b)

图 3-190　“渐变发光”前后效果比较
a）“渐变发光”前　b）“渐变发光”后

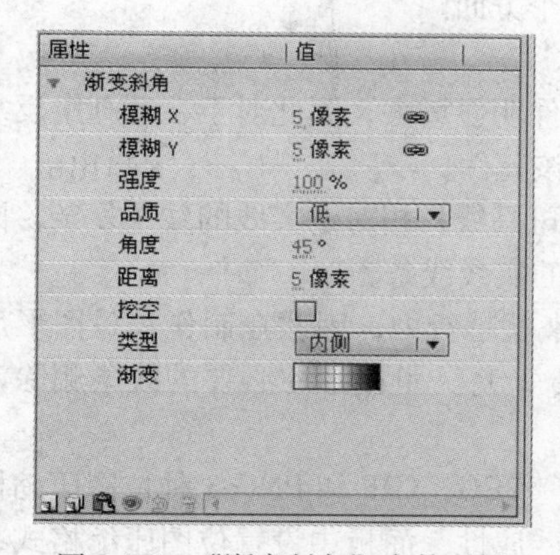

图 3-191　“渐变斜角”参数面板

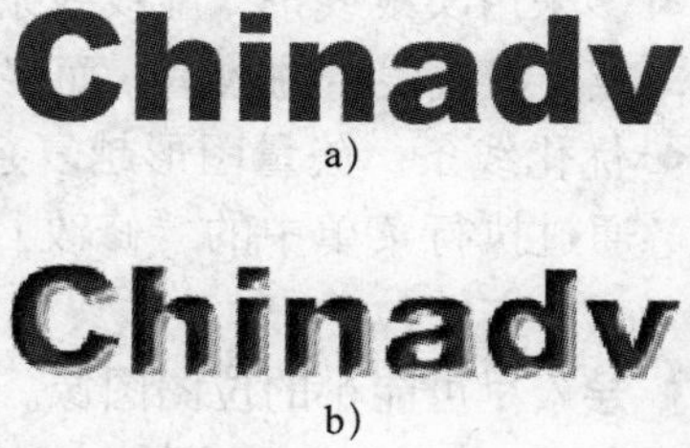

Chinadv

a)

Chinadv

b)

图 3-192　“渐变斜角”前后效果比较
a）“渐变斜角”前　b）“渐变斜角”后

7. 调整颜色

“调整颜色”滤镜可以调整对象的亮度、对比度、色相和饱和度。图 3-193 为“调整颜色”参数面板。

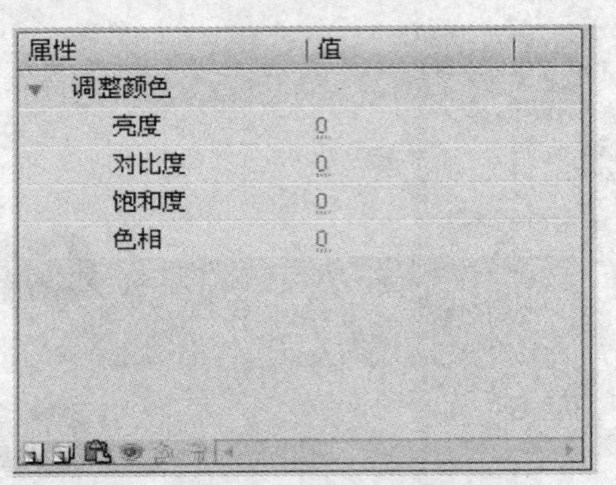

图 3-193 “调整颜色”参数面板

3.9 Flash动画的发布

在 Flash 动画制作完成后，可以根据播放环境的需要将其输出为多种格式。比如可以输出为适合于网络播放的 .swf 和 .html 格式，也可以输出为非网络播放的 .avi 和 .mov 格式，还可以输出为 .exe 的 Windows 放映格式。

3.9.1 发布为网络上播放的动画

Flash 主要用于网络动画，因此默认发布为 .swf 和 .html 格式的动画文件。

1. 优化动画文件

由于全球的用户使用的网络传输速度不同，可能一些用户使用的是宽带、而另一些用户却还在使用拨号上网。在这种情况下，如果制作的动画文件较大，常常会让那些网速不是很快的用户失去耐心，因此在不影响动画播放质量的前提下尽可能地优化动画文件是十分必要的。优化 Flash 动画文件可以分为在制作静态元素时进行优化，在制作动画时进行优化，在导入音乐时进行优化和在发布动画时进行优化 4 个方面。

（1）在制作静态元素时进行优化

- 多使用元件。重复使用元件并不会使动画文件明显增大，因此对于在动画中反复使用的对象，应将其转换为元件，然后重复使用该元件。
- 多采用实线线条。虚线线条（比如点状线、斑马线）相对于实线的线条复杂，因此应减少虚线线条的数量，而多采用构图最简单的实线线条。
- 优化线条。矢量图形越复杂，CPU 运算起来就越费力，因此在制作矢量图形后可以通过执行菜单中的“修改 | 形状 | 优化”命令，将矢量图形中必要的线条删除，从而减小文件大小。
- 导入尽可能小的位图图像。Flash CS6 提供了 JPEG、GIF 和 PNG 3 种位图压缩格式。在 Flash 中压缩位图的方法有两种：一是在“属性”面板中设置位图压缩格式，二是在发布时设置位图压缩格式。

在“属性”面板中设置位图压缩格式的具体步骤如下：

1）执行菜单中的“窗口 | 库”命令，调出“库”面板。

2）在“库”面板中右击要压缩的位图，在弹出的快捷菜单中选择“属性”命令，弹出如图 3-194 所示的“位图属性”对话框。在该对话框中显示了当前位图的格式以及可压缩的格式，此时该图为 .jpg 格式，压缩为“照片（JPEG）”。

3）单击“自定义”，然后在后面的数值框中可以设置相应的压缩数值，如图 3-195 所示。

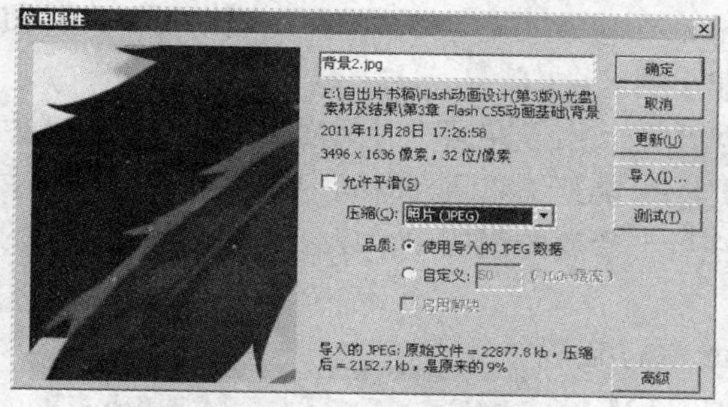

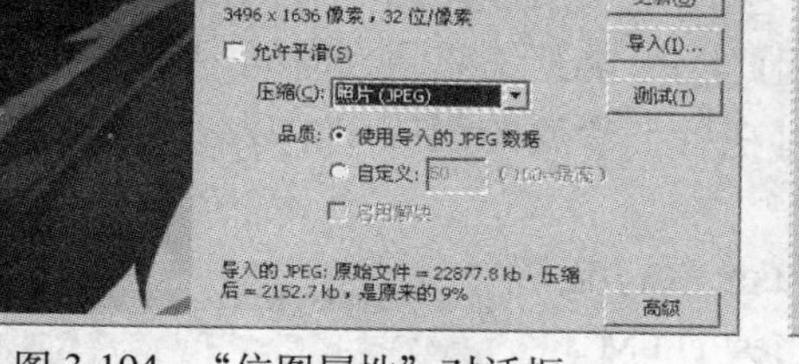

图 3-194　“位图属性”对话框

图 3-195　对位图进行 50% 的压缩

在发布时设置位图压缩格式的具体步骤如下：

1）执行菜单中的“文件 | 发布设置”命令。

2）在弹出的对话框中勾选“Flash（.swf）”复选框，如图 3-196 所示。然后在“JPEG 品质”文本框中填上相应的数值，单击“确定”或“发布（P）”按钮即可。

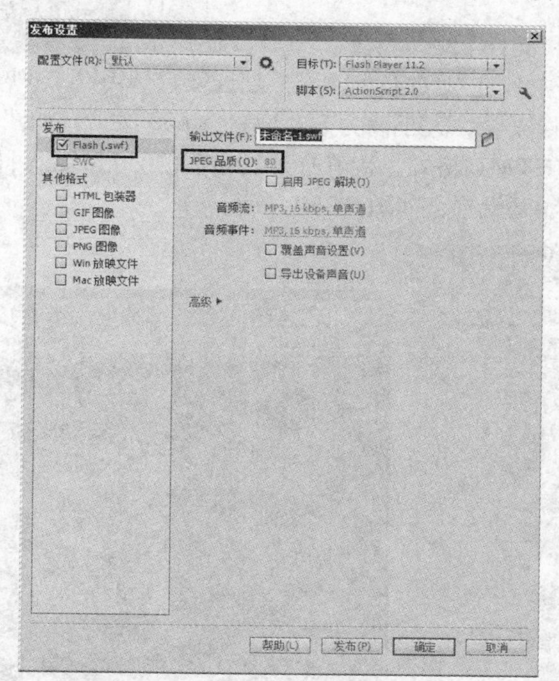

图 3-196　勾选“Flash（.swf）”复选框

- 限制字体和字体样式的数量。使用的字体种类越多，动画文件就越大，因此应尽量不要使用太多的不同字体，而尽可能使用 Flash 内定的字体。

（2）在制作动画时进行优化

- 多采用补间动画。由于 Flash 动画文件的大小与帧的多少成正比，因此应尽量以补间动画的方式产生动画效果，而少用逐帧方式生成动画。

- 多用矢量图形。由于 Flash 并不擅长处理位图图像的动画，通常只用于静态元素和背景图，而矢量图形可以任意缩放而不影响 Flash 的画质，因此在生成动画时应多用矢量图形。
- 尽量缩小动作区域。动作区域越大，Flash 动画文件就越大，因此应限制每个关键帧中发生变化的区域，使动画发生在尽可能小的区域内。
- 尽量避免在同一时间内多个元素同时产生动画。由于在同一时间内多个元素同时产生动画会直接影响到动画的流畅播放，因此应尽量避免在同一时间内多个元素同时产生动画。同时还应将产生动画的元素安排在各自专属的图层中，以便加快 Flash 动画的处理过程。
- 制作小电影。为减小文件，可以将 Flash 中的电影尺寸设置的小一些，然后将其在发布为 HTML 格式时进行放大。下面举例说明一下，具体操作步骤如下：

1）在 Flash 中创建一个 400 像素 ×300 像素的角色打斗动画，然后将其发布为 SWF 电影，如图 3-197 所示。

图 3-197　创建动画并发布为 SWF 电影

2）执行菜单中的“文件 | 发布设置”命令，在弹出的“发布设置”对话框中勾选“HTML 包装器”复选框，然后将“大小”设为“像素”，大小设为 800 像素 ×600 像素，如图 3-198 所示，单击“发布”按钮，将其发布为 HTML 格式。接着打开发布后的 HTML，可以看到在网页中的电影尺寸放大了，而画质却丝毫无损，如图 3-199 所示。

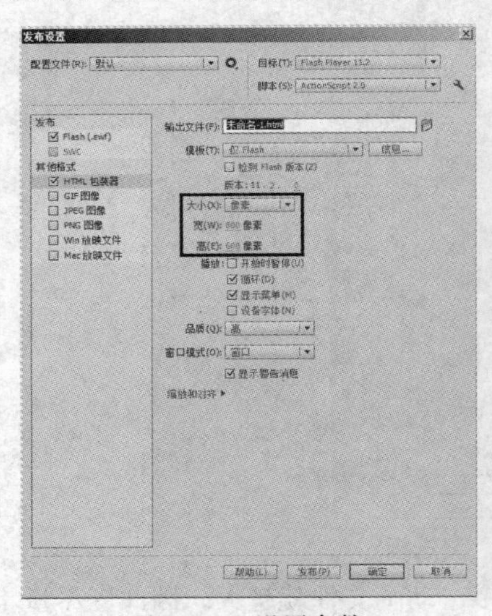

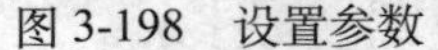

图 3-198　设置参数

图 3-199　发布为 HTML 格式

(3) 在导入音乐时进行优化

Flash 支持的声音格式有波形音频格式 WAV 和 MP3，不支持 WMA、MIDI 音乐格式。WAV 格式的音频品质比较好，但相对于 MP3 格式，文件的占用空间比较大，因此建议使用

MP3 的格式。在 Flash CS6 中可以将 WAV 转换为 MP3，具体操作步骤如下：

1）鼠标右击“库”面板中要转换格式的 WAV 文件。

2）在弹出的快捷菜单中选择“属性”命令，然后在弹出的“声音属性”对话框中设置“压缩”格式为“MP3”，如图 3-200 所示，单击“确定”按钮即可。

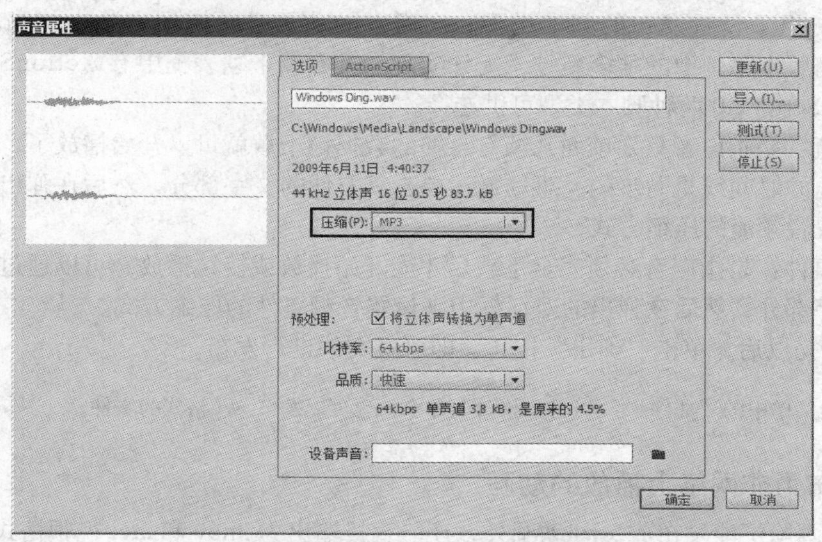

图 3-200　设置“声音属性”参数

2. 发布动画文件

Flash CS6 默认发布的动画文件为 .swf 格式，具体发布步骤如下：

1）执行菜单中的“文件 | 发布设置”命令，在弹出的对话框中勾选“Flash (.swf) ”复选框，如图 3-201 所示。该对话框中主要参数含义如下：

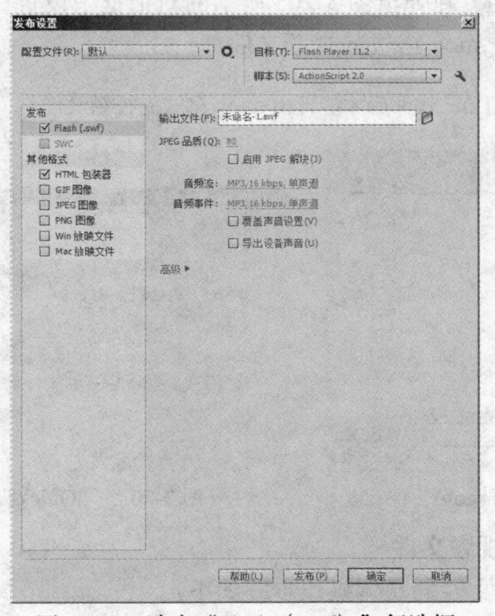

图 3-201　选中“Flash（.swf）”复选框

● 目标：用于设置输出的动画可以在哪种浏览器上进行播放。版本越低，浏览器对其兼容性越强，但低版本无法容纳高版本的Flash技术，播放时会失掉高版本技术创建的部分。版本越高，Flash技术越多，但低版本的浏览器无法支持其播放。因此，要根据需要选择适合的版本。
● 脚本：用于设置发布的脚本类型。高版本的动画必须搭配高版本的脚本程序，否则，高版本动画中的很多新技术无法实现。其右侧下列表框中有ActionScript 1.0和ActionScript 2.0两种脚本类型可供选择。
● 音频流：是指声音只要前面几帧有足够的数据被下载就可以开始播放了，它与网上播放动画的时间线是同步的。可以通过单击其右侧的文字部分，然后在弹出的对话框中来设置音频流的压缩方式。
● 音频事件：是指声音必须完全下载后才能开始播放或持续播放。可以通过单击其右侧的文字部分，然后在弹出的对话框中来设置音频事件的压缩方式。

2）设置完成后，单击“确定”按钮，即可将文件进行发布。

提示：执行菜单中的“文件 | 导出 | 导出影片”命令，也可以发布swf格式的文件。

3.9.2 发布为非网络上播放的动画

Flash动画除了能发布成.swf动画外，还能直接输出为.mov和.avi视频格式的动画。

1. 发布为.mov格式的视频文件

发布.mov格式的视频文件的具体操作步骤如下：

1）执行菜单中的“文件 | 导出 | 导出影片”命令，在弹出的对话框中设置“保存类型(T)”为“QuickTime(.mov)”，然后输入相应的文件名，如图3-202所示。

2）单击“保存”按钮，在弹出图3-203所示的对话框中设置相应参数后，单击“确定”按钮，即可将文件发布为.mov格式的视频文件。

提示：只有在安装QutimeTime软件后才能导出.mov格式的视频文件。

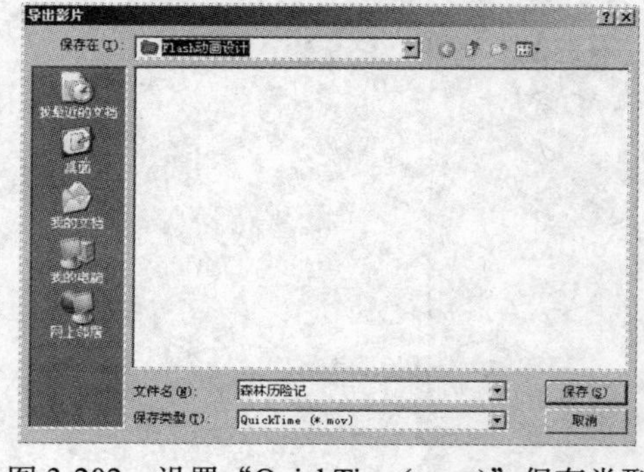

图3-202 设置“QuickTime(.mov)”保存类型

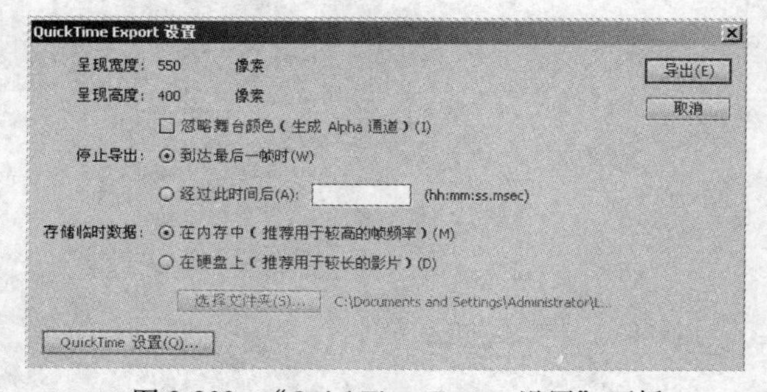

图3-203 “QuickTime Export 设置”面板

2. 发布为.avi格式的视频文件

发布.avi格式的视频文件的具体操作步骤如下：

1）执行菜单中的“文件 | 导出 | 导出影片”命令，在弹出的对话框中设置“保存类型(T)”

为“Windows AVI(*.avi)”，然后输入相应的文件名，如图 3-204 所示。

2）单击“保存”按钮，在弹出图 3-205 所示的对话框中设置相应参数后，单击“确定”按钮，即可将文件发布为 .avi 格式的视频文件。

图 3-204　选择文件类型并输入文件名

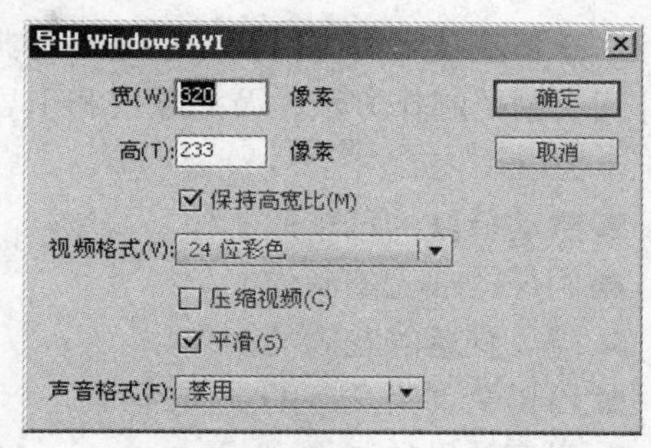

图 3-205　设置导出影片的属性

3.10　课后练习

1. 填空题

（1）Flash 元件分为 ______、______ 和 ______3 种类型。

（2）在 Flash 中输入文本时，文本框有两种状态：______ 和 ______。

（3）在 Flash CS6 中使用的字体可以分为 ______ 和 ______。

2. 选择题

（1）下列哪个是插入关键帧的快捷键？（ ）

A. F5　　B. F6　　C. F7　　D. F8

（2）下列哪些属于在 Flash CS6 中可以使用的文字滤镜？（ ）

A. 模糊　　B. 发光　　C. 变形　　D. 转换

3. 问答题

（1）简述在 Flash CS6 中创建逐帧、补间形状、传统补间、引导线和遮罩动画的方法。

（2）简述文字滤镜的使用方法。

（3）简述将 Flash 动画输出为 .avi 和 .mov 格式的方法。

第4章 Flash CS6动画技巧演练

本章重点

本章将从技术角度出发，通过一些典型实例来讲解Flash逐帧动画、形状补间动画、运动补间动画的制作方法，及遮罩层和引导层在Flash动画片中的应用。通过本章的学习，读者应掌握以下内容：

- ■ 颤动行驶的汽车的制作
- ■ 闪烁的烛光的制作
- ■ 随风飘落的花瓣的制作
- ■ 用铅笔书写文字的制作
- ■ 天亮效果的制作
- ■ 睡眠的表现效果
- ■ 卡通城堡动画的制作

4.1 颤动行驶的汽车

制作要点：

本例将制作冒着黑烟颤动行驶的汽车效果，如图4-1所示。通过本例的学习，读者应掌握传统补间动画中旋转动画和位移动画的制作方法。

图4-1 颤动行驶的汽车效果

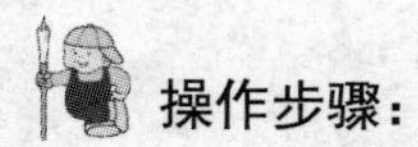

操作步骤：

1）打开配套光盘中的“素材及结果\第4章 Flash CS6动画技巧演练\4.1 颤动行驶的汽车\汽车-素材.fla”文件。

2）制作颤动的车体效果。方法：双击“库”面板中的“车体”元件，进入编辑状态，如图4-2所示。然后选择“图层1”的第3帧，执行菜单中的“插入|时间轴|关键帧”（快捷键〈F6〉）命令，插入关键帧。接着利用工具箱中的▣（任意变形工具），适当旋转舞台中的元件，如图4-3所示。最后在第4帧，按快捷键〈F5〉，从而使时间轴的总长度延长到第4帧。

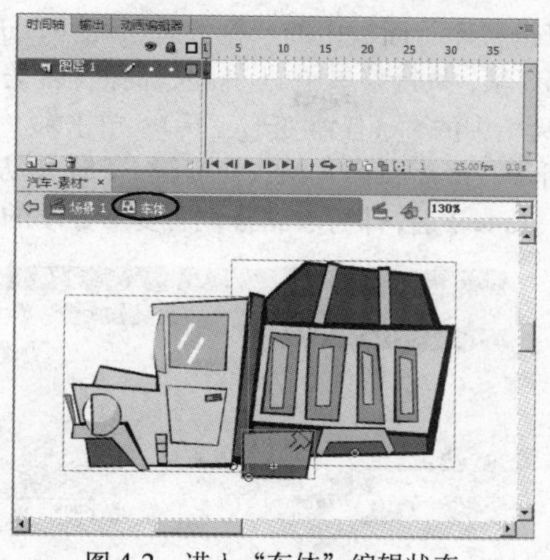

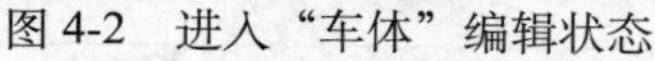

图 4-2　进入“车体”编辑状态

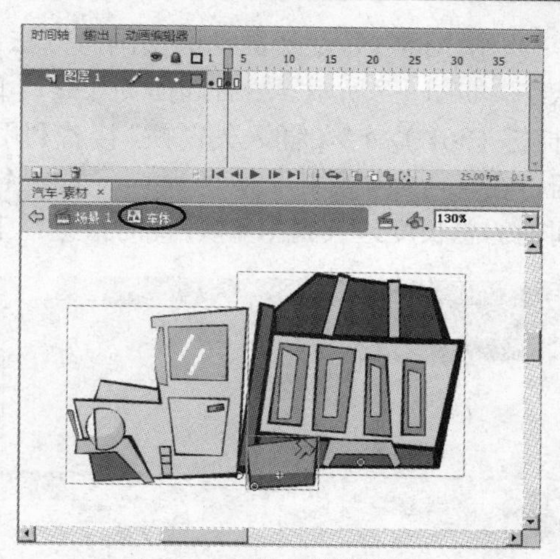

图 4-3　在第 3 帧旋转元件

3）制作转动的车轮效果。方法：执行菜单中的“插入 | 新建元件”（快捷键〈Ctrl+F8〉）命令，在弹出的“创建新元件”对话框中设置参数如图 4-4 所示，单击“确定”按钮。然后从“库”面板中将“轮胎”元件拖入舞台，并利用“对齐”面板将其中心对齐，如图 4-5 所示。接着在“轮胎 - 转动”元件的第 4 帧，按快捷键〈F6〉，插入关键帧。最后在第 1~4 帧创建传统补间动画，并在“属性”面板中将“旋转”设置为逆时针 1 次，如图 4-6 所示。此时按键盘上的〈Enter〉键，即可看到车轮原地转动的效果。

图 4-4　新建“轮胎 - 转动”元件

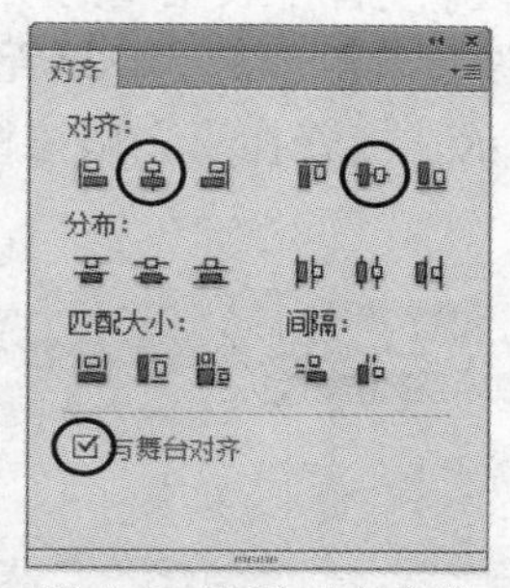

图 4-5　设置对齐参数

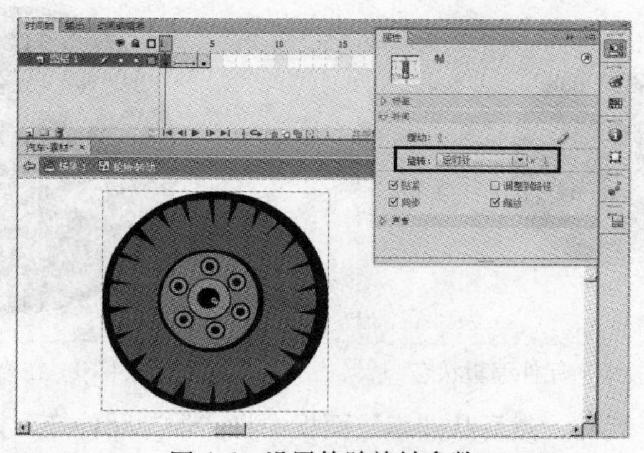

图 4-6　设置轮胎旋转参数

4）制作排气管变形颤动的动画。方法：双击“库”面板中的“排气管”元件，进入编辑状态，如图4-7所示。然后选择“图层1”的第3帧，执行菜单中的“插入|时间轴|关键帧”（快捷键〈F6〉）命令，插入关键帧。接着利用工具箱中的（任意变形工具），单击（封套）按钮，在舞台中调整排气管的形状，如图4-8所示。最后在第4帧按快捷键〈F5〉，从而使时间轴的总长度延长到第4帧。此时按键盘上的〈Enter〉键，即可看到排气管变形颤动的效果。

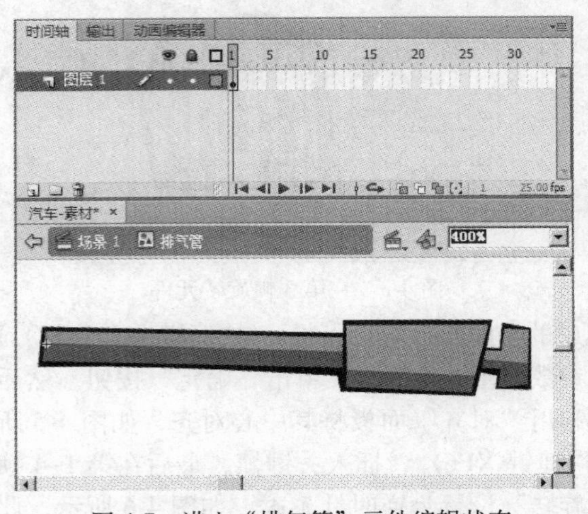

图4-7　进入“排气管”元件编辑状态

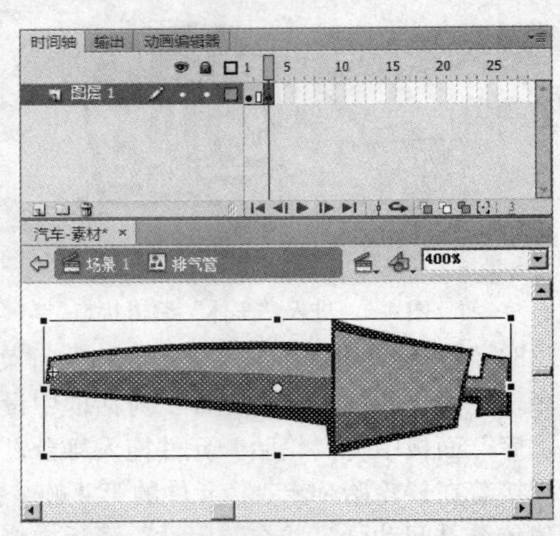

图4-8　在第3帧调整“排气管”元件的形状

5）制作排气管排放尾气的动画。方法：新建“烟”图形元件，然后利用工具箱中的（椭圆工具），设置笔触颜色为（无色），填充颜色为黑色，再在舞台中绘制圆形，并中心对齐，如图4-9所示。接着在第2帧按快捷键〈F6〉，插入关键帧，并将圆形适当放大，如图4-10所示。

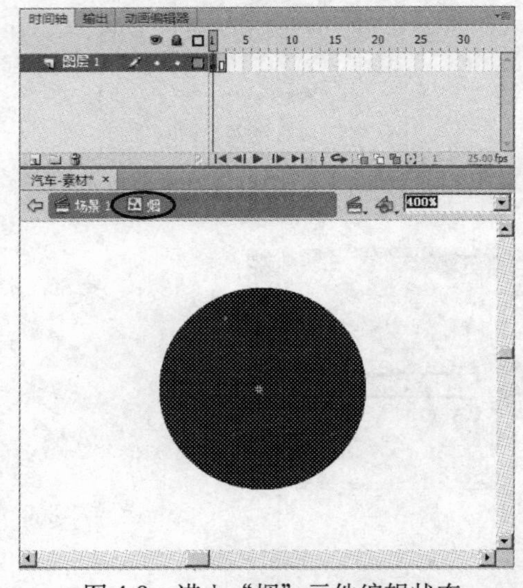

图4-9　进入“烟”元件编辑状态

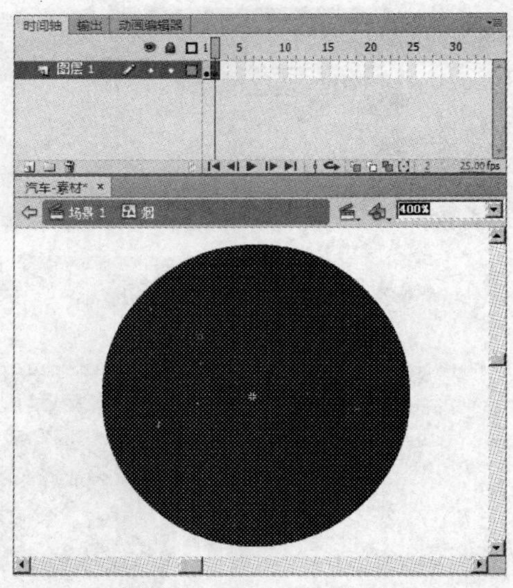

图4-10　在第2帧放大圆形

新建“烟-扩散”元件，然后从“库”面板中将“烟”元件拖入舞台，并中心对齐，再在“属性”面板中将Alpha值设为60%，如图4-11所示。接着，在第6帧按快捷键〈F6〉，插入关键帧，再将舞台中的“烟”元件放大并向右移动，同时在“属性”面板中将 Alpha 值设为 20%，如图 4-12 所示。最后右击第 1~6 帧之间的任意一帧，从弹出的快捷菜单中选择“创建补间动画”命令。此时按键盘上的〈Enter〉键，即可看到尾气从左向右移动并逐渐放大消失的效果。

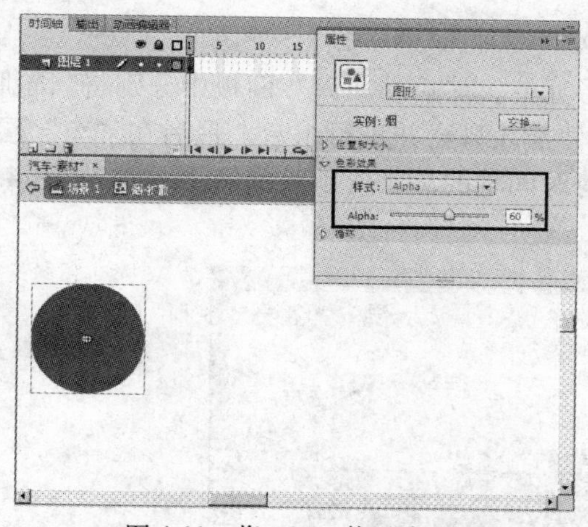

图 4-11　将 Alpha 值设为 60%

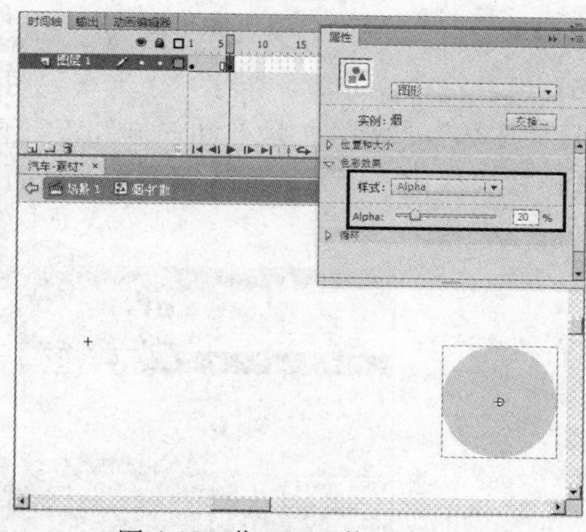

图 4-12　将 Alpha 值设为 20%

复制尾气烟雾。方法：单击时间轴下方的（新建图层）按钮，新建“图层 2”“图层 3”和“图层 4”，然后同时选择这 3 个图层，按快捷键〈Shift+F5〉，删除这 3 个图层的所有帧。接着右击“图层 1”的时间轴，从弹出的快捷菜单中选择“复制帧”命令。最后分别右击“图层 2”的第 3 帧、“图层 3”的第 5 帧和“图层 4”的第 7 帧，从弹出的快捷菜单中选择“粘贴帧”命令，此时时间轴分布如图 4-13 所示。

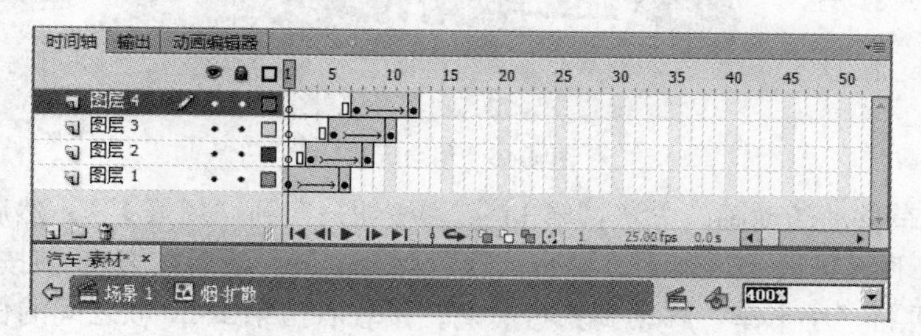

图 4-13　时间轴分布

此时按键盘上的〈Enter〉键，播放动画，会发现尾气自始至终朝着一个方向移动，并没有发散效果。这是错误的，下面就来解决这个问题。方法：分别选择 4 个图层的最后一帧，将舞台中的“烟”元件向上或向下适当移动，如图 4-14 所示。

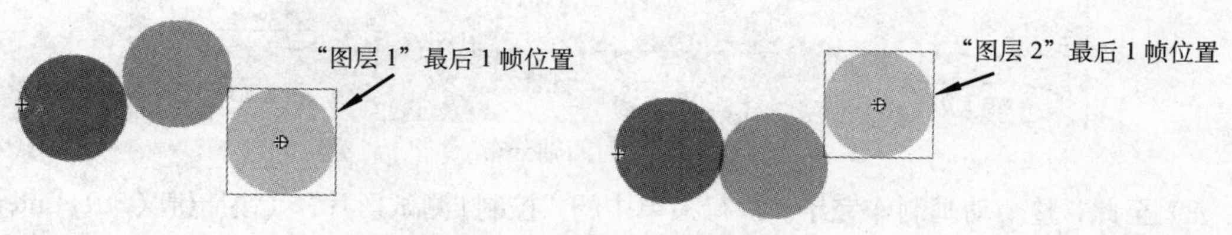

图 4-14　4 个图层最后 1 帧位置

图 4-14　4 个图层最后 1 帧位置（续）

6）组合汽车。方法：新建"小卡车"图形元件。然后从"库"面板中分别将"轮胎 - 转动""车体""烟 - 扩散"和"排气管"元件拖入舞台并进行组合，最后在"车"层的第 12 帧按快捷键〈F5〉，插入普通帧，从而将时间轴的总长度延长到第 12 帧，如图 4-15 所示。

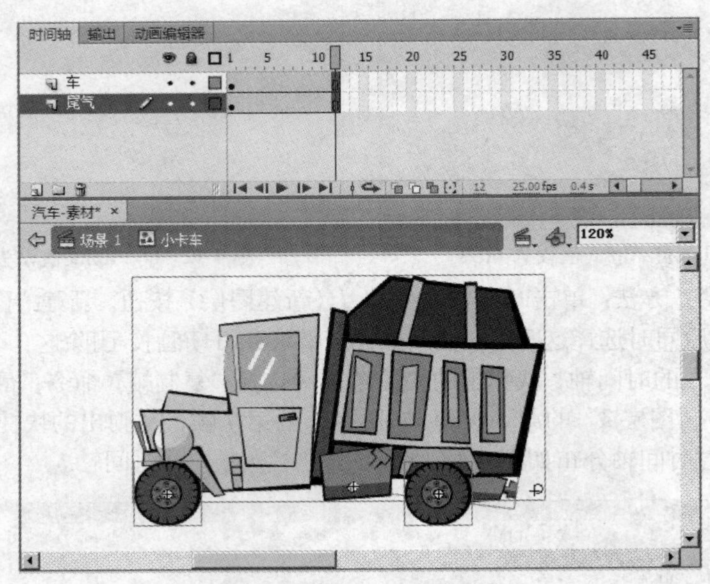

图 4-15　组合元件

7）制作汽车移动的动画。方法：单击 场景 1 按钮，回到"场景 1"，然后从"库"面板中将"小卡车"图形元件拖入舞台，并将其放置舞台左侧。然后在第 60 帧按快捷键〈F6〉，插入关键帧，再将"小卡车"移动到舞台右侧。接着右击第 1~60 帧之间的任意一帧，从弹出的快捷菜单中选择"创建传统补间"命令，此时时间轴分布如图 4-16 所示。

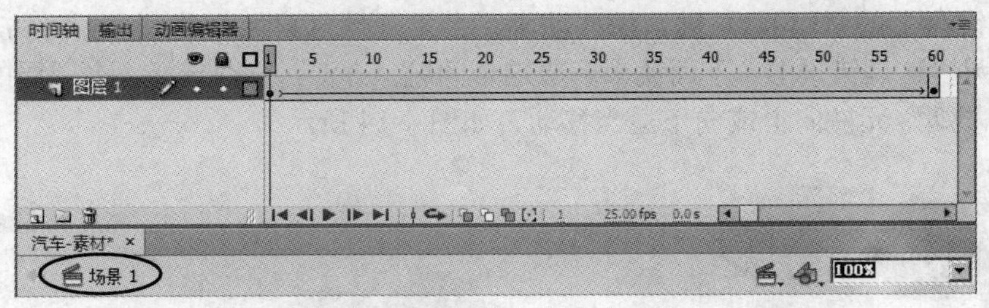

图 4-16　时间轴分布

8）至此，整个动画制作完毕。执行菜单中的"控制 | 测试影片"（快捷键〈Ctrl+Enter〉）命令，打开播放器窗口，即可看到冒着黑烟颤动行驶的汽车效果，如图 4-1 所示。

4.2　闪烁的烛光

制作要点：

本例将制作闪烁的烛光效果，如图 4-17 所示。通过本例的学习，读者应掌握形状补间动画的应用。

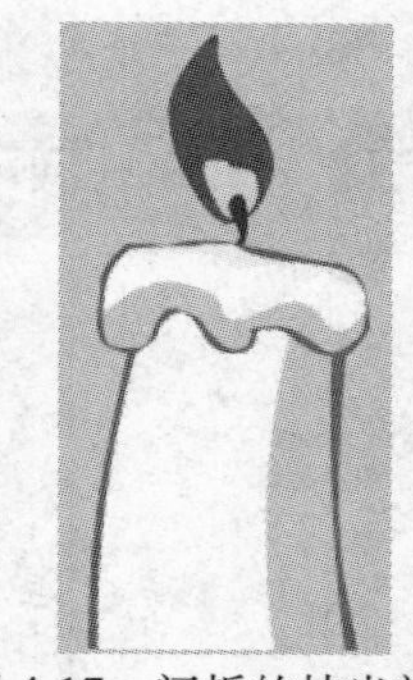
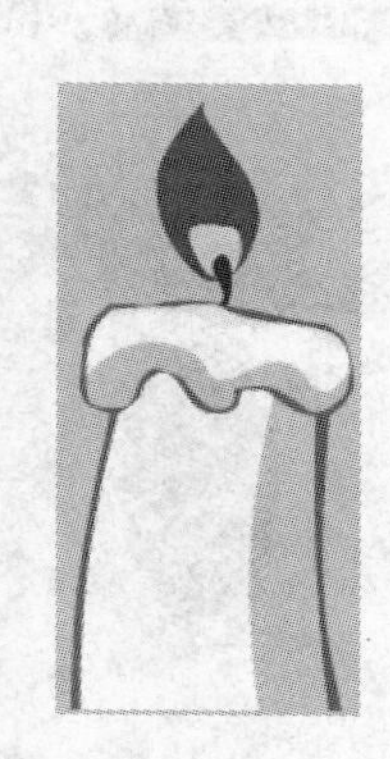

图 4-17　闪烁的烛光效果

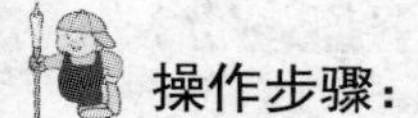

操作步骤：

1）打开配套光盘中的“素材及结果\第 4 章 Flash CS6 动画技巧演练\4.2 闪烁的烛光\蜡烛 - 素材 .fla”文件。

2）在“库”面板中双击“蜡烛”图形元件，进入编辑状态，如图 4-18 所示。

3）选择“图层 1”的第 10 帧，然后执行菜单中的“插入 | 时间轴 | 帧”（快捷键〈F5〉）命令，插入普通帧，从而使时间轴“图层 1”的总长度延长到第 10 帧。此时时间轴分布如图 4-19 所示。

4）双击时间轴左侧的“图层 1”，将其重命名为“蜡烛”。

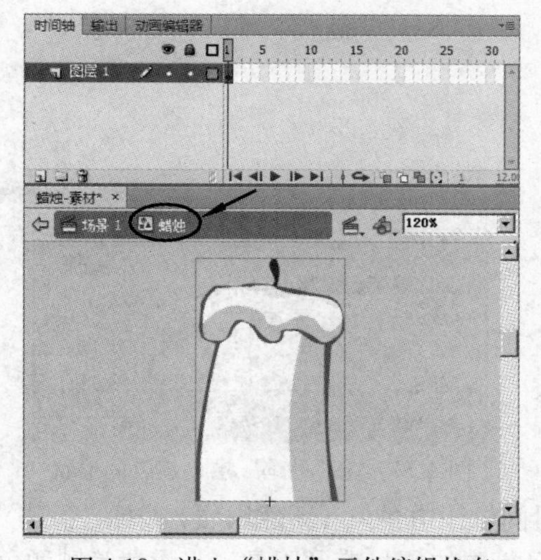

图 4-18　进入“蜡烛”元件编辑状态

图 4-19　在第 10 帧插入普通帧

5）制作蜡烛外焰闪烁的效果。方法：单击时间轴下方的 （新建图层）按钮，新建“图层 2”，然后将其重命名为“外焰”。接着选择工具箱中的 （椭圆工具），设置笔触颜色为 （无色），填充色为红色，在舞台中绘制图形，如图 4-20 所示。最后利用工具箱中的 （选择工具）调整形状，如图 4-21 所示。

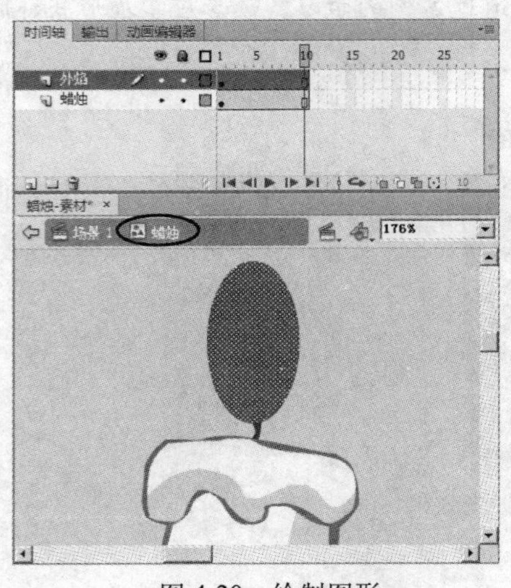

图 4-20　绘制图形

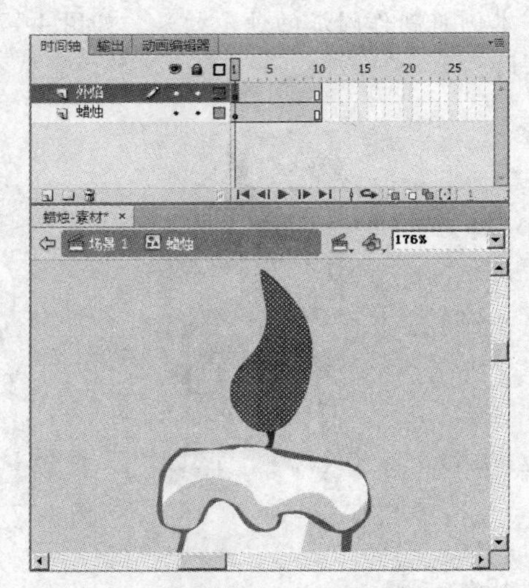

图 4-21　调整形状

分别选择第 6 帧和第 10 帧，执行菜单中的“插入 | 时间轴 | 关键帧”（快捷键〈F6〉）命令，插入关键帧。然后单击第 6 帧，利用工具箱中的 （选择工具），调整舞台中的外焰形状，如图 4-22 所示。接着选中整个“外焰”图层，右击时间轴的任意位置，从弹出的快捷菜单中选择“创建补间形状”命令，此时时间轴分布如图 4-23 所示。

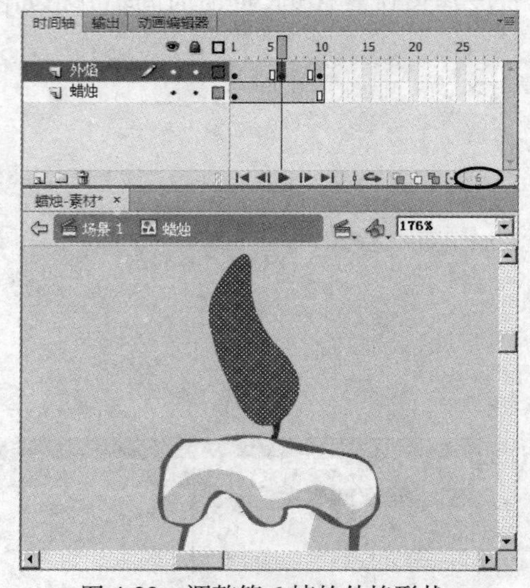

图 4-22　调整第 6 帧的外焰形状

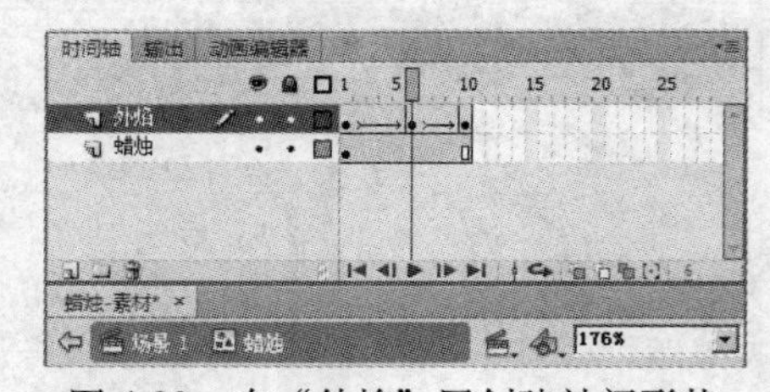

图 4-23　在“外焰”层创建补间形状

6）制作蜡烛内焰闪烁的效果。方法：单击时间轴下方的 （新建图层）按钮，新建“图层 3”，并将其重命名为“内焰”。然后选择工具箱中的 （椭圆工具），设置笔触颜色为

（无色），填充色为黄色，再在舞台中绘制图形，并利用工具箱中的（选择工具）调整形状，如图 4-24 所示。接着分别选择第 6 帧和第 10 帧，执行菜单中的“插入 | 时间轴 | 关键帧”（快捷键〈F6〉）命令，插入关键帧。再单击第 6 帧，调整舞台中的内焰形状，如图 4-25 所示。最后选中整个“内焰”图层，右击时间轴的任意位置，从弹出的快捷菜单中选择“创建补间形状”命令。

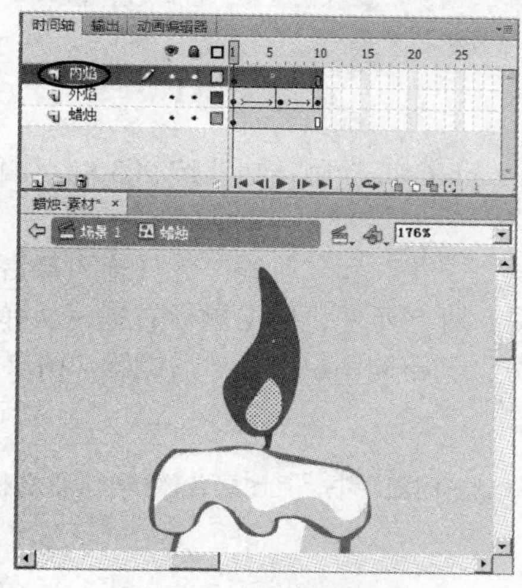

图 4-24　调整内焰形状

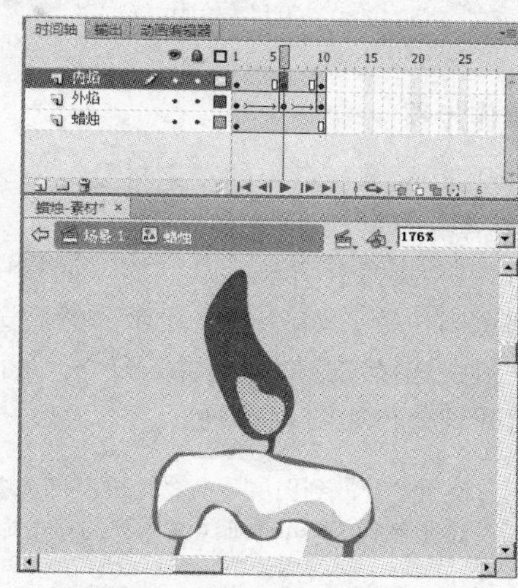

图 4-25　调整第 6 帧的内焰形状

7）将“外焰”和“内焰”层拖到“蜡烛”层的下方，结果如图 4-26 所示。

8）单击场景 1按钮，回到“场景 1”，然后从“库”面板中将“蜡烛”元件拖入舞台，并放置到适当位置。接着选择“图层 1”的第 30 帧，执行菜单中的“插入 | 时间轴 | 帧”（快捷键〈F5〉）命令，插入普通帧，从而使“图层 1”的总长度延长到第 30 帧。此时时间轴分布如图 4-27 所示。

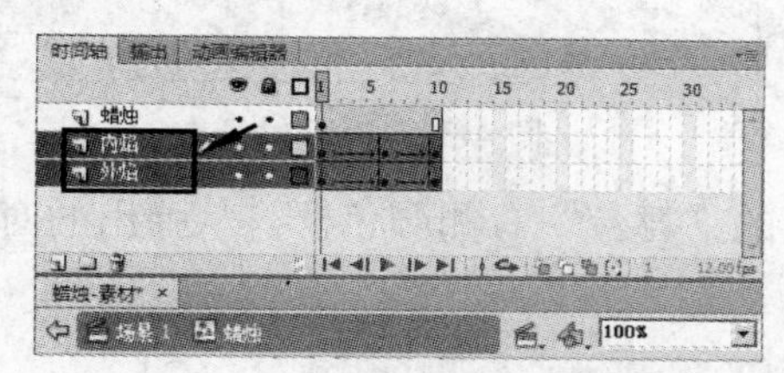

图 4-26　“蜡烛”元件图层分布

图 4-27　“场景 1”的时间轴分布

9）至此，整个动画制作完毕。下面执行菜单中的“控制 | 测试影片”（快捷键〈Ctrl+Enter〉）命令，打开“播放器”窗口，即可看到闪烁的烛光效果，如图 4-17 所示。

4.3　随风飘落的花瓣

制作要点：

本例将制作花瓣从花上脱落后被风吹走的效果，如图 4-28 所示。通过本例的学习，读者应掌握“分散到图层”命令和引导层动画的制作方法。

图 4-28　飘落的花瓣效果

操作步骤：

1）打开配套光盘中的“素材及结果 \ 第 4 章　Flash CS6 动画技巧演练 \4.3 随风飘落的花瓣 | 花瓣 - 素材 .fla”文件。

2）组合场景。方法：从“库”面板中将“草地”“花”和“花瓣”元件拖入舞台，并放置到适当位置，如图 4-29 所示。然后选中舞台中的所有元件，单击鼠标右键，从弹出的快捷菜单中选择“分散到图层”命令，从而将元件分散到不同图层上，然后删除“图层 1”，此时时间轴分布如图 4-30 所示。

提示：使用“分散到图层”命令，可以将选中的元件分散到不同图层中，且图层名称会与元件名相同。这是制作 Flash 动画经常用到的一个命令。

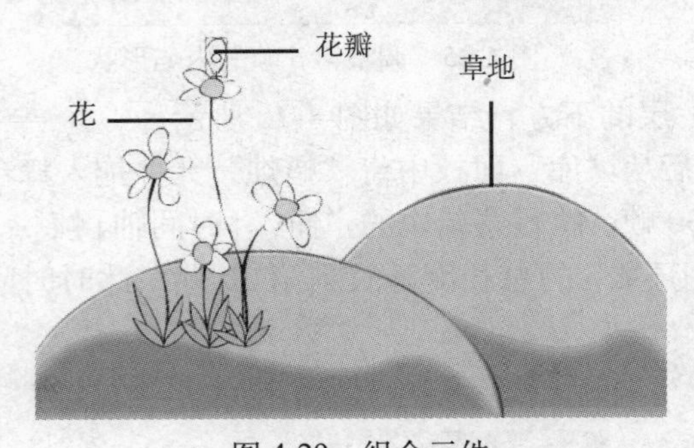

图 4-29　组合元件

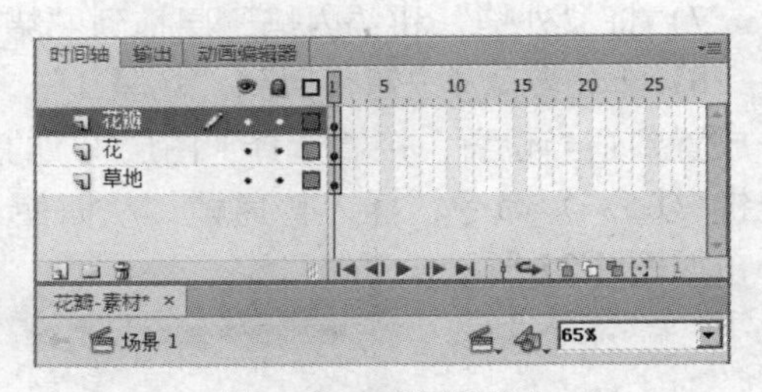

图 4-30　时间轴分布

3）改变背景色。方法：单击“属性”面板中的“舞台”右侧颜色框，从弹出的对话框中选择蓝色（#0099FF），结果如图 4-31 所示。

图 4-31　改变背景色

4）同时选中 3 个图层，在第 60 帧按快捷键〈F5〉，插入普通帧，从而将这 3 个图层的总长度延长到第 60 帧。

5）制作引导层。方法：为了防止错误操作，首先将 3 个图层进行锁定。然后右击“花瓣”层，从弹出的快捷菜单中选择“添加传统运动引导层”命令，给“花瓣”添加一个引导层。接着在新建的“引导层：花瓣”层上使用工具箱中的（钢笔工具）绘制路径，如图 4-32 所示。

图 4-32　在引导层上绘制路径

6）制作花瓣沿引导层运动动画。方法：锁定“引导层：花瓣”层，解锁“花瓣”层。然后分别在“花瓣”层的第 15 帧和第 60 帧按快捷键〈F6〉，插入关键帧。接着单击工具栏中的（贴紧至对象）按钮，在第 15 帧将“花瓣”元件移动到路径起点，在第 60 帧将“花瓣”元件移动到路径终点，如图 4-33 所示。最后右击第 15~60 帧之间的任意一帧，从弹出的快捷菜单中选择“创建传统补间”命令，此时时间轴分布如图 4-34 所示。

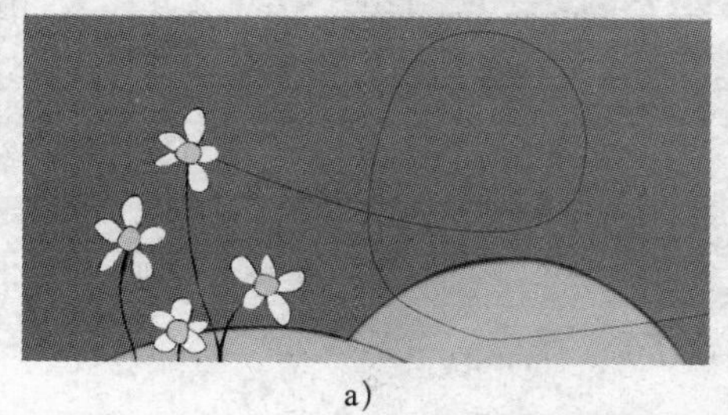

a）

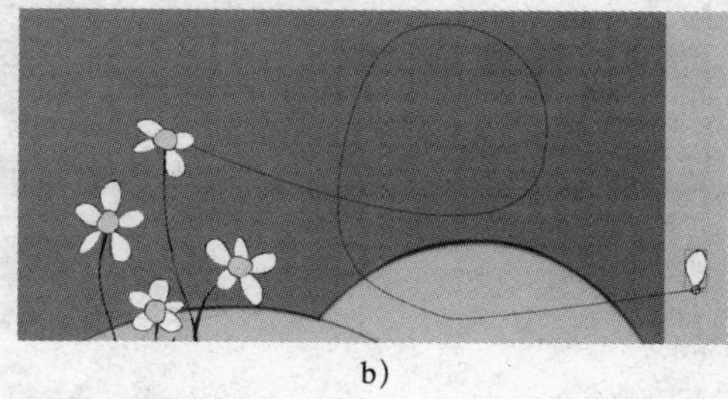

b）

图 4-33　将花瓣贴紧到引导线上
a）第 15 帧　b）第 60 帧

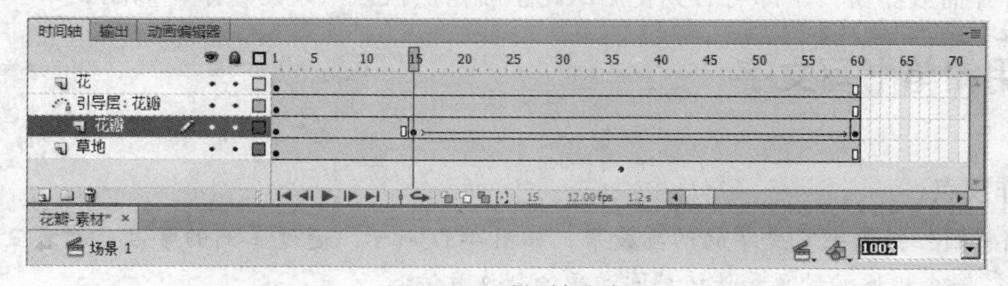

图 4-34　时间轴分布

7）此时按键盘上的〈Enter〉键，播放动画，会发现花瓣沿引导层运动时，花瓣本身并不发生任何旋转，且为匀速运动，这是不正确的，下面就来解决这两个问题。方法：选择“花瓣”层第15~60帧之间的任意一帧，然后在“属性”面板中设置“旋转”为“顺时针”1次，并将“缓动”设为“100”。此时按键盘上的〈Enter〉键，播放动画，即可看到花瓣在沿引导层减速运动的同时发生了相应的旋转。

提示：如果将“缓动”设为“0”，为匀速运动；如果将“缓动”设为“-100”，为加速运动。

8）制作花瓣在飘落前的摇摆动画。方法：分别在“花瓣”层的第5、7、9、11帧按快捷键〈F6〉，插入关键帧。然后分别对这4个关键帧中的“花瓣”元件进行旋转，如图4-35所示。此时时间轴分布如图4-36所示。

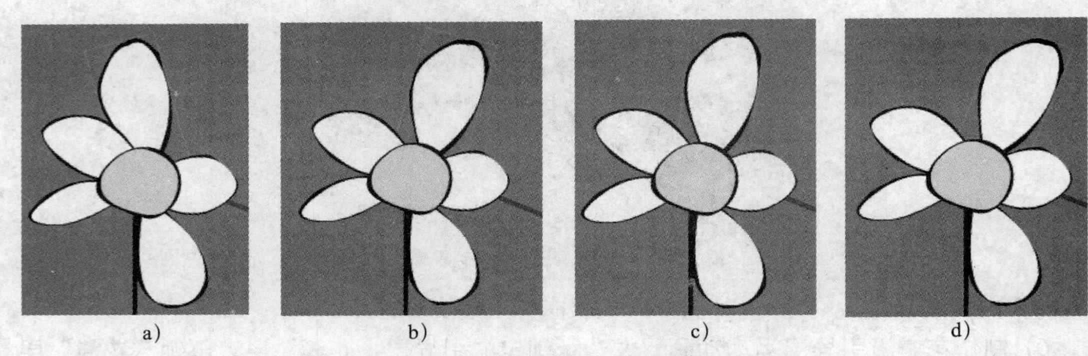

a)　　b)　　c)　　d)

图4-35　在不同帧旋转“花瓣”元件

a）第5帧　b）第7帧　c）第9帧　d）第11帧

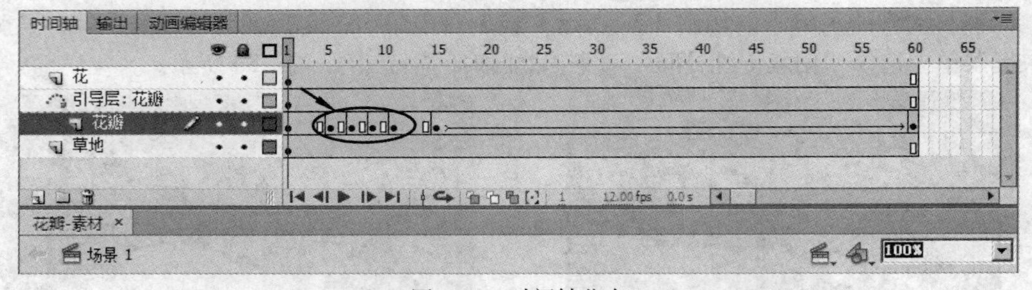

图4-36　时间轴分布

9）至此，整个动画制作完毕。下面执行菜单中的“控制|测试影片”（快捷键〈Ctrl+Enter〉）命令，打开播放器窗口，即可看到花瓣从花上脱落后被风吹走的效果，如图4-28所示。

4.4　用铅笔书写文字

制作要点：

本例将制作铅笔书写文字的动画效果，如图4-37所示。通过本例的学习，读者应掌握“分散到图层”命令、逐帧动画和传统补间动画的制作方法。

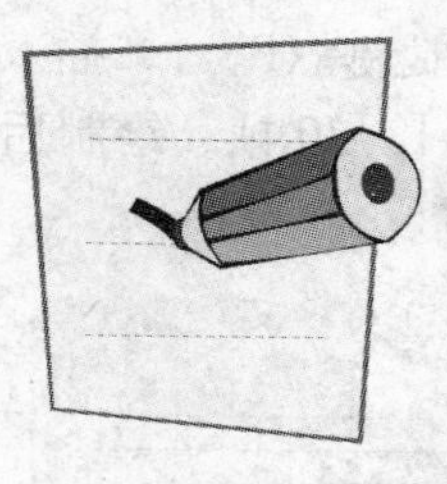

图 4-37　铅笔书写文字的效果

操作步骤：

1. 制作逐笔绘制的文字效果

1）打开配套光盘中的“素材及结果 \ 第 4 章　Flash CS6 动画技巧演练 \4.4 用铅笔书写文字 \ 写字 - 素材 .fla”文件。

2）从“库”面板中将“字”“铅笔”和“纸”元件拖入舞台，然后同时选择这 3 个元件，单击鼠标右键，从弹出的快捷菜单中选择“分散到图层”命令，从而将这 3 个元件分散到不同图层中。接着将“图层 1”删除。最后同时选择 3 个图层，在第 80 帧按快捷键〈F5〉，插入普通帧，从而将这 3 个图层的总长度延长到第 80 帧。

3）为了便于下面的操作，锁定“铅笔”“纸”和“字”层，并隐藏“铅笔”层。然后单击时间轴下方的（新建图层）按钮，在“字”层上方新建“遮罩”层，此时时间轴分布如图 4-38 所示。

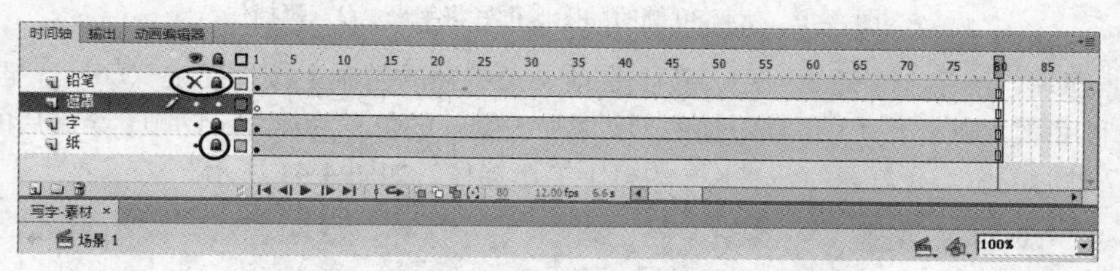

图 4-38　时间轴分布

4）选择“遮罩”层的第 12 帧，执行菜单中的“插入 | 时间轴 | 关键帧”（快捷键〈F6〉）命令，插入关键帧。然后选择工具箱中的（刷子工具），设置相应的笔刷大小和形状，接着在纸上绘制图形，如图 4-39 所示。

图 4-39　在“遮罩”层的第 12 帧绘制图形

5）同理，在“遮罩”层，逐个在前一关键帧的基础上按快捷键〈F6〉，插入关键帧，并利用（刷子工具）逐帧添加图形，添加关键帧的位置为第 13~30 帧。绘制后的结果：在第 30 帧时的图形正好将字母“O”遮挡住，如图 4-40 所示。

图 4-40　使第 30 帧时的图形正好将字母“O”遮挡住

6）同理，继续在“遮罩”层，逐个在前一关键帧的基础上按快捷键〈F6〉，插入关键帧，并利用（刷子工具）逐帧添加图形，添加关键帧的位置为第 36~47 帧。绘制后的结果：在第 47 帧时的图形正好将字母“K”的第 1 笔遮挡住，如图 4-41 所示。

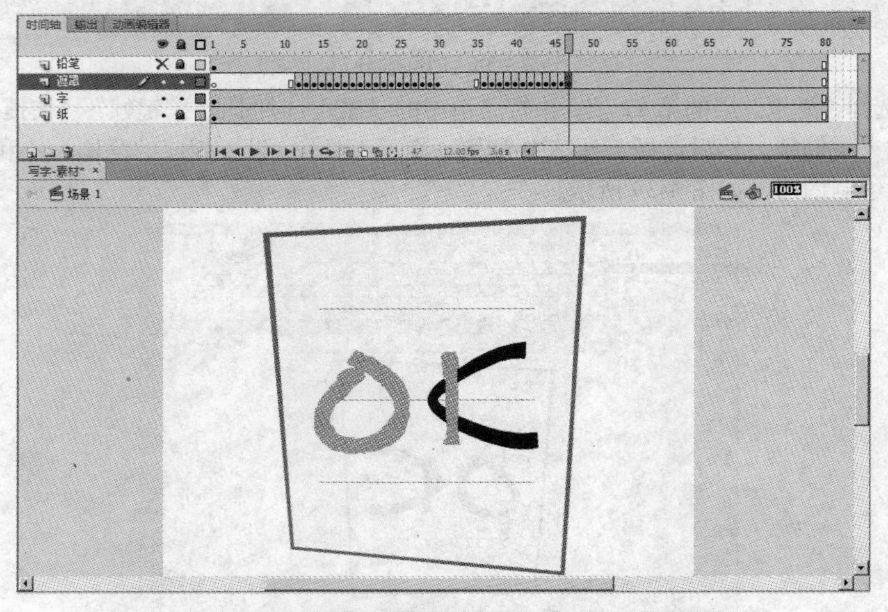

图 4-41　使第 47 帧时的图形正好将字母“K”的第 1 笔遮挡住

7）同理，继续在“遮罩”层，逐个在前一关键帧的基础上按快捷键〈F6〉，插入关键帧，并利用（刷子工具）逐帧添加图形，添加关键帧的位置为第 51~66 帧。绘制后的结果：在第 66 帧时的图形正好将字母“K”的第 2 笔遮挡住，如图 4-42 所示。

图 4-42　使第 66 帧时的图形正好将字母“K”的第 2 笔遮挡住

8）将“字”层的第 1 帧移动到第 12 帧，然后右击“遮罩”层，从弹出的快捷菜单中选择“遮罩层”命令，接着恢复“铅笔”层的显示，此时时间轴如图 4-43 所示。

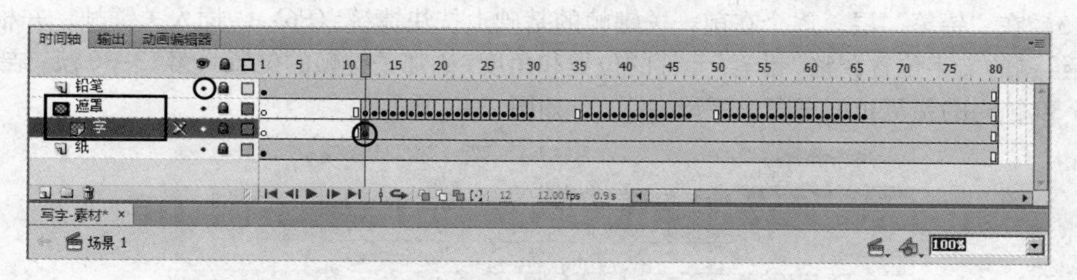

图 4-43　时间轴分布

9）此时按〈Enter〉键，播放动画，即可看到逐笔出现的文字效果，如图 4-44 所示。

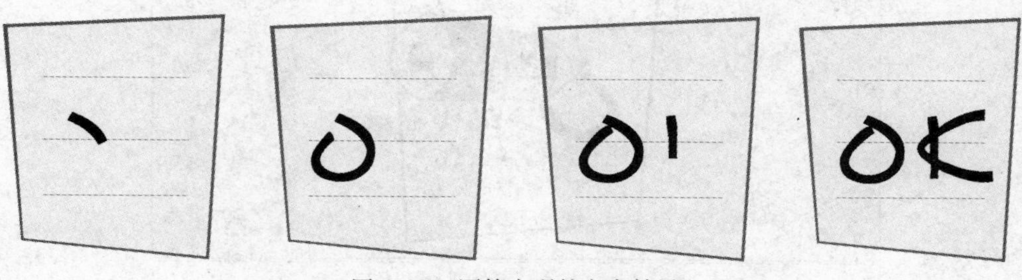

图 4-44　逐笔出现的文字效果

2. 制作铅笔绘制文字的效果

1）显示出“铅笔”层，然后将“铅笔”以外的其他图层锁定。

2）在“铅笔”层的第12帧，按快捷键〈F6〉，插入关键帧。然后在第1帧，将“铅笔”元件移动到如图4-45所示的位置。接着，在第12帧，利用工具箱中的 （任意变形工具），将“铅笔”元件旋转一定角度并移动到如图4-46所示的位置。最后在“铅笔”层的第1~12帧之间单击鼠标右键，从弹出的快捷菜单中选择“创建传统补间”命令，此时时间轴如图4-47所示。

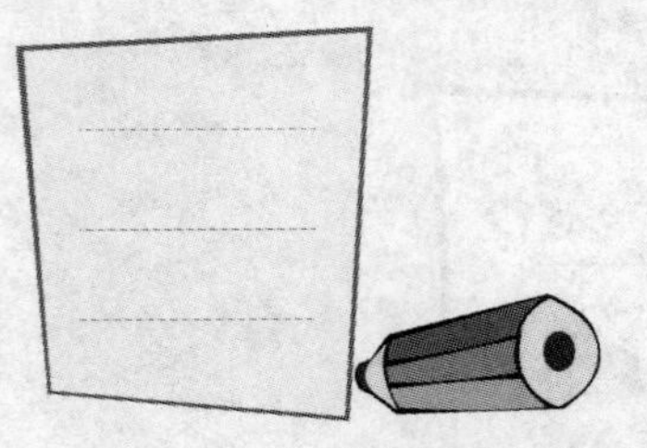

图4-45 第1帧“铅笔”元件的位置

图4-46 第12帧“铅笔”元件的位置

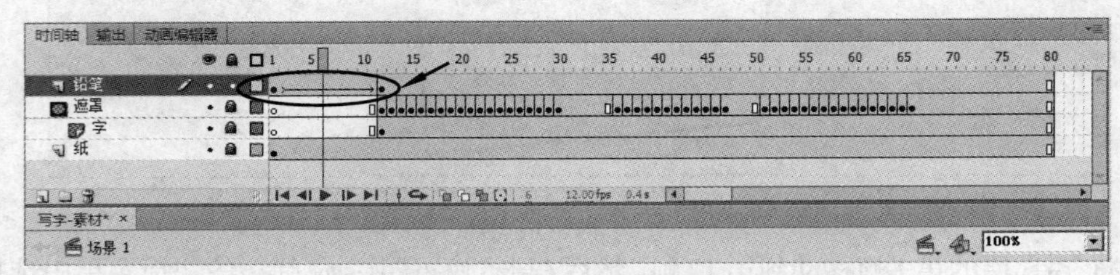

图4-47 时间轴分布

3）在“铅笔”层，逐个在前一关键帧的基础上按快捷键〈F6〉，插入关键帧，并根据逐笔绘制的文字位置调整“铅笔”元件的位置和角度，添加关键帧的位置为第13~30帧。结果：在第30帧时的铅笔正好书写完字母“O”，如图4-48所示。

图4-48 在第30帧时的铅笔正好书写完字母“O”

4）在“铅笔”层的第 36 帧，按快捷键〈F6〉，插入关键帧。然后将“铅笔”元件移动到字母“K”的起始处，如图 4-49 所示。

图 4-49　在第 36 帧将“铅笔”元件移动到字母“K”的起始处

5）由于字母“K”的第 1 笔是直线，用户可以通过动作补间动画来完成字母“K”的第 1 笔的绘制。方法：在“铅笔”层的第 37 帧，按快捷键〈F6〉，插入关键帧。然后将“铅笔”元件移动到如图 4-50 所示的位置，接着在第 47 帧插入关键帧，将“铅笔”元件旋转一定角度并移动到图 4-51 所示的位置。最后在“铅笔”层的第 37~47 帧之间单击鼠标右键，从弹出的快捷菜单中选择“创建传统补间”命令，此时时间轴如图 4-52 所示。

图 4-50　第 37 帧“铅笔”元件的位置

图 4-51　第 47 帧“铅笔”元件的位置

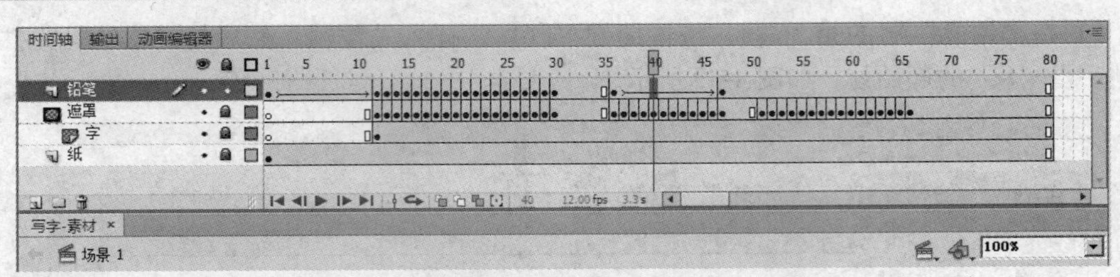

图 4-52　时间轴分布

6）在“铅笔”层的第 49 帧按快捷键〈F6〉，插入关键帧。然后将“铅笔”元件旋转一定角度并移动到如图 4-53 所示的位置。接着在“铅笔”层的第 51 帧按快捷键〈F6〉，插入关键帧，再根据人手书写的规律，将“铅笔”元件旋转一定角度并移动到如图 4-54 所示的位置。

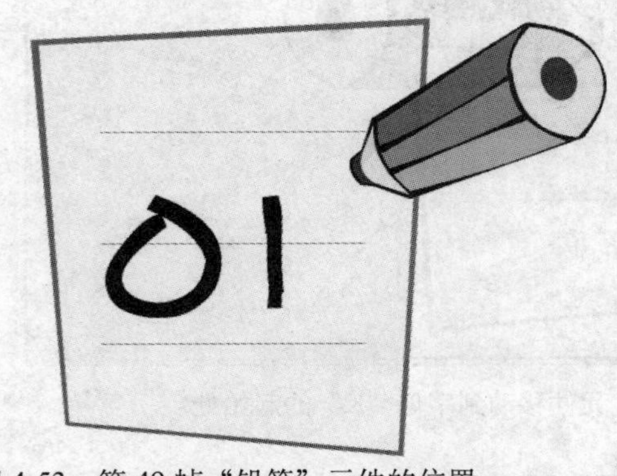

图 4-53　第 49 帧“铅笔”元件的位置

图 4-54　第 51 帧“铅笔”元件的位置

7）同理，继续在“铅笔”层，逐个在前一关键帧的基础上按快捷键〈F6〉，插入关键帧，并逐帧调整“铅笔”元件的位置和角度，添加关键帧的位置为第 51~66 帧。结果为：在第 66 帧时，铅笔刚好绘制完字母“K”的第 2 笔，如图 4-55 所示。

图 4-55　第 68 帧“铅笔”元件的位置

8）至此，整个动画制作完毕，此时时间轴分布如图 4-56 所示。下面执行菜单中的“控制 | 测试影片”（快捷键〈Ctrl+Enter〉）命令，打开“播放器”窗口，即可看到铅笔书写文字的效果，如图 4-37 所示。

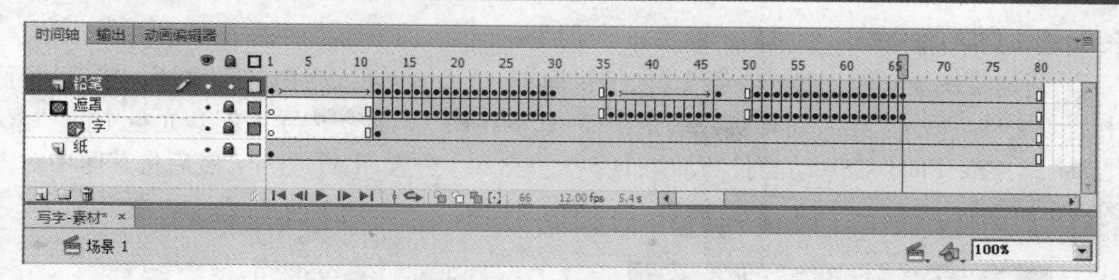

图 4-56　时间轴分布

4.5　天亮效果

本例将制作动画片中常见的从天黑到天亮的效果，如图 4-57 所示。通过本例的学习，读者应掌握在 Flash 中表现天亮效果的方法。

图 4-57　天亮效果

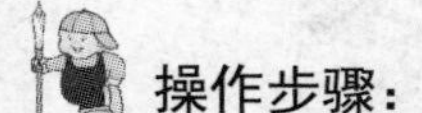

1）新建一个 Flash（ActionScript 2.0）文件。

2）执行菜单中的“修改 | 文档”（快捷键〈Ctrl+J〉）命令，在弹出的“文档设置”对话框中设置“尺寸”为“720×576 像素”，“帧频”为“25”，如图 4-58 所示，单击“确定”按钮。

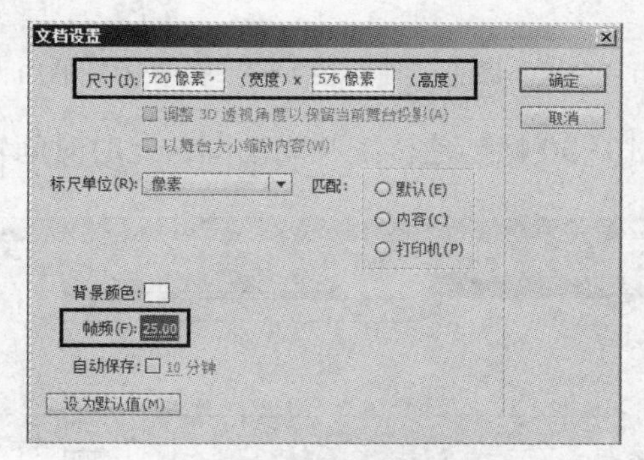

图 4-58　设置文档属性

3）执行菜单中的“文件 | 导入 | 导入到舞台”（快捷键〈Ctrl+R〉）命令，导入配套光盘中的“素材及结果\第 4 章　Flash CS6 动画技巧演练\4.5 天亮效果\黑夜 .jpg”图片，如图 4-59 所示，然后将其居中对齐。接着在第 35 帧按快捷键〈F5〉，插入普通帧，从而使时间轴的

总长度延长到第 35 帧。

4）新建“图层 2”，然后在第 10 帧按快捷键〈F7〉，插入空白的关键帧。接着执行菜单中的“文件 | 导入 | 导入到舞台”（快捷键〈Ctrl+R〉）命令，导入配套光盘中的“素材及结果 \ 第 4 章 Flash CS6 动画技巧演练 \4.5 天亮效果 \ 白天 .jpg”图片，然后将其居中对齐，如图 4-60 所示。

图 4-59 “黑夜 .jpg”图片

图 4-60 “白天 .jpg”图片

5）制作黑夜变为白天的效果。方法：选择“图层 2”中的“白天 .jpg”图片，然后执行菜单中的“修改 | 转换为元件”（快捷键〈F8〉）命令，在弹出的“转换为元件”对话框中进行如图 4-61 所示的参数设置，单击“确定”按钮，将其转换为“白天”图形元件。接着在第 30 帧按快捷键〈F6〉，插入关键帧。再将第 10 帧舞台中“白天”图形元件的 Alpha 值设为 0%，如图 4-62 所示。

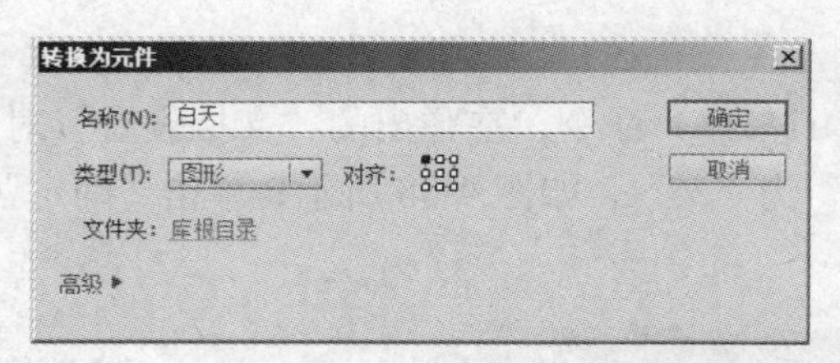

图 4-61 将“白天 .jpg”转换为“白天”图形元件

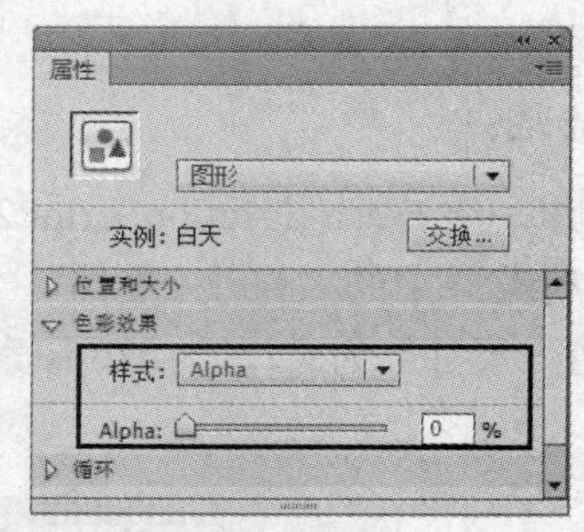

图 4-62 将第 10 帧的白天”图形元件的“Alpha”设为 0%

6）在“图层 2”的第 10~30 帧创建传统补间动画，此时时间轴分布如图 4-63 所示。

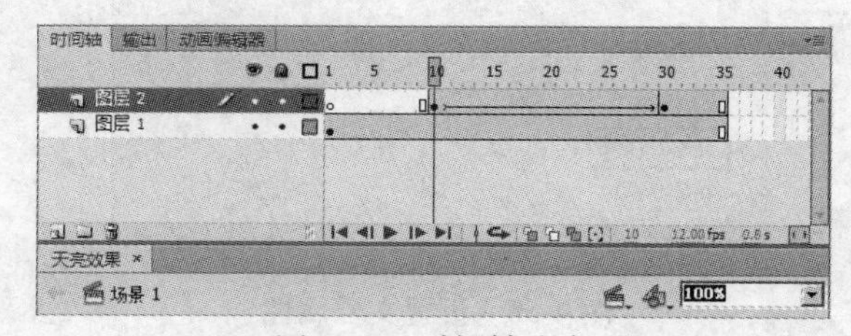

图 4-63 时间轴分布

7）至此，整个动画制作完毕。下面按〈Ctrl+Enter〉快捷键测试影片，即可看到从黑夜逐渐变为白天的效果，如图 4-57 所示。

4.6　睡眠的表现效果

制作要点：

本例将制作动画片中常见的睡眠的表现效果，如图 4-64 所示。通过本例的学习，读者应掌握在 Flash 中表现睡眠效果的方法。

图 4-64　睡眠的表现效果

操作步骤：

1）新建一个 Flash（ActionScript 2.0）文件。

2）执行菜单中的“修改 | 文档”（快捷键〈Ctrl+J〉）命令，在弹出的“文档设置”对话框中设置“尺寸”为“720×576 像素”，“帧频”为“25”，“背景颜色”为白色（#FFFFFF），如图 4-65 所示，单击“确定”按钮。

3）执行菜单中的“插入 | 新建元件”（快捷键〈Ctrl+F8〉）命令，然后在弹出的“创建新元件”对话框中进行如图 4-66 所示的参数设置，单击“确定”按钮，进入“z”图形元件的编辑状态。

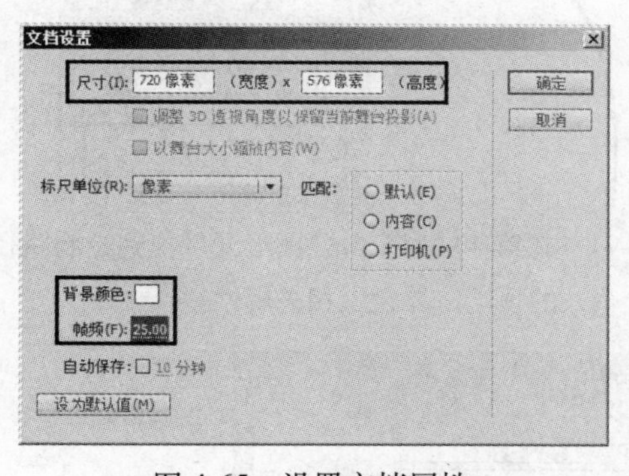

图 4-65　设置文档属性

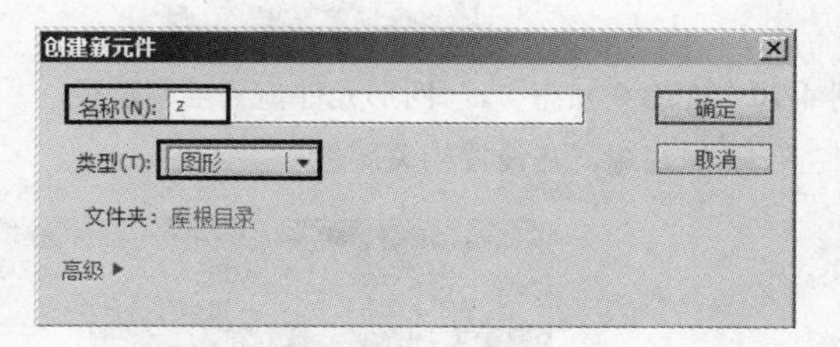

图 4-66　新建“z”图形元件

4）在“z”图形元件中，利用工具箱中的（文字工具），输入文字“Z”。并设置字体为 Tahoma，字色为黄色（#FFFF00），大小为 9 点。然后按快捷键〈Ctrl+B〉，将字母分离为图形，接着选择工具箱中的（墨水瓶工具），设置笔触颜色为橘黄色（#FF0000），笔触宽度为 0.5 点，对其进行描边处理，结果如图 4-67 所示。

5）执行菜单中的“插入 | 新建元件”（快捷键〈Ctrl+F8〉）命令，然后在弹出的对话框中进行如图 4-68 所示的参数设置，单击“确定”按钮，进入“睡眠”图形元件的编辑状态。

6）在“睡眠”图形元件中，从库中将“z”图形元件拖入舞台，然后右击“图层 1”，从弹出的快捷菜单中选择“添加运动引导层”命令，接着利用工具箱中的 （钢笔工具）绘制路径，如图 4-69 所示。

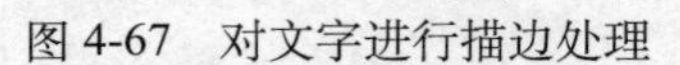

图 4-67　对文字进行描边处理

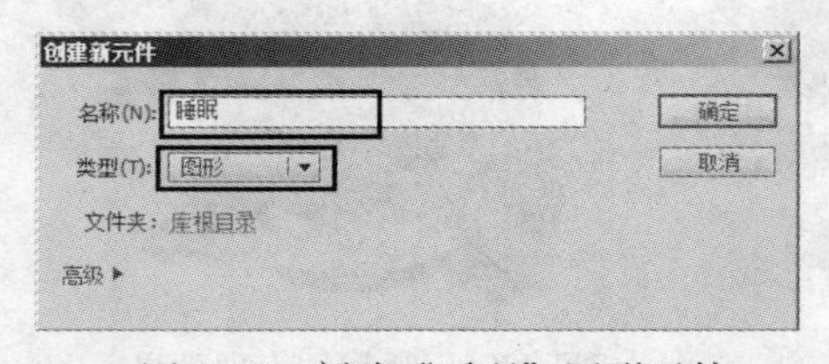

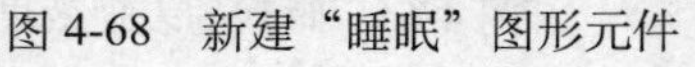

图 4-68　新建“睡眠”图形元件

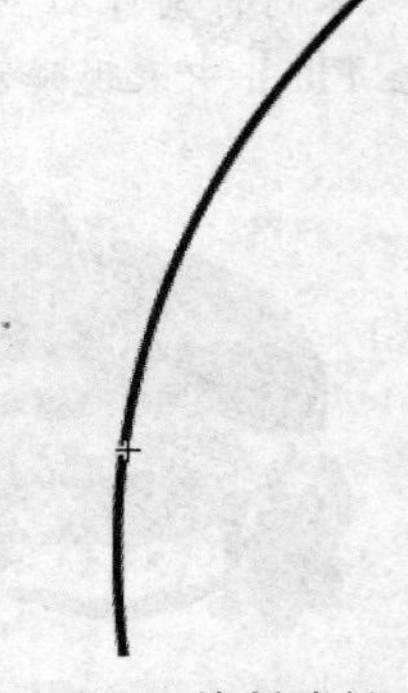

图 4-69　绘制路径

7）在“引导层：图层 1”的第 40 帧，按快捷键〈F5〉，插入普通帧。然后在“图层 1”的第 40 帧按快捷键〈F6〉，插入关键帧。接着在第 1 帧，将“z”图形元件拖到绘制路径的底端，并在“属性”面板中调整其“宽度”为 3.5 像素，“高度”为 4.0 像素，Alpha 值为 0%，如图 4-70 所示。再在第 40 帧，将“z”图形元件拖到绘制路径的顶端，并在“属性”面板中调整其“宽度”为 9.7 像素，“高度”为 11.05 像素，Alpha 值为 30%，如图 4-71 所示。最后在“图层 1”创建传统补间动画。此时时间轴分布如图 4-72 所示。

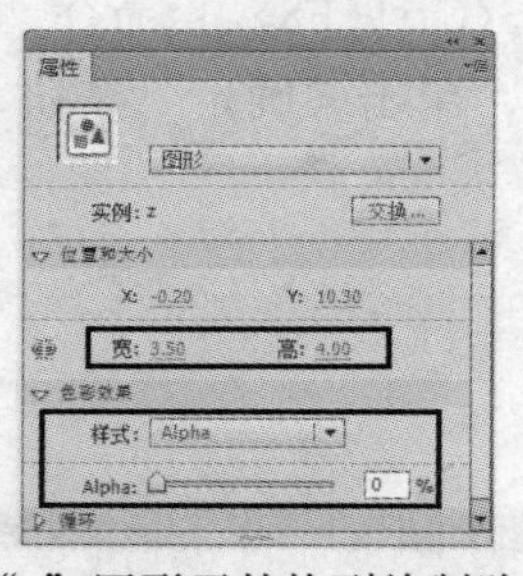

图 4-70　在第 0 帧将“z”图形元件拖到绘制路径的底端，并设置相关属性

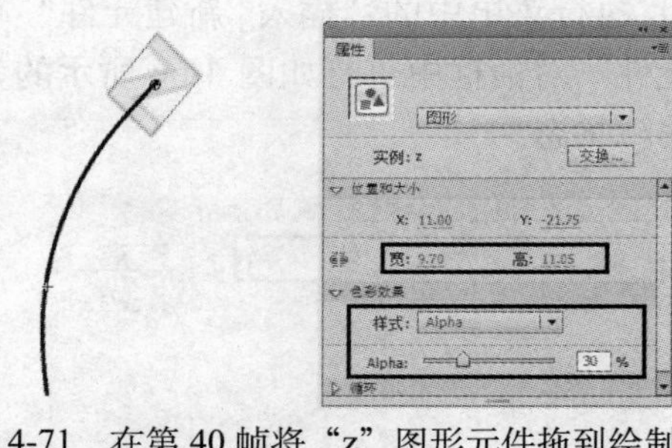

图 4-71　在第 40 帧将“z”图形元件拖到绘制路径的顶端，并设置相关属性

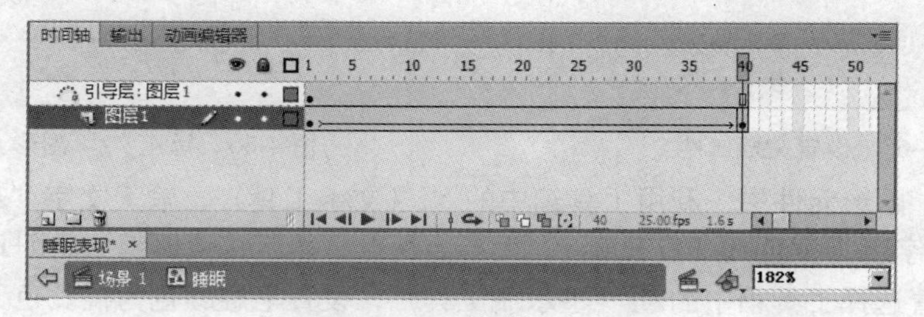

图 4-72　时间轴分布

8）分别在第 10 帧和第 35 帧按快捷键〈F6〉，插入关键帧。然后在“属性”面板中设置相关属性如图 4-73 所示。此时时间轴分布如图 4-74 所示。

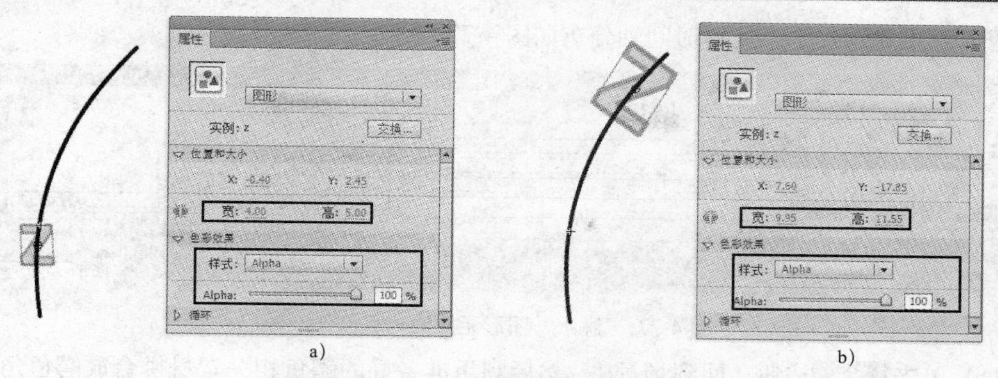

图 4-73　分别在第 10 帧和第 35 帧调整“z”图形元件的属性
a）第 10 帧　b）第 35 帧

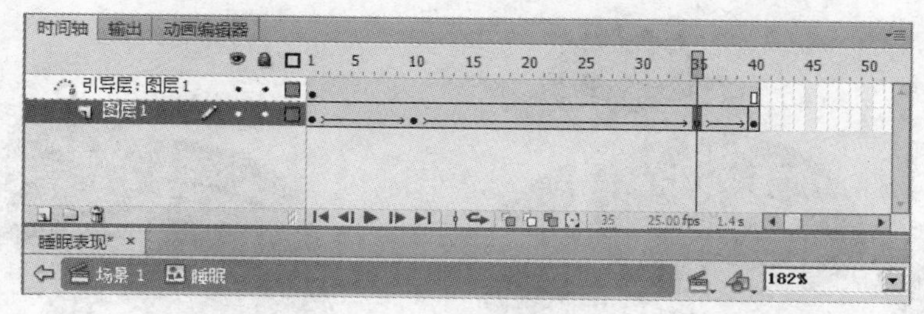

图 4-74　时间轴分布

9）新建“图层 2”、“图层 3”和“图层 4”，然后将它们放置到“图层 1”的下方，如图 4-75 所示。然后同时选择这 3 个图层并单击鼠标右键，从弹出的快捷菜单中选择“删除帧”命令，从而删除所有帧，如图 4-76 所示。

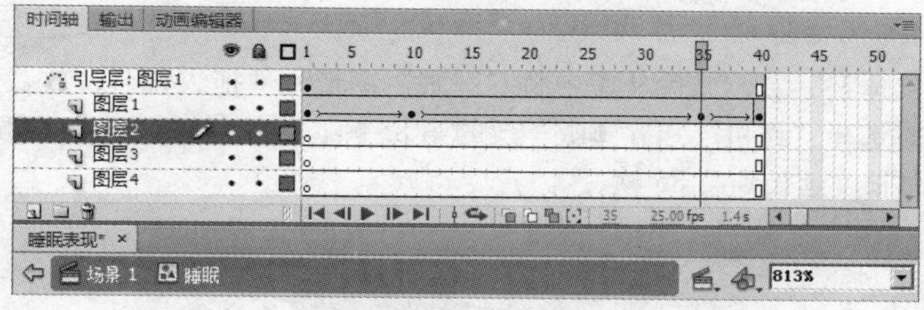

图 4-75　将“图层 2”、“图层 3”和“图层 4”放置到“图层 1”的下方

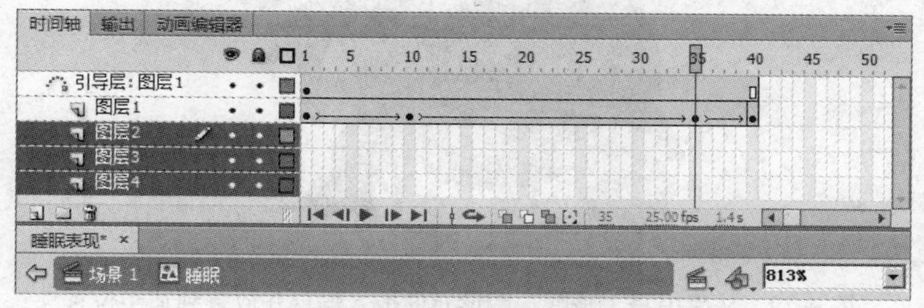

图 4-76　删除帧后的效果

10）右击“图层 1”，从弹出的快捷菜单中选择“复制帧”命令。然后分别在“图层 2”的第 15 帧、“图层 3”的第 30 帧、“图层 4”的第 45 帧单击鼠标右键，从弹出的快捷菜单

中选择“粘贴帧”命令，此时时间轴分布如图 4-77 所示。

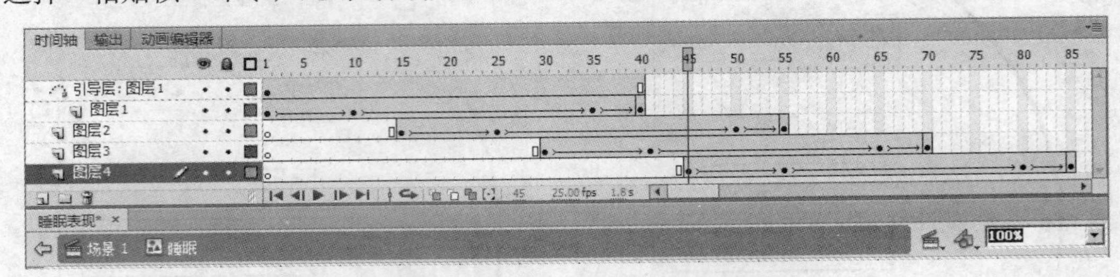

图 4-77 “睡眠”图形元件的时间轴分布

11）单击场景 1按钮，回到场景 1。然后利用准备好的鳄鱼相关素材拼合成鳄鱼角色，如图 4-78 所示。接着将“图层 1”重命名为“鳄鱼”。

图 4-78 利用准备好的鳄鱼相关素材拼合成鳄鱼角色

12）新建“睡眠”层，然后从库中将“睡眠”图形元件拖入舞台，放置位置如图 4-79 所示。接着同时选择“鳄鱼”和“睡眠”层的第 85 帧，按快捷键〈F5〉，插入普通帧，从而使时间轴的总长度延长到第 85 帧。

图 4-79 从库中将“睡眠”图形元件拖入舞台并放置到适当位置

13）至此，鳄鱼角色的睡眠效果制作完毕。下面按〈Ctrl+Enter〉快捷键测试影片，即可看到效果，如图 4-64 所示。

4.7　卡通城堡动画

制作要点：

本例将制作类似迪士尼影片开场时卡通城堡的动画效果，如图 4-80 所示。通过本例的学习，读者应掌握利用引导线制作滑过天空的星星、利用 Alpha 值制作城堡阴影随灯光移动而变化和利用遮罩制作星星的拖尾效果等的操作技巧。

图 4-80　卡通城堡动画

操作步骤：

1．制作闪烁的星星效果

1) 打开配套光盘中的"第 4 章 Flash CS6 动画技巧演练\4.7　卡通城堡动画\城堡 - 素材 .fla"文件。

2）设置文档的相关属性。方法：执行菜单中的"修改 | 文档"（快捷键〈Ctrl+J〉）命令，在弹出的"文档设置"对话框中设置"尺寸"为"720×576 像素"，"帧频"为"25"，"背景颜色"为深蓝色（#000066），如图 4-81 所示，单击"确定"按钮。

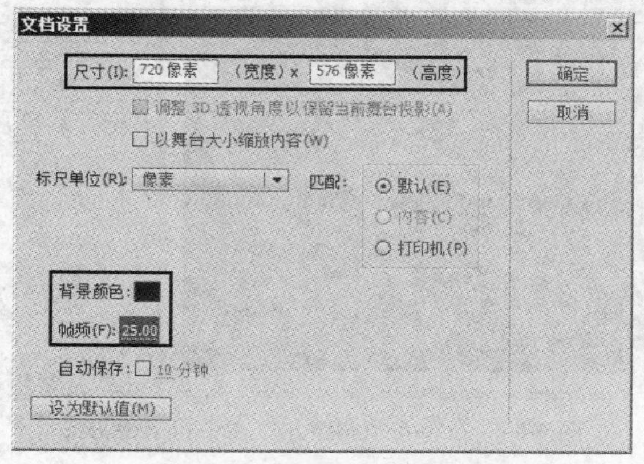

图 4-81　设置文档的属性

3）执行菜单中的"插入 | 新建元件"（快捷键〈Ctrl+F8〉）命令，在弹出的对话框中设置如图 4-82 所示，单击"确定"按钮，进入"闪烁"元件的编辑状态。然后从"库"面板中将"星星"元件拖入舞台，如图 4-83 所示。

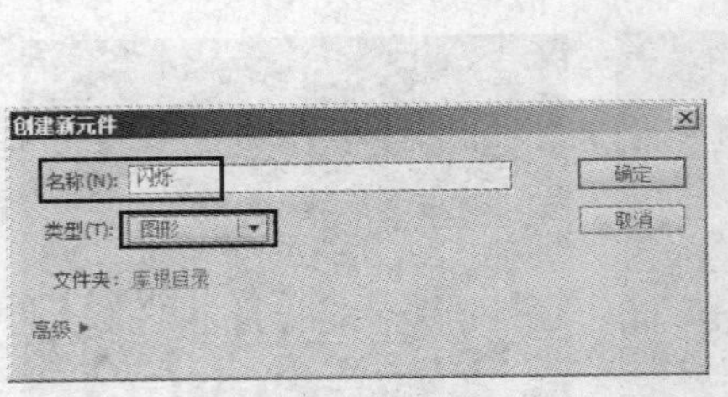

图 4-82　新建“闪烁”元件

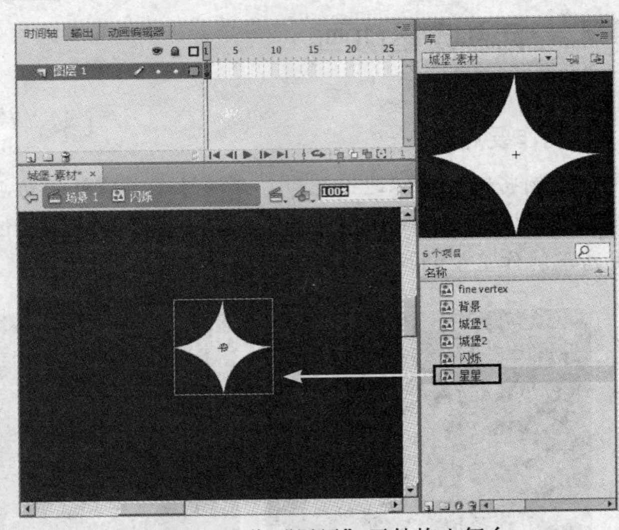

图 4-83　将“星星”元件拖入舞台

4）在“图层 1”的第 6 帧按快捷键〈F6〉，插入关键帧。然后利用工具箱中的（任意变形工具）将舞台中的星星放大 200%，接着选中舞台中的星星，在“属性”面板中将 Alpha 值设为 20%，如图 4-84 所示。

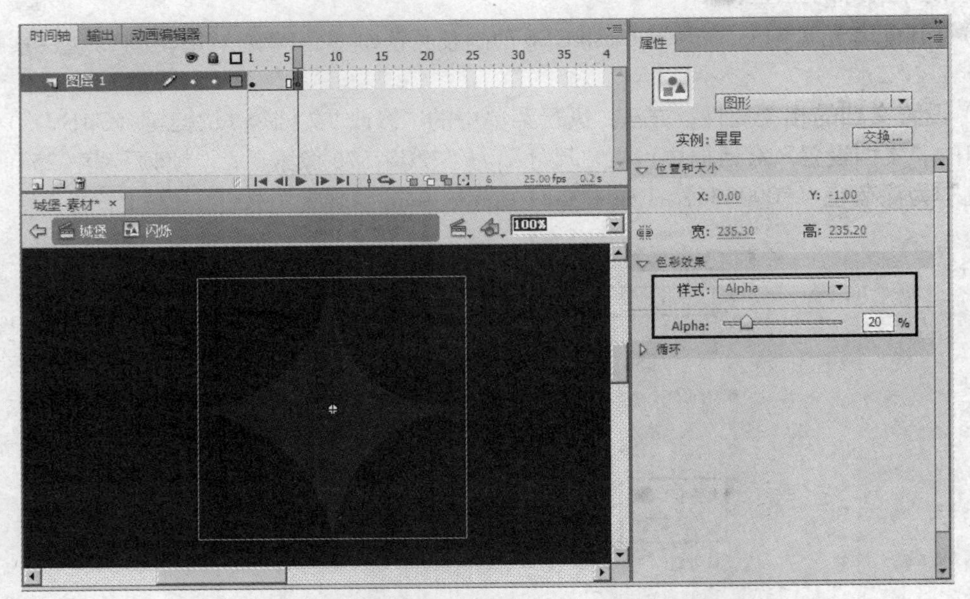

图 4-84　在第 6 帧调整元件大小和不透明度

5）右击“图层 1”的第 1 帧，从弹出的快捷菜单中选择“复制帧”命令，然后单击时间轴下方的（新建图层）命令，新建“图层 2”。接着右击“图层 2”的第 1 帧，从弹出的快捷菜单中选择“粘贴帧”命令。最后在“图层 1”创建动作补间动画，此时时间轴分布及舞台效果，如图 4-85 所示。

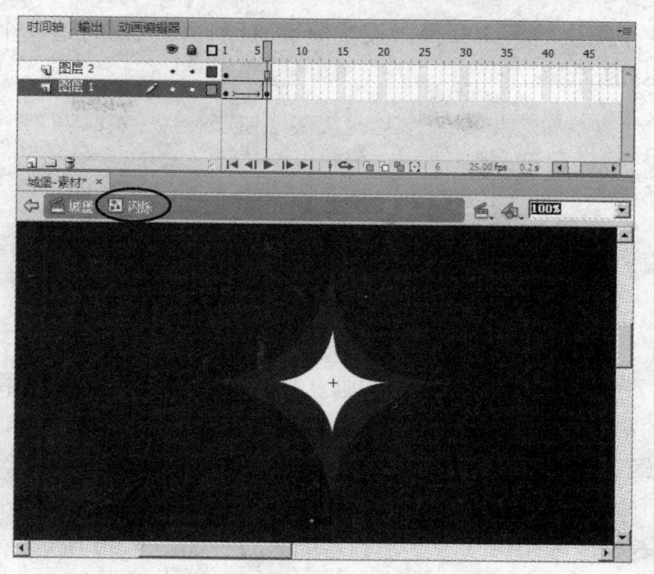

图 4-85　“闪烁”元件的时间轴分布及舞台效果

2. 制作城堡阴影变化的效果

1）单击时间轴下方的 场景 1 按钮，然后从“库”面板中将“背景”“城堡 1”和“城堡 2”元件拖入舞台并调整位置，如图 4-86 所示。

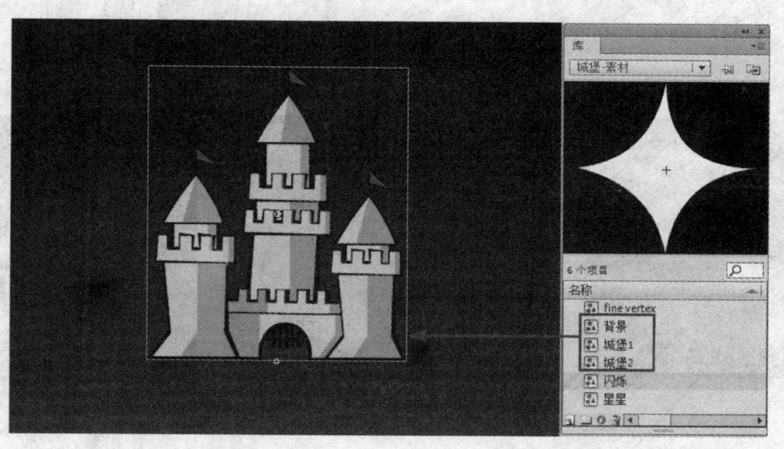

图 4-86　将“背景”“城堡 1”和“城堡 2”元件拖入舞台并调整位置

2）将不同元件分散到不同图层。方法：全选舞台中的对象，单击鼠标右键，从弹出的快捷菜单中选择“分散到图层”命令，此时时间轴如图 4-87 所示。

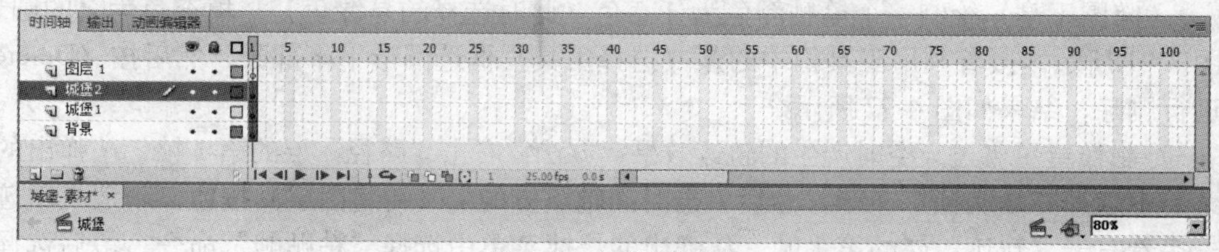

图 4-87　时间轴分布

3）同时选中4个图层的第100帧，按快捷键〈F5〉，从而将这4个图层的总帧数增加到100帧，如图4-88所示。

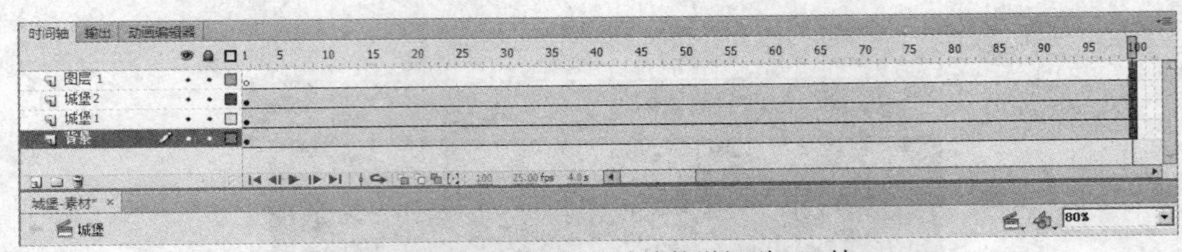

图4-88　将4个图层的总帧数增加到100帧

4）制作“城堡2”元件的透明度变化动画。方法：将“城堡2”层的第1帧移动到第6帧，然后在“城堡2”的第60帧按快捷键〈F6〉，插入关键帧。接着单击“城堡2”层的第1帧，选择舞台中的“城堡2”元件，在“属性”面板中将其Alpha值设为20%。最后在“城堡2”的第6~60帧之间创建传统补间动画。此时时间轴分布如图4-89所示，按键盘上的〈Enter〉键播放动画，即可看到城堡阴影从左逐渐到右的效果，如图4-90所示。

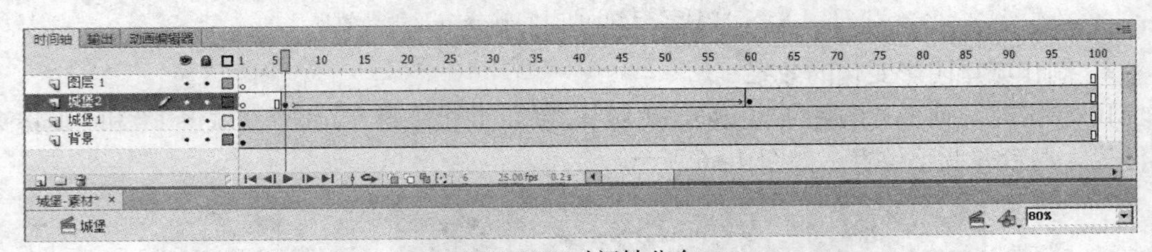

图4-89　时间轴分布

图4-90　城堡阴影从左至右的效果

3. 制作滑过天空的星星效果

1）为了便于操作，下面将“图层1”以外的其余图层进行锁定。

2）制作星星的运动路径。方法：将“图层1”命名为“路径”，然后利用工具箱中的（椭圆工具）绘制一个笔触颜色为任意色（此时选择的是绿色），填充色为的圆形，如图4-91所示。接着利用工具箱中的（选择工具）框选圆形下半部分，然后按〈Delete〉键进行删除，结果如图4-92所示。

3）制作星星飞过天空时产生的轨迹效果。方法：右击“路径”层的第1帧，从弹出的快捷菜单中选择“复制帧”命令，然后单击时间轴下方的（新建图层）按钮，新建“轨迹”层，接着右击“轨迹”层的第1帧，从弹出的快捷菜单中选择“粘贴帧”命令。最后选择复制后的圆形线段，在“属性”面板中将笔触颜色改为白色，并设置笔触样式，如图 4-93 所示，结果如图 4-94 所示。

图 4-91　绘制圆形

图 4-92　删除圆形下半部分

图 4-93　设置笔触样式

图 4-94　星星飞过天空时产生的轨迹效果

4）制作星星沿路径运动的效果。方法：从“库”面板中将“闪烁”元件拖入舞台，然后单击鼠标右键，从弹出的快捷菜单中选择“分散到图层”命令，将其分散到“闪烁”层。接着在第 1 帧将“闪烁”元件移到弧线右侧端点处，如图 4-95 所示。再在“闪烁”层的第 60 帧按快捷键〈F6〉，插入关键帧，将“闪烁”元件移到弧线左侧端点处，如图 4-96 所示。

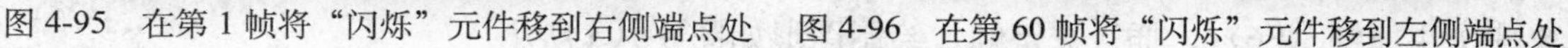

图 4-95　在第 1 帧将“闪烁”元件移到右侧端点处　图 4-96　在第 60 帧将“闪烁”元件移到左侧端点处

5）右击时间轴左侧“路径”层名称，从弹出的快捷菜单中选择“引导层”命令，如图4-97所示。然后将时间轴左侧的“闪烁”层拖到“路径”层，这样“闪烁”层中的对象就会被“路径”层中的对象所引导，此时时间轴左侧图层分布如图4-98所示。

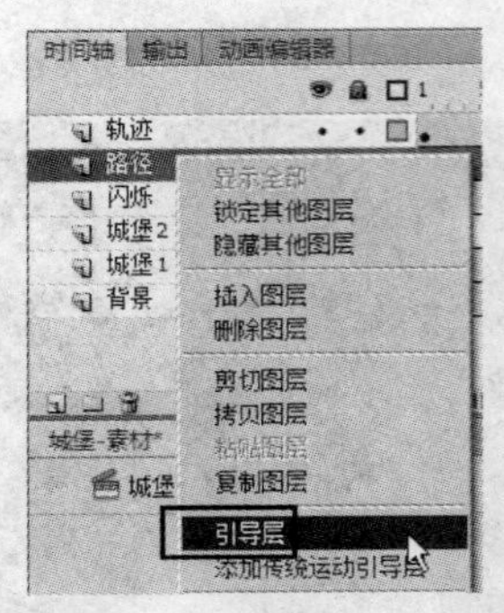

图4-97　选择“引导层”命令

图4-98　在第60帧将“闪烁”元件移到右侧端点处

6）为了使星星的运动与城堡阴影变化同步，下面将“闪烁”层的第1帧移动到第6帧，并在“闪烁”层的第6~60帧之间创建传统补间动画。此时时间轴分布如图4-99所示。

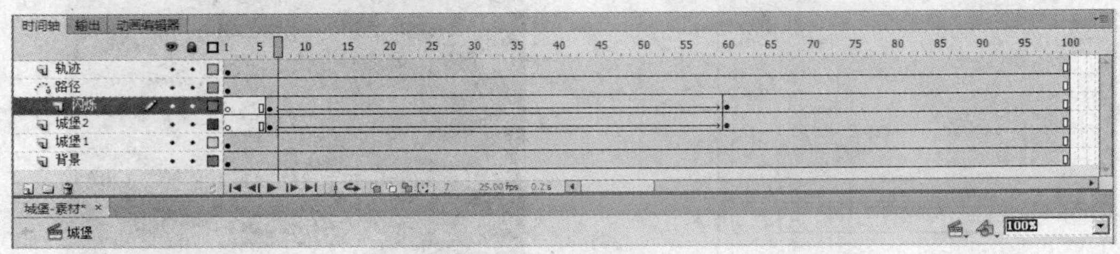

图4-99　时间轴分布

7）制作星星沿路径运动的同时顺时针旋转两次的效果。方法：右击“闪烁”层的第6帧，然后在“属性”面板中设置参数，如图4-100所示。

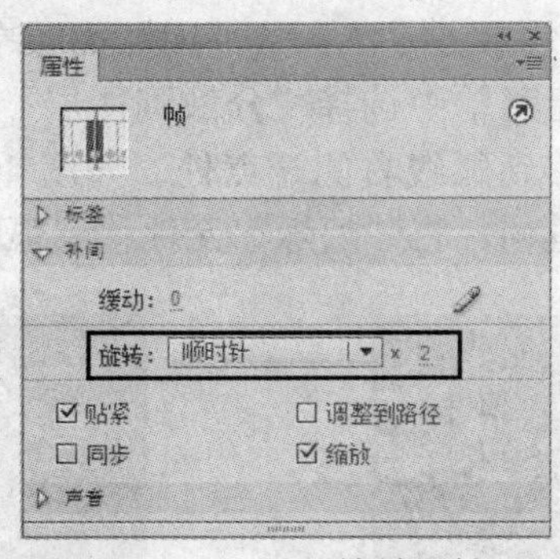

图4-100　设置旋转属性

4. 制作星星滑过天空时的拖尾效果

1）将“闪烁”层进行轮廓显示，如图4-101所示。

2）在“轨迹”层上方新建“遮罩”层，然后在第6帧按快捷键〈F7〉，插入空白的关键帧，利用工具箱中的（刷子工具）绘制图形作为遮罩后显示区域，如图4-102所示。接着在第8帧按快捷键〈F6〉，插入关键帧，绘制图形如图4-103所示。

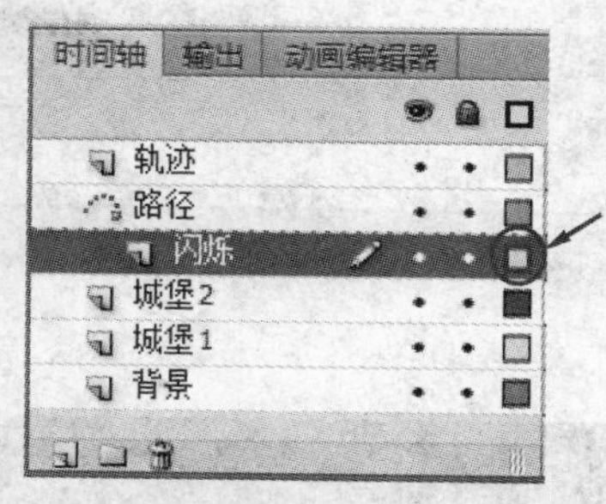

图 4-101 将“闪烁”层进行轮廓显示

图 4-102 在“遮罩”层第 6 帧绘制效果

图 4-103 在“遮罩”层第 8 帧绘制效果

3）同理，分别在第 10、12、14、16、18、20、22、24、26、28、30、32、34、36、38、40、42、44、46、48、50、52、54、56、58、60 帧按快捷键〈F6〉，插入关键帧，并分别沿路径逐步绘制图形。图 4-104 为部分帧的效果。

a）

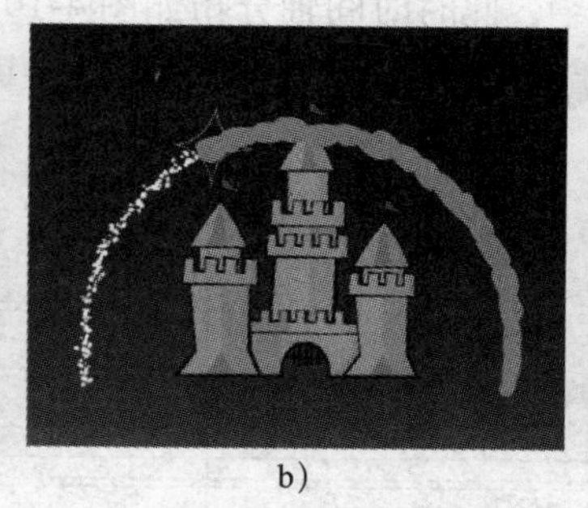

b）

c）

图 4-104 沿路径逐步绘制图形
a）第 14 帧 b）第 40 帧 c）第 60 帧

4）恢复“闪烁”层正常显示。然后右击“遮罩”层，从弹出的快捷菜单中选择“遮罩层”命令，此时时间轴分布如图 4-105 所示。

5）此时按〈Enter〉键播放动画，可以看到星星从城堡前面滑过天空的效果，如图 4-106 所示。下面在时间轴中将“城堡 1”和“城堡 2”层拖动到最上方，从而制作出星星从城堡后面滑过天空的效果，如图 4-107 所示。

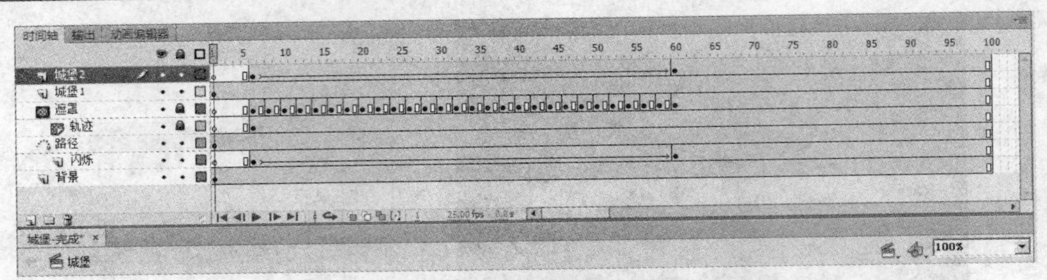

图 4-105　时间轴分布

图 4-106　星星从城堡前面滑过天空

图 4-107　星星从城堡后面滑过天空

5. 制作文字逐渐显现效果

1）新建“文字”层，然后从“库”面板中将“Fine vertex”元件拖入舞台，然后将“文字”层的第 1 帧移动到第 47 帧。

2）在“文字”层的第 65 帧按快捷键〈F6〉，插入关键帧。然后在“属性”面板中将第 47 帧文字的 Alpha 值设为 0%。

3）至此，整个动画制作完毕，此时时间轴分布如图 4-108 所示。下面执行菜单中的“控制 | 测试影片”（快捷键〈Ctrl+Enter〉）命令，打开播放器窗口，即可看到类似迪士尼影片开场时卡通城堡的动画效果。

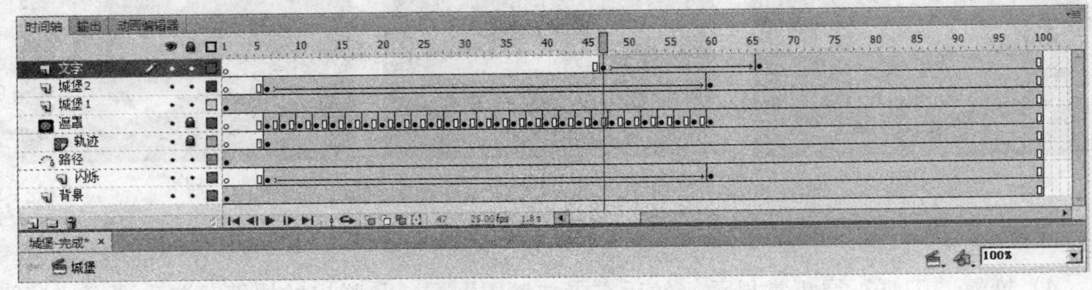

图 4-108　时间轴分布

4.8　课后练习

（1）制作如图 4-109 所示的青蛙眨眼的效果，结果可参考配套光盘中的“课后练习 \4.8 课后练习 \ 青蛙眨眼 .fla”文件。

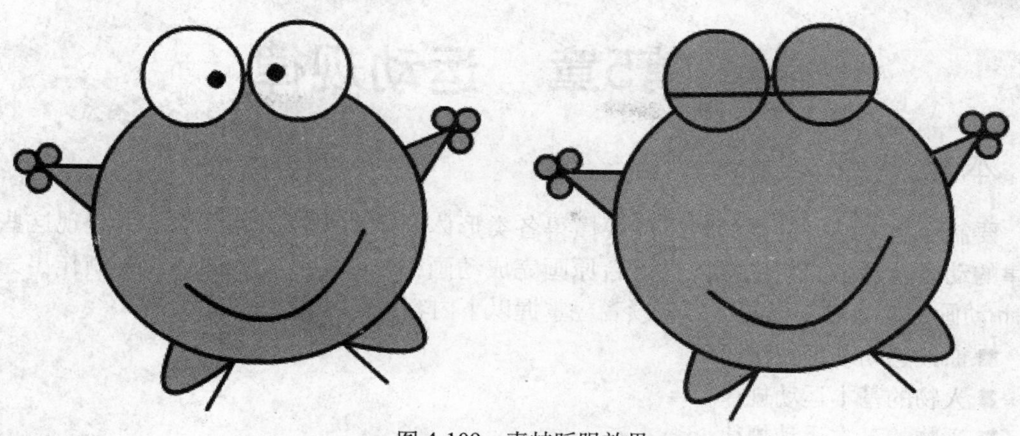

图 4-109　青蛙眨眼效果

（2）制作如图 4-110 所示的手写字效果，结果可参考配套光盘中的“课后练习 \4.8 课后练习 \ 手写字效果 .fla”文件。

图 4-110　手写字效果

（3）制作如图 4-111 所示的时钟指针旋转的效果，结果可参考配套光盘中的“课后练习 \4.8 课后练习 \ 时钟 .fla”文件。

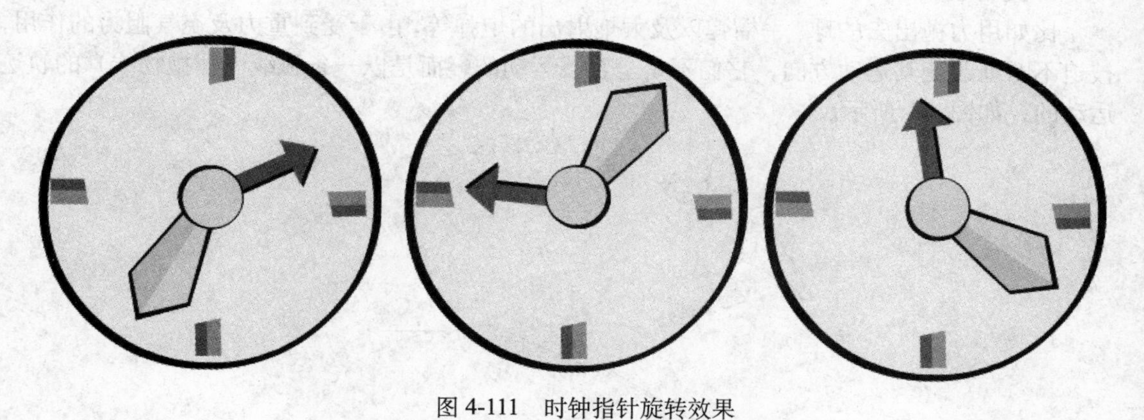

图 4-111　时钟指针旋转效果

第5章 运动规律

本章重点

要制作出一部好的动画片，就要懂得各类形体的运动规律，熟练地掌握表现这些运动规律的动画技巧。只有这样才能配合原画完成动画中复杂多变的动画过程，制作出完美的Flash 动画片。通过本章的学习，读者应掌握以下内容：

- 曲线运动动画技法
- 人物的基本运动规律
- 动物的基本运动规律
- 自然现象的基本规律
- 动画中的特殊技巧

5.1 曲线运动动画技法

曲线运动是动画片绘制工作中经常运用的一种运动规律，它能使人物、动物的动作以及自然形态的运动产生柔和、圆滑、优美的韵律感，并能帮助设计者表现各种细长、轻薄、柔软和富有韧性、弹性物体的质感。Flash 动画片中的曲线运动，大致可归纳为弧形运动、波浪形运动和“S”形运动 3 种类型。下面就来分别进行具体讲解。

5.1.1 弧形运动

凡物体的运动线呈弧形的，均称为弧形曲线运动。弧形曲线运动有以下 3 种形式。

1. 抛物线

比如用力抛出去的球、手榴弹以及大炮射出的炮弹等，由于受到重力及空气阻力的作用，被迫不断地改变其运动方向，它们不是呈直线运动的，而是以一条弧线（即抛物线）的轨迹运动的，如图 5-1 所示。

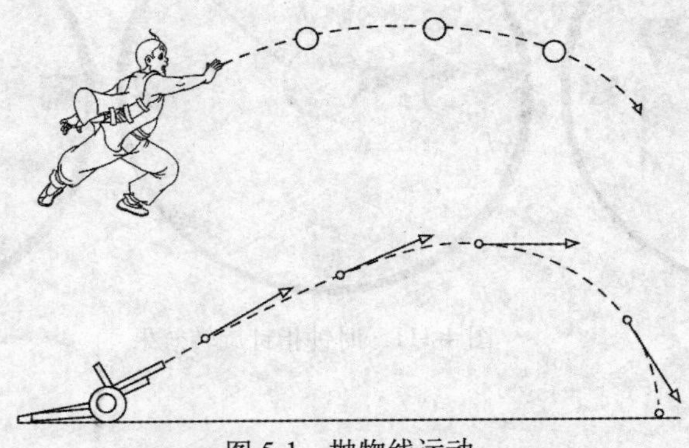

图 5-1 抛物线运动

表现弧形曲线（抛物线）运动的方法很简单。需要注意的两点：一是抛物线弧度大小的前后变化；二是掌握好运动过程中的加减速度。

2. 一端固定，另一端受到力的作用呈弧线运动

比如人的四肢的一端是固定的，当四肢摆动时，其运动轨迹成弧形曲线而不是直线，如图 5-2 所示。

3. 受到力的作用，物体本身出现弧形的“形变”，其两端的运动也是弧形曲线，但弹回时会出现波形曲线

比如球体落在薄板上形成的弹性运动，如图5-3所示。

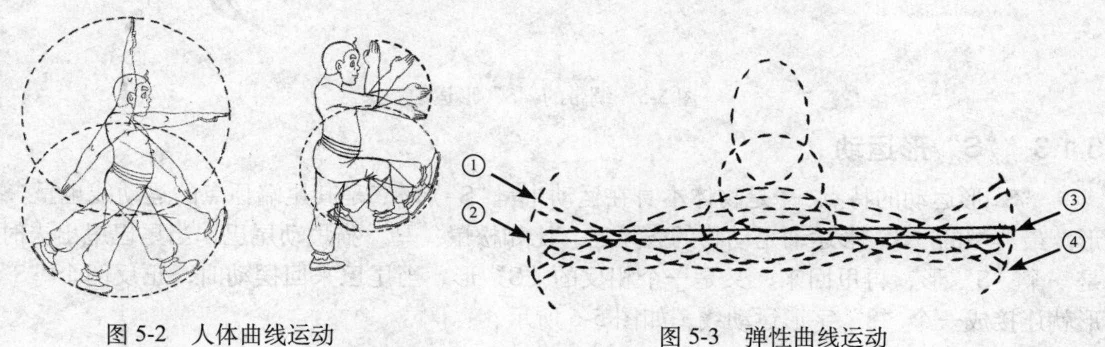

图 5-2　人体曲线运动　　　　图 5-3　弹性曲线运动

5.1.2　波浪形运动

比较柔软的物体在受到力的作用时，其运动呈波浪形，称为波浪形运动。比如旗杆上的旗帜，束在身上的绸带等，当受到风力的作用时，就会出现波浪形运动，如图 5-4 所示。旗帜上下两边一浪接一浪，侧面看，其自上而下波动。又如麦浪、海浪等也是波浪形运动。

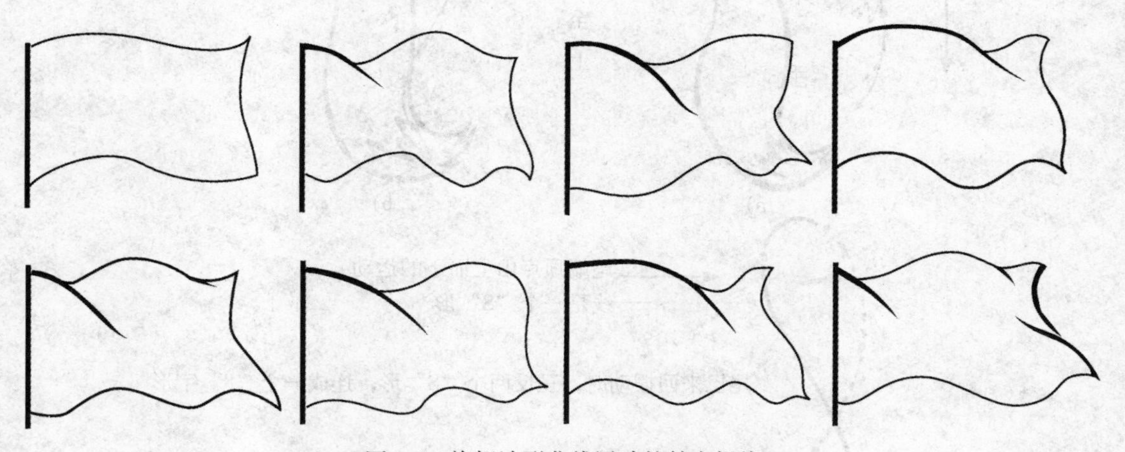

图 5-4　旗帜波形曲线运动的基本规律

在表现波浪形运动时，要注意顺着力的方向，一波接一波的顺序推进，不可中途改变，同时要注意速度的变化，使动作顺畅、圆滑，保持有节奏的韵律感，波浪形的大小也应有所变化。另外需要注意的是，细长的物体做波形运动时，其尾端顶点的运动线往往是“S”形曲线，而不是弧形曲线，如图 5-5 所示。

图 5-5　绸带的“S”形运动

5.1.3　“S”形运动

“S”形运动的特点：一是物体本身在运动中呈“S”形；二是其尾端顶点的运动线也呈“S”形。最典型的“S”形运动是动物的长尾巴。比如松鼠、马、猫甩动尾巴，当尾巴甩出去时，是一个“S”形，再甩回来，又是一个相反的“S”形。当尾巴来回摆动时，正反两个“S”形就连接成一个“8”字形运动线，如图 5-6 所示。

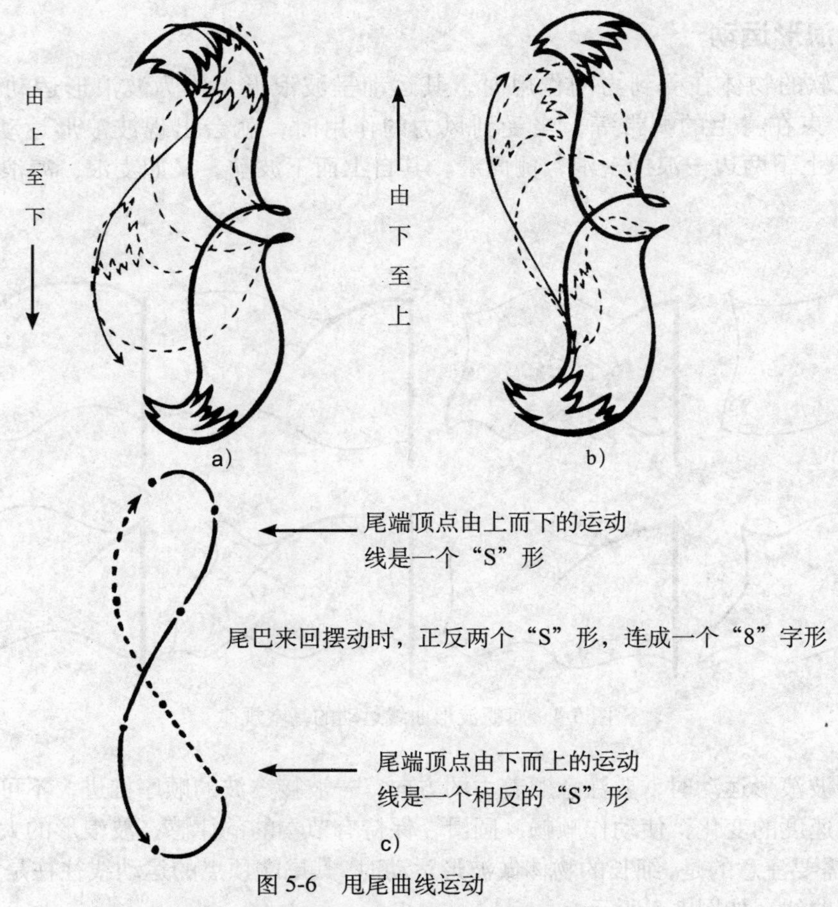

图 5-6　甩尾曲线运动

a）由上至下　b）由下至上　c）“S”形运动说明

5.2 人物的基本运动规律

在 Flash 动画片中，角色的表现占很大比例，即使是动物题材的角色，也需要大量的拟人化处理。所以，研究人的运动规律和表现人的活动是非常重要的。

人的动作是复杂的，但并不是不可捉摸的。由于人的活动受到人体骨骼、肌肉、关节的限制，日常生活中虽然有年龄、性别、体型方面的差异，但基本规律是相似的，比如人的走路、奔跑和跳跃等。只要掌握了它的运动规律，再按照剧情的要求和角色造型的特点加以发挥和变化也就不难了。

5.2.1 走路动作

走路是人生活中最常见的动作之一。人走路的特点是两脚交替向前带动身躯前进，两手交替摆动，使动作得到平衡，如图 5-7 所示。

图 5-7 人走路时的运动规律

人走路下肢的规律：脚跟先着地，踏平，然后脚跟抬起，脚尖再离地，接着又是脚跟着地。人走路上肢的规律：手掌指头放松，前后摆动，手运动到前方时，肘腕部提高，稍向内弯。一般情况下，走得越慢，步子越小，离地悬空过程越低，手的前后摆动幅度越小；反之，走快时手脚的运动幅度较大，抬得也高些。

5.2.2 奔跑动作

人在奔跑时的手脚交替规律和走步时是基本一样的，只是运动的幅度更加激烈。

人奔跑的运动规律：身体要略向前倾，步子要迈得大；两手自然握拳（不要握得太紧），手臂要曲起来前后摆动，抬得要高些，甩得用力些；腿的弯曲幅度要大，每步蹬出的弹力要强，脚一离地，就要迅速弯曲起来往前运动。身躯前进的波浪式运动曲线比走路时更大，如图 5-8 所示。

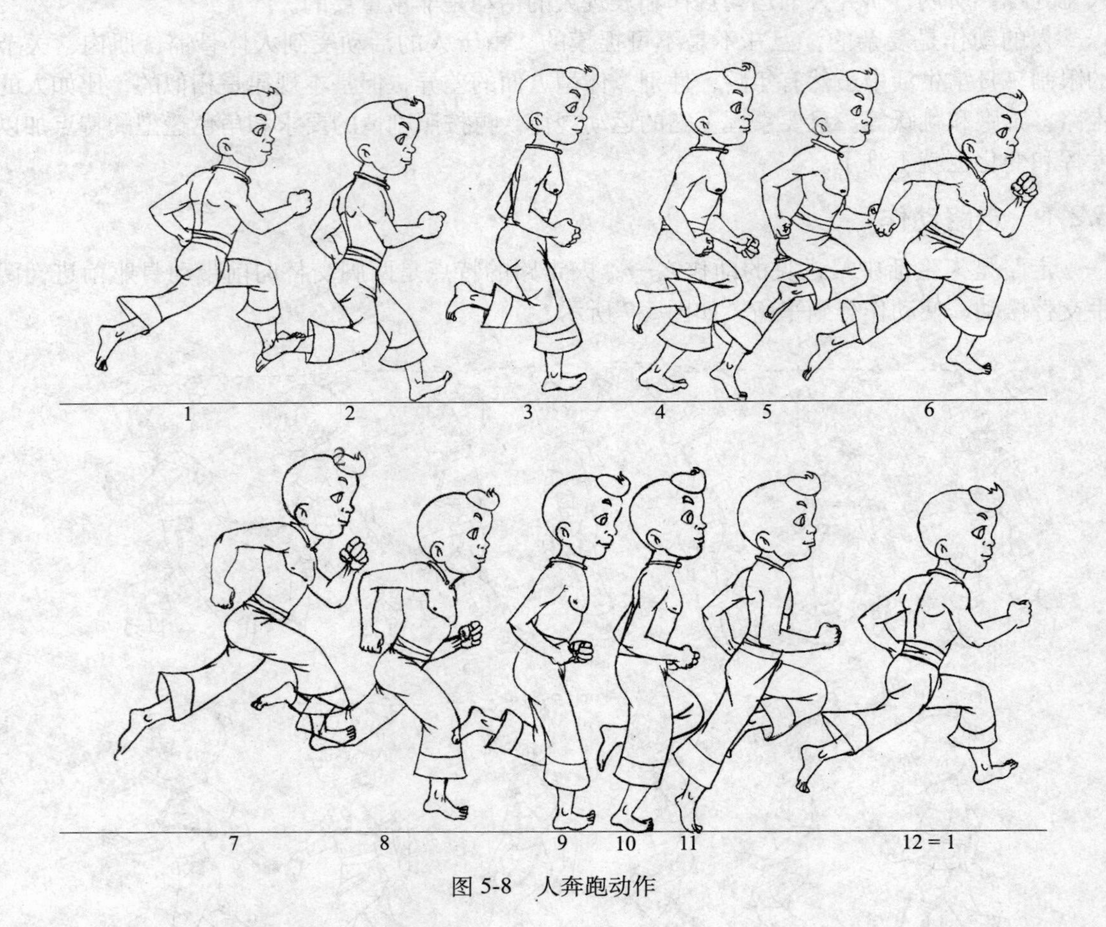

图 5-8　人奔跑动作

5.2.3 跳跃动作

人的跳跃动作往往是指人在行进过程中跳过障碍、越过沟壑，或者人在兴高采烈时欢呼跳跃等所产生的运动。

（1）人跳跃动作的基本规律

人跳跃动作由身体屈缩、蹬腿、腾空、着地、还原等几个动作姿态所组成。其运动规律：人在起跳前身体的屈缩表示动作的准备和力量的积聚；然后一股爆发力单腿或双腿蹬起，使整个身体腾空向前；接着越过障碍之后双脚先后或同时落地，由于自身的重量和调整身体的平衡，必然产生动作的缓冲，随即恢复原状，如图 5-9 所示。

（2）人跳跃动作的运动线

人在跳跃过程中，运动线呈现弧形抛物线状。这一弧形运动线的幅度会根据用力的大小和障碍物的高低产生不同的差别。图 5-10 为单脚跨跳和双脚蹦跳动作的效果比较。

图5-9　人跳跃的基本运动规律

图5-10　人跳跃的运动线

a）单脚跨跳动作　b）双脚蹦跳动作

5.3　动物的基本运动规律

5.3.1　鸟类的运动规律

飞禽有很多共同之处，比如都能飞行，多用两条腿站立，但也有很多不同之处。这里主要介绍几种常见飞禽的运动规律，作为动画专业研究的借鉴。

1. 大雁

大雁走路的运动规律：身体向两侧晃动，尾部随着换脚而左右摇摆，跨步时脚提得较高，蹼趾在离地后弯曲收起，踏地时张开。图 5-11 为大雁走路的一个动作循环分析图。

图 5-11　大雁走路动作循环分析图

大雁飞行的运动规律：两翼向下扑时，因翼面用力拉下过程与空气相抗，翼尖向上弯曲，带动整个身体前进；往上收回时，翼尖向下弯曲，主羽散开让空气易于滑过；回收动作完成后再向下扑，开始一个新的循环。图 5-12 为大雁飞行的一个动作循环分析图。

图 5-12　大雁飞行的动作循环分析图

2. 鹤

鹤腿部细长，常踏草涉水，步行觅食，能飞善走。

鹤走路的运动规律：提腿跨步屈伸动作，幅度大而明显。图 5-13 为鹤走路的动作分析图。

图 5-13　鹤走路的动作分析图

鹤飞行的运动规律：扇翅动作比较缓慢，翼扇下时展得略开，动作有力，抬起时比较收拢，动作柔和。图 5-14 为鹤飞行的一个动作循环分析图。

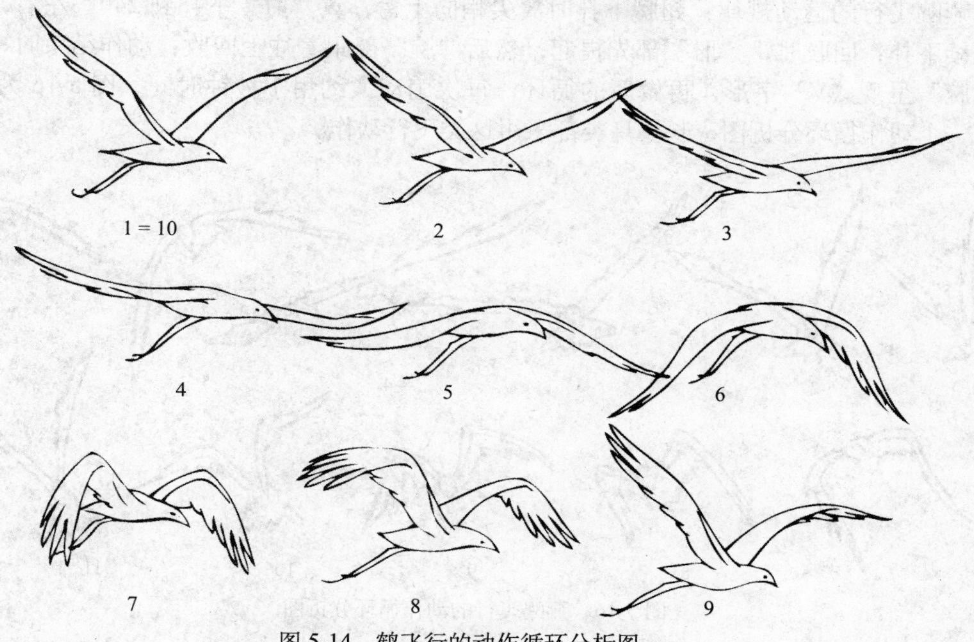

图 5-14　鹤飞行的动作循环分析图

3. 鹰

鹰飞行的运动规律：能在空中长时间的滑翔，在发现猎物后进行俯冲，抓掠而去。鹰俯冲时先收起双爪，然后直冲而下，快着地时用两翼控制下冲速度，翅膀弯曲成环形，尾向下展开，轻轻降落，双腿的动作减缓了俯冲速度，双翼高举片刻之后才收起来。如图 5-15 所示为鹰俯冲动作的分析图。

图 5-15　鹰俯冲动作的分析图

4. 燕鸥

燕鸥的翼能伸展得很宽，翼身甚薄，相当狭窄，适合长距离飞行和滑翔。

燕鸥飞行的运动规律：翅膀下扑时翼尖稍向上弯，翼“肘”下扑到240°左右，“腕”部继续下扑；回收时，“肘”部先提起，然后“腕”部跟着往上回收；动作结束时，“肘”和“腕”呈现“V”字形，再做新的循环，每次扇动大约用1秒钟时间。图5-16为燕鸥飞行的一个动作循环分析图，长翼鸟类都采用这类飞行动作。

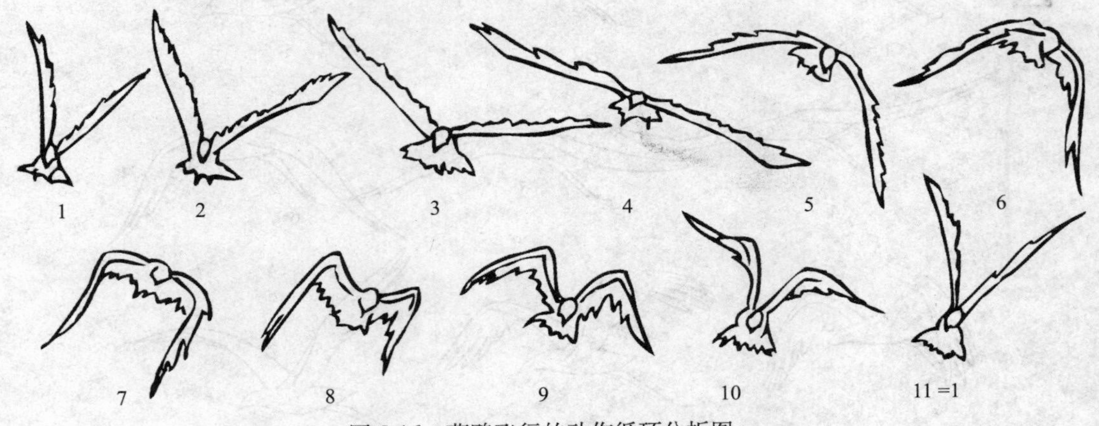

图5-16　燕鸥飞行的动作循环分析图

5. 麻雀

图5-17　用流线虚影表现麻雀飞行

麻雀身体短小，羽翼不大，嘴小脖子短，动作轻盈灵活，飞行速度较快。

麻雀飞行的运动规律：动作快而急促，常伴有短暂的停顿，琐碎而不稳定。飞行速度快，羽翼扇动频繁，每秒可扇动十余次，因此往往不容易看清羽翼的扇动过程。在动画片中，一般用流线虚影表示羽翼的快速，如图5-17所示。

麻雀能窜飞，并且喜欢跳步，图5-18为麻雀跳步的分析图。画眉、黄莺、山雀等小鸟的运动规律和麻雀相同。

图5-18　麻雀的跳步动作

6. 蜂鸟

蜂鸟身轻翼小，无法作滑翔动作，但却能向前飞或退后飞，此外还有一种很高超的飞行技巧——悬空定身。

蜂鸟飞行的动作规律：翼向前划时，翼缘稍倾，形成一个迎角，产生升力而无冲力；向后划时，翼做180°转向后方，得到相应的升力，并无前推作用，因此能悬空定身。图5-19为蜂鸟飞行的一个动作循环分析图。

图5-19　蜂鸟飞行的动作循环分析图

5.3.2　兽类的运动规律

兽类动物可以分为蹄类和爪类两种，下面分别来说明一下它们的运动规律。

1. 蹄类

蹄类动物一般属食草类动物。脚上长有坚硬的脚壳（蹄），有的头上还生有一对自卫用的“武器”——角。蹄类动物性情比较温顺，容易驯养。身体肌肉结实，动作刚健、形体变化较小，能奔善跑。比如马、牛、羊、鹿等。下面以马为例，说明一下蹄类动物的动作规律。

马的动作规律分为行走、小跑、快跑和奔跑几种，下面分别来说明一下。

（1）行走

马行走的动作规律：依照对角线换步法，即左前、右后、右前、左后依次交替的循环步法。一般慢走每走一步大约一秒半的时间，也可慢些或快些，视规定情景而定。慢走的动作，腿向前运动时不宜抬得过高，如果走快步，腿可以抬高些。前肢和后腿运动时，关节弯曲方向是相反的，前肢腕部向后弯时，后肢跟部向前弯。另外走路时头部动作要配合，前足跨出时头低下，前足着地时头抬起。图5-20为马行走动作的分析图。

（2）小跑

马小跑的动作规律：也依照对角线换步法，和慢走稍有不同的是，对角线上的两足同时离地同时落地。四足向前运动时要提得高，特别是前足提得更高些，身躯前进时要有弹跳感。对角两足运动成直线时身躯最高，成倾斜线时身躯最低。动作节奏是四足落地时快，运动过程中两头快、中间慢。图5-21为马小跑动作的分析图。

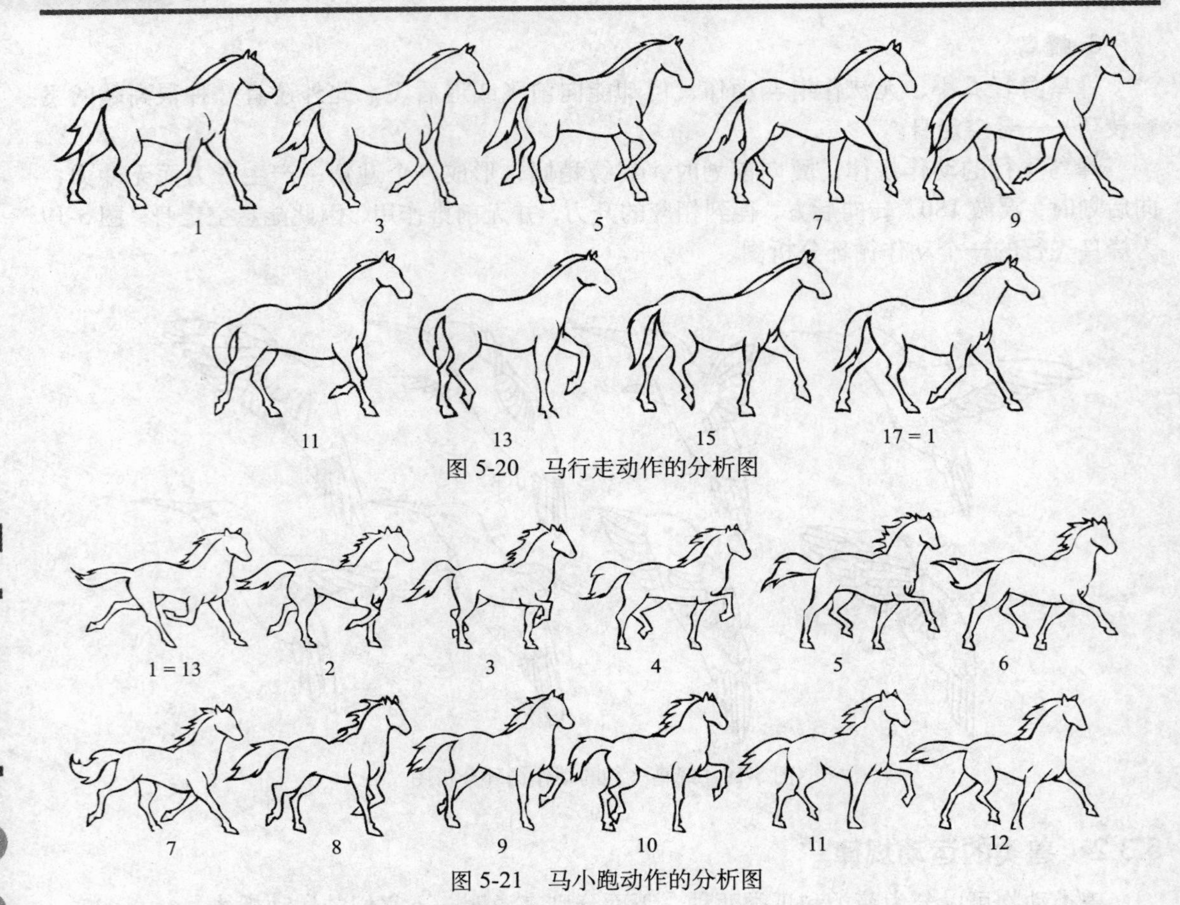

图 5-20　马行走动作的分析图

图 5-21　马小跑动作的分析图

（3）快跑

马快跑的动作规律：不用对角线的步法，而是左前、右前、左后、右后交换的步法，即前两足和后两足的交换。前进时身躯的前后部有上下跳动的感觉。快跑时，步子跨出的幅度较大，第一个起点与第二个落点之间的距离可达一个多的身长，速度大约是每秒两个步长。图 5-22 为马快跑动作的分析图。

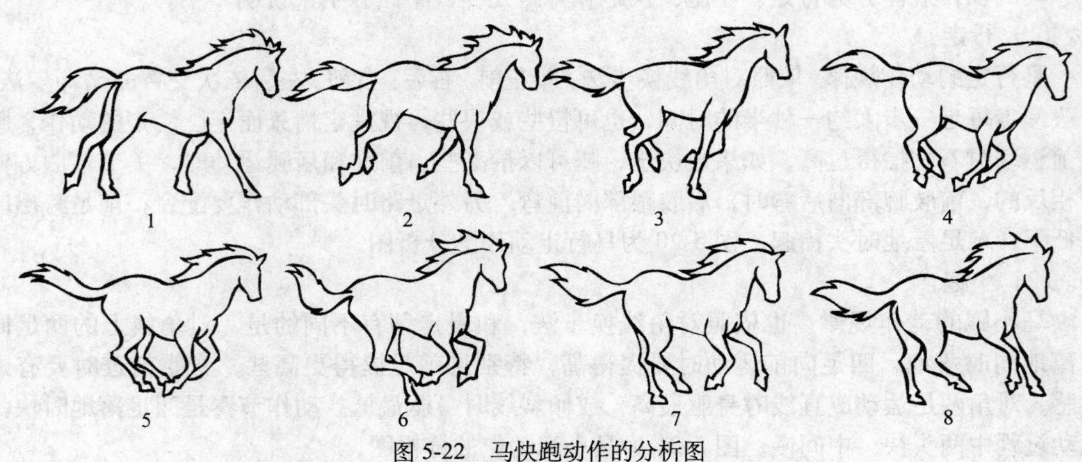

图 5-22　马快跑动作的分析图

图5-22　马快跑动作的分析图(续)

(4) 奔跑

马奔跑的动作规律：两前足和两后足交换。四足运动时充满弹力，给人以蹦跳出去的感觉，迈出步子的距离较大，并且常常只有一只脚与地面接触，甚至全部腾空。每个循环步伐之间着地点的距离可达身体3~4倍的长度。图5-23为马奔跑的动作分析图，图5-24为马奔跑时四肢着地点的分析图。

图5-23　马奔跑的动作的分析图

图5-24　马奔跑时四肢着地点的分析图

2. 爪类

爪类动物一般属食肉类动物，身上长有较长的兽毛，脚上有尖利的爪子，脚底上有富有弹性的肌肉。爪类动物性情比较暴烈。身体肌肉柔韧、表层皮毛松软、能跑善跳、动作灵活、姿态多变。比如：狮、虎、豹、狼、狐、熊、猫、狗等。

爪类动物的动作规律分为行走和奔跑两种，下面分别来说明一下。

(1) 行走

爪类动物行走的动作规律：成对角线的步法所有的猫科动物都符合这一规律。图5-25为虎行走动作的分析图。

(2) 奔跑

爪类动物奔跑的步法基本上和蹄类动物相同，属前肢与后肢交换的步法。图5-26为虎跳跃动作的分析图。

图 5-25　虎行走动作的分析图

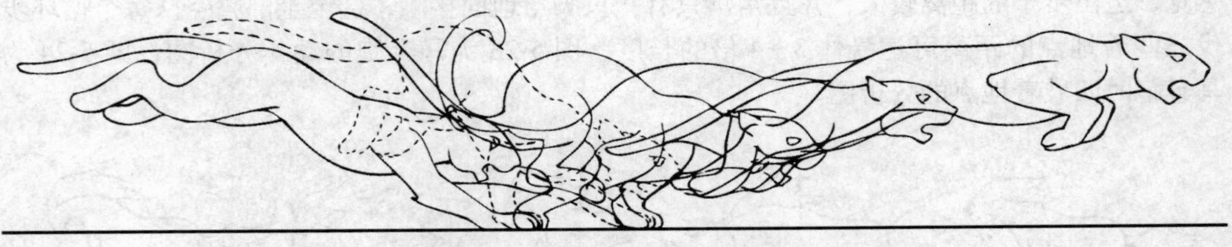

图 5-26　狮虎跳跃动作的分析图

5.3.3　爬行类的运动规律

1. 有足爬行类

有足爬行类以龟为例，它的腹背长有坚硬的甲壳，因此体态不会有任何变化（动画片里的夸张表现手法除外）。乌龟的头、四肢和尾巴均能缩入甲壳内。

龟的动作规律：爬行时，四肢前后交替运动，动作缓慢，时有停顿。头部上下左右转动灵活，如果受到惊吓，头部会迅速缩入硬壳之中。图 5-27 为乌龟爬行动作的分析图。

图 5-27　乌龟爬行动作的分析图

2. 无足爬行类

无足爬行类以蛇为例，它身圆而细长，身上有鳞。

蛇的动作规律：向前游动时，身体向两旁做“S”形曲线运动。头部微微离地抬起，左右摆动幅度较小，随着动力的增大并向后面传递，越到尾部摆动的幅度越大。蛇的形态除了游动前进外，还可以卷曲身体盘成团状。当发现猎物时，迅速出击。另外，蛇还常常昂起扁平的三角形蛇头，不停地从口中伸出它的感觉器官——细长而前端分叉的舌头，使人望而生畏。图 5-28 为蛇游动和吐出舌头动作的分析图。

图 5-28　蛇游动和吐出舌头动作的分析图

5.3.4　两栖类的运动规律

两栖类以青蛙为例，它是冷血动物，既能用肺呼吸，也可以用皮肤呼吸；既能在陆地上活动，又可以在水中活动。青蛙前腿短、后腿长。

青蛙的动作规律：以跳为主，由于蛙的后腿粗大有力，所以弹跳力强。蛙在水中游泳时，前腿保持身体平衡，后腿用力蹬水，配合协调。图 5-29 为蛙跳和游泳动作的分析图。

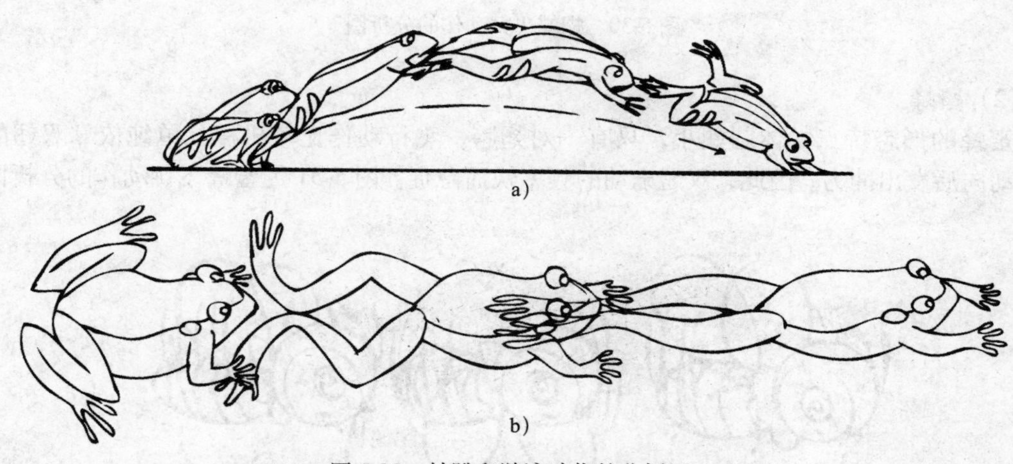

图 5-29　蛙跳和游泳动作的分析图
a）蛙跳动作　b）游戏动作

5.3.5 昆虫类的运动规律

自然界中的昆虫种类繁多，大约有100万种，从动作特点分类，可以分为以飞为主、以爬为主和以跳为主3种类型。

1. 以飞为主的昆虫

下面以蝴蝶、蜜蜂、蜻蜓为例来讲解一下以飞为主的昆虫类的运动规律。

（1）蝴蝶

蝴蝶的形态美丽，颜色鲜艳，由于翅大身轻，在飞行时会随风飞舞。绘制蝴蝶飞舞的动作，原画应先设计好飞行的运动路线，一般是翅膀振动一次，即翅膀从向上到向下，身体的飞行距离，大约为一个身体的幅度。中间可以不加动画，或者只加一张中间画。画原画或动画时，全过程可以按预先设计好的运动路线一次画完。图5-30为蝴蝶飞舞动作的分析图。

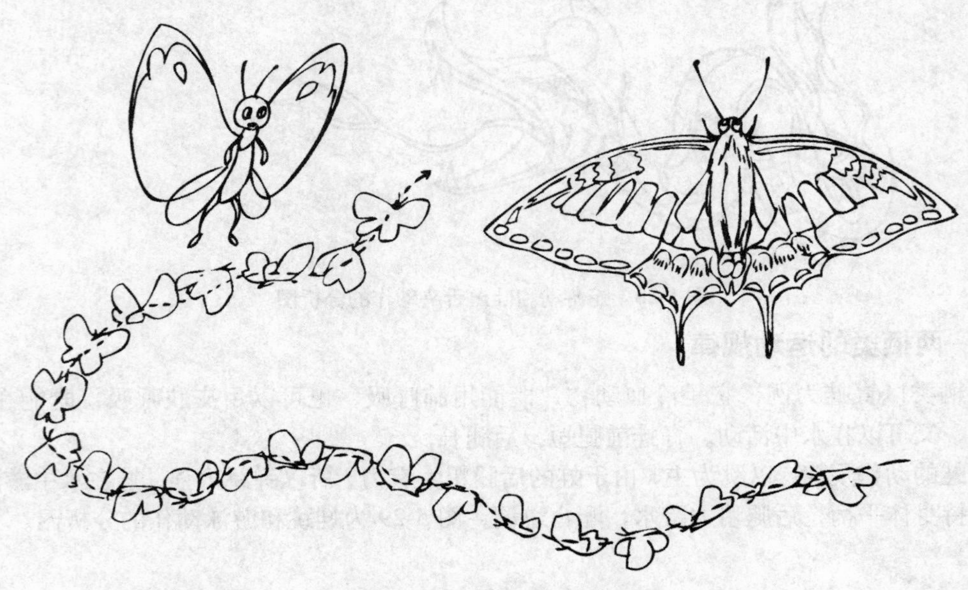

图5-30 蝴蝶飞舞动作的分析图

（2）蜜蜂

蜜蜂的形态特点是体圆翅小，只有一对翅膀。飞行动作比较机械，单纯依靠双翅的上下振动向后发出冲力。因此，双翅扇动的频率快而急促。图5-31为蜜蜂飞舞动作的分析图。

图5-31 蜜蜂飞舞动作的分析图

(3) 蜻蜓

蜻蜓头大身轻翅长，左右各有两对翅膀，双翅平展在背部，飞行时快速振动双翅，飞行速度很快。蜻蜓在飞行过程中，一般不能灵活转变方向，动作姿态也变化不大。绘制它的飞行动作时，在同一张画面的蜻蜓身上，同时可以画出几对翅膀的虚影。同时应注意飞行中细长尾部的姿态，不宜画得过分僵直。图 5-32 为蜻蜓飞行动作的分析图。

图 5-32　蜻蜓飞行动作的分析图

2. 以跳为主的昆虫

以跳为主的昆虫，如蟋蟀、蚱蜢、螳螂等，这类昆虫头上都长有两根细长的触须，它们能几条腿交替走路，但基本动作是以跳为主。由于这类昆虫的后腿长而粗壮，弹跳有力，蹦跳的距离较远，因此跳时呈抛物线运动。除了跳的动作以外，头上两根细长的触须，应做曲线运动变化。图 5-33 为蚱蜢跳跃动作的分析图。

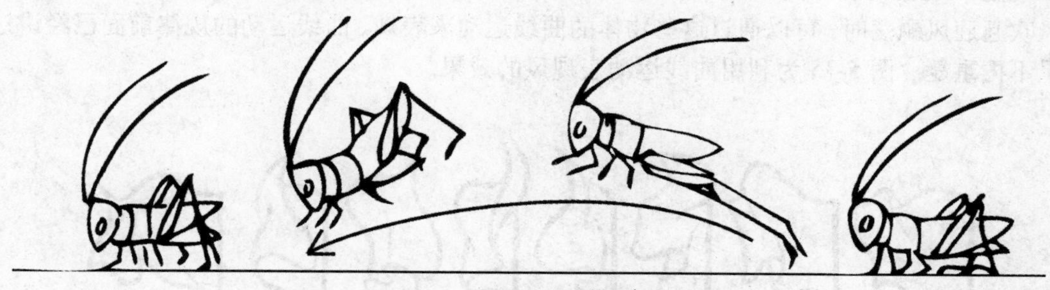

图 5-33　蚱蜢跳跃动作的分析图

5.4　自然现象的基本运动规律

自然现象的种类也很多，并且各自的运动规律差别很大。本节主要讲解 Flash 动画片中常见的风、火、雷（闪电）、水、烟和爆炸的运动规律。

5.4.1　风的运动规律

风是日常生活中常见的一种自然现象。空气流动便形成风，风是无形的气流，一般来讲，人们是无法辨认风的形态的。在 Flash 动画片中，可以画一些实际上并不存在的流线来表现运动速度比较快的风，但在更多的情况下，设计者是通过被风吹动的各种物体的运动来表现它的。因此，研究风的运动规律和表现方法，实际上是研究被风吹动着的各种物体的运动。

在动画片中，表现风的方法大体上有以下4种。

1. 运动线（运动轨迹）表现法

凡是比较轻薄的物体，例如树叶、纸张、羽毛等，当它们被风吹离了原来的位置，在空中飘荡时，都可以用物体的运动线（运动轨迹）来表现。图5-34为利用运动线（运动轨迹）表现风的效果。

图5-34 运动线（运动轨迹）表现风

2. 曲线运动表现法

凡是一端固定在一定位置的轻薄物体，如系在身上的绸带、套在旗杆上的彩旗等，当被风吹起迎风飘荡时，可以通过这些物体的曲线运动来表现。曲线运动的规律前面已经讲过，这里不再重复。图5-35为利用曲线运动表现风的效果。

图5-35 曲线运动表现风

3. 流线表现法

对于旋风、龙卷风及风力较强、风速较大的风，仅仅通过这些被风冲击着的物体的运动来间接表现是不够的，一般还要用流线来直接表现风的运动，把风形象化。

运用流线表现风，可以用铅笔或彩色铅笔，按照气流运动的方向、速度，把代表风动势的流线在动画纸上一张张地画出来。有时，根据剧情的需要，还可以在流线中画出被风卷起的沙石、纸屑、树叶或者雪花等，随着气流运动，以加强风的气势，造成飞沙走石、风雪弥漫的效果。图5-36为利用流线表现风的效果。

图 5-36　流线表现风

4. 拟人化表现法

在某些动画片里，出于剧情或艺术风格的特殊要求，可以把风直接夸张成拟人化的形象。在表现这类形象的动作时，既要考虑到风的运动规律和动作特点，又可不受它的局限，可以发挥更大的想象。图 5-37 为利用拟人化表现风的效果。

图 5-37　拟人化表现风

5.4.2　火的运动规律

火的形态很多，并且时刻在变化。本书把火焰的基本运动状态归纳为以下 7 种：扩张、收缩、摇晃、上升、下收、分离、消失。无论是大火还是小火，都离不开这 7 种基本运动状态，如图 5-38 所示。

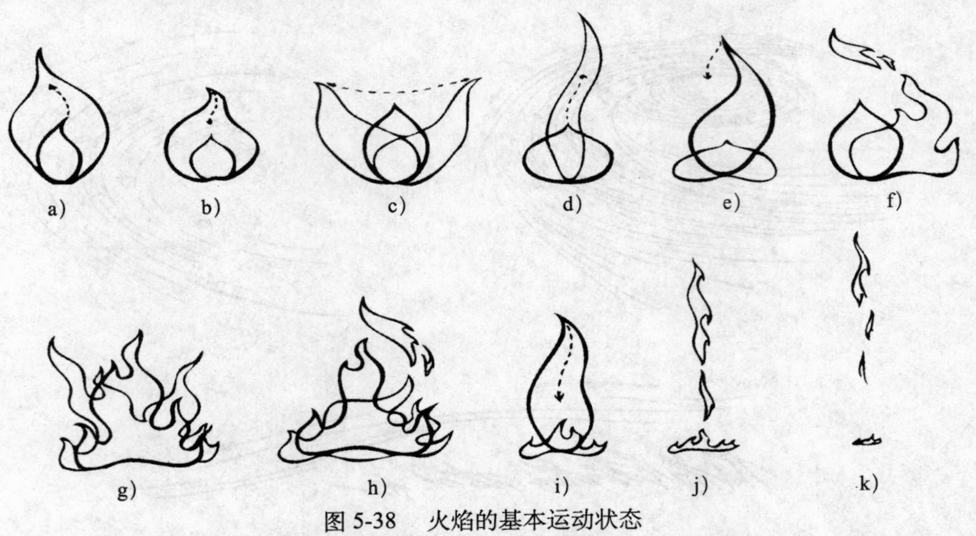

图 5-38　火焰的基本运动状态

a）扩张　b）收缩　c）摇晃　d）上升　e）下收　f) g) h）分离　i）j）k）消失

5.4.3　雷（闪电）的运动规律

闪电式打雷时发出的光，闪电光亮十分短促。在动画片中，闪电镜头有以下两种表现方法。

1. 直接出现闪电光带

闪电光带有两种表现手法：一种是树枝型，如图 5-39 所示；另一种是图案型，如图 5-40 所示。

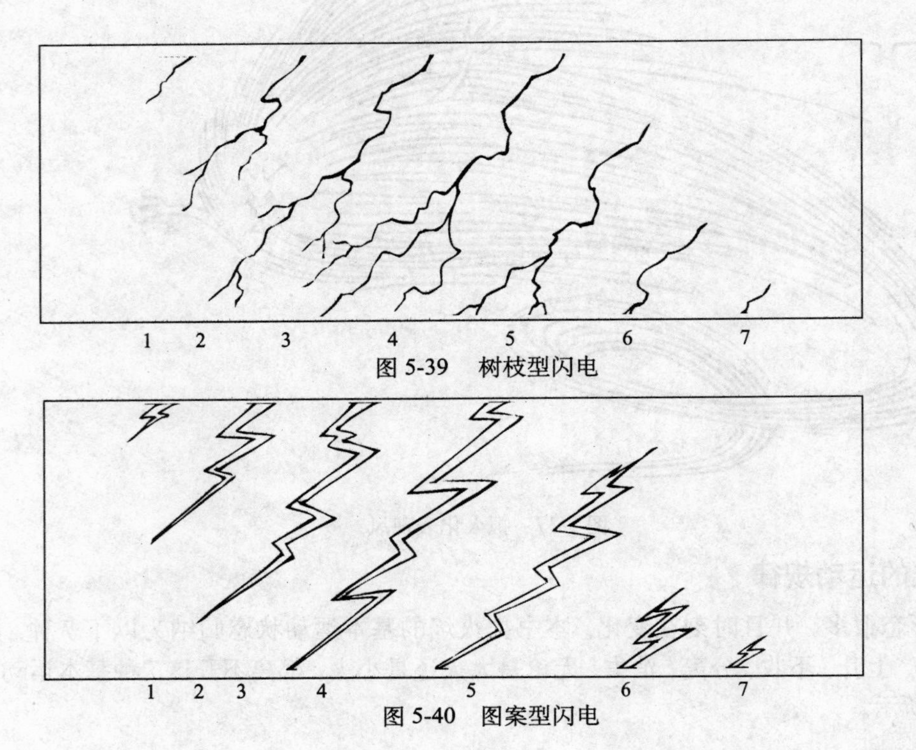

图 5-39　树枝型闪电

图 5-40　图案型闪电

2. 不直接出现闪电光带

通过闪电时急剧变化的光线对景物的影响，来表现闪电的效果，如图 5-41 所示。

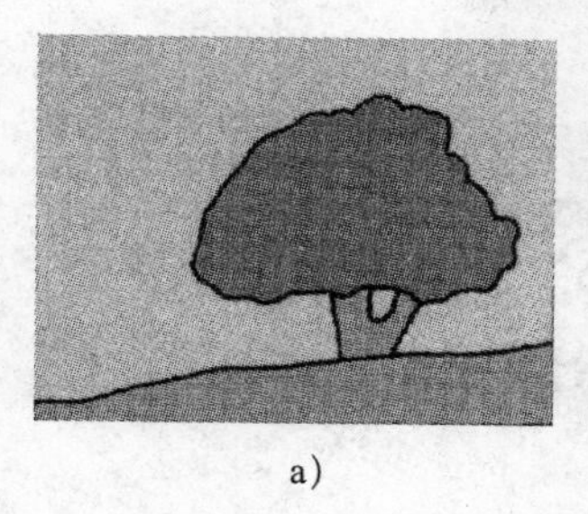
a)

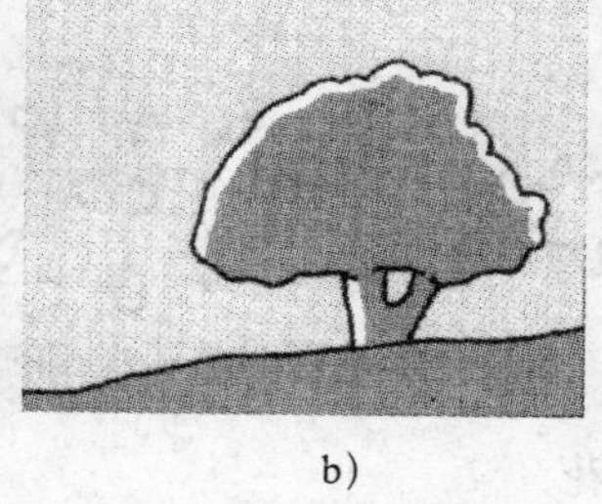
b)

c)

图 5-41　通过景物表现闪电

a）阴云密布的日景　b）前层景物边侧加白光天空及后层景物稍亮　c）前层景物全黑天空及后层景物全白

5.4.4　水的运动规律

在动画中，水是经常出现的。水的动态很丰富，从一滴水珠到大海的波涛汹涌，变化多端、气象万千。下面分别讲述几种水的表现方法。

1. 水滴

水有表面张力，一滴水必须距离到一定程度，才会滴落下来。它的运动规律：积聚、拉长、分离、收缩，然后再积聚、拉长、分离、收缩。一般来说，积聚的速度比较慢，动作小，画的张数比较多；反之，分离和收缩的速度比较快，动作大，画的张数则比较少。图 5-42 为水滴滴落过程。

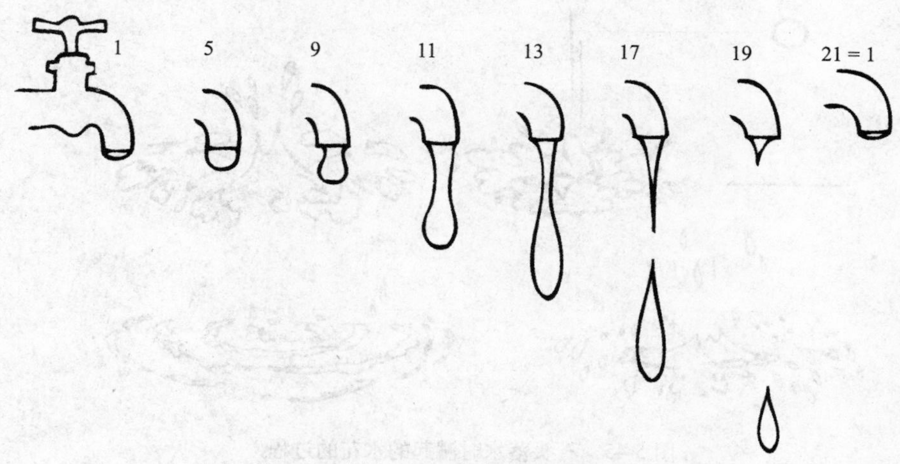

图 5-42　水滴滴落过程

2. 水花

水遇到撞击时，会激起水花。水花溅起后，向四周扩散、降落。水花溅起时，速度较快；升至最高点时，速度逐渐减慢；分散落下时，速度又逐渐加快。

物体落入水中溅起的水花，其大小、高低、快慢，与物体的体积、重量以及下降速度有密切关系。下面列举一些水花的图例。

(1) 水滴落到地面时溅起的水花

水滴落到地面时溅起水花的过程，如图 5-43 所示。

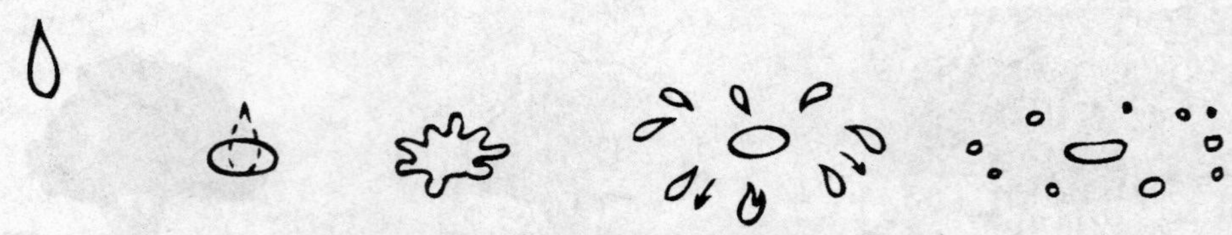

图 5-43　水滴落到地面时溅起水花的过程

(2) 水滴落到水面时溅起的水花

水滴落到水面时溅起水花的过程，如图 5-44 所示。

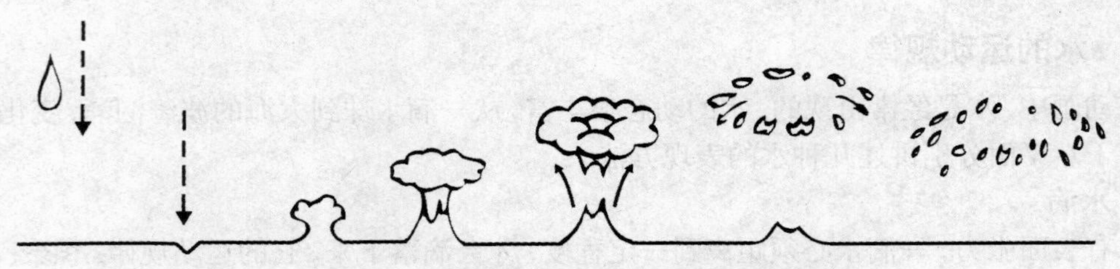

图 5-44　水滴落到水面时溅起水花的过程

(3) 石头落水时溅起的水花

石头落水时溅起的水花的过程，如图 5-45 所示。

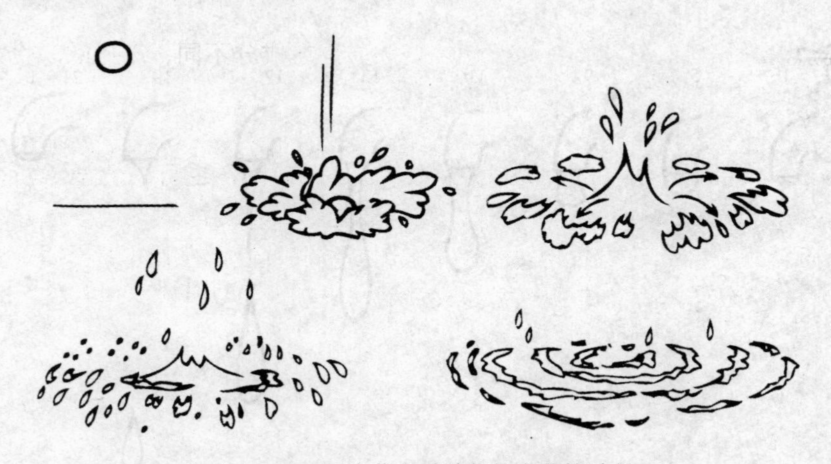

图 5-45　石头落水时溅起的水花的过程

5.4.5　云和烟的运动规律

1. 云的运动规律

云的外形可以随意变化，但必须运用曲线运动的规律。在另一些动画片中，也可以将云夸张成拟人化的角色，但动作必须柔和、缓慢，如图 5-46 所示。

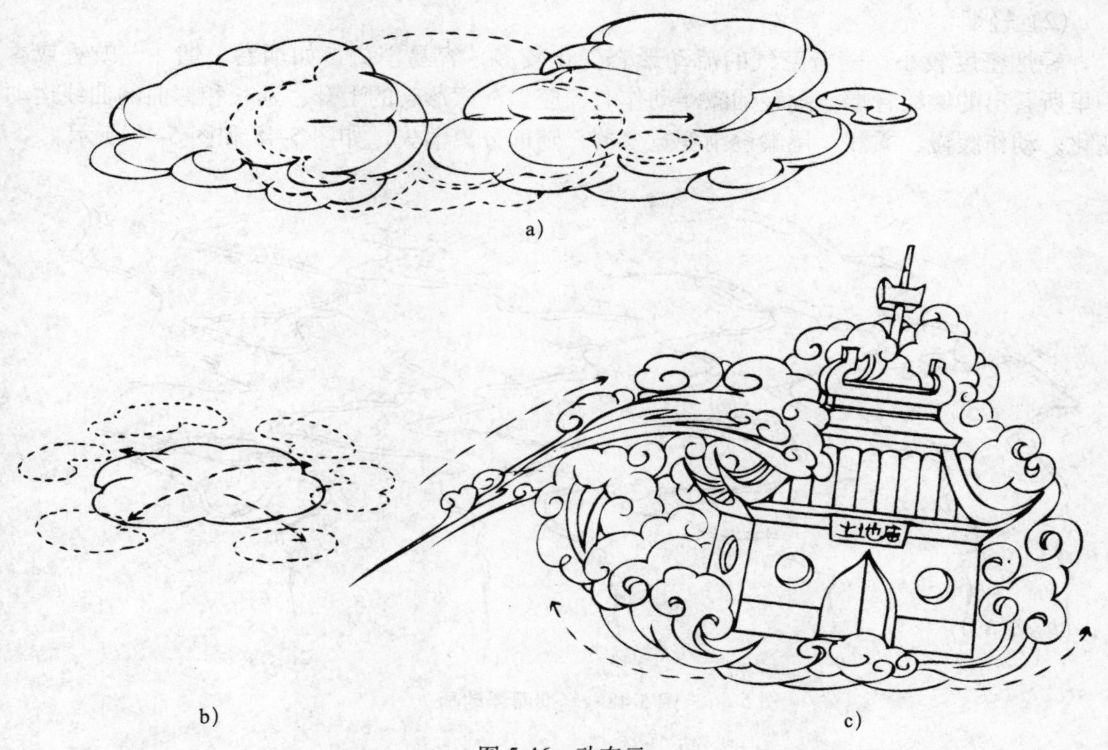

图 5-46　动态云
a）云块移动　b）云块向四周散去　c）云团中变幻出土地庙

2. 烟的运动规律

烟是物体燃烧时冒出的气状物。由于燃烧物的质地或成分不同，产生的烟也会有轻重、浓淡和颜色的差别。动画片中的烟分为浓烟和轻烟两种。

(1) 浓烟

浓烟的密度较大，形态变化较少，大团大团地冲向空中，也可以逐渐延长，尾部可以从整体中分裂成无数小块，然后渐渐消失，如烟囱里冒出来的浓烟、火车排出的黑烟、房屋燃烧时的滚滚浓烟等。运动规律类似云，动作速度可快可慢，视具体情况而定，如图 5-47 所示。

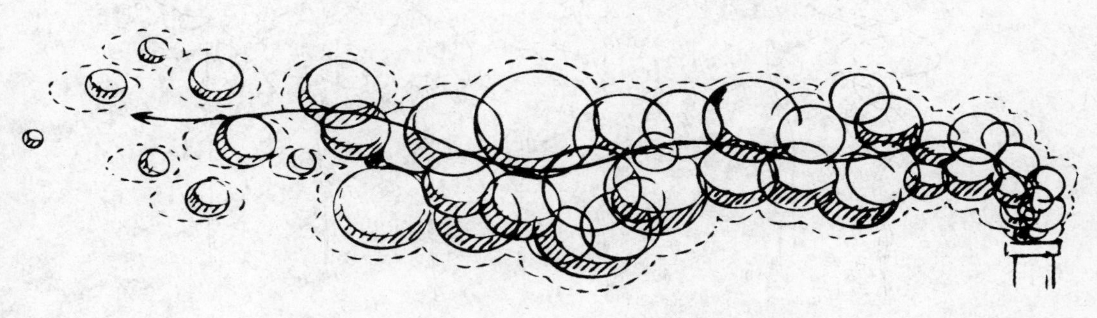

图 5-47　浓烟

(2) 轻烟

轻烟密度较小，随着空气的流动形态变化较多，容易消失，如烟卷、烟斗、蚊香或香炉里所冒出的缕缕青烟。画轻烟漂浮动作时，应当注意形态的上升、延长和弯曲的曲线运动变化。动作缓慢、柔和，尾端逐渐变宽变薄，随即分离消失，如图 5-48 和图 5-49 所示。

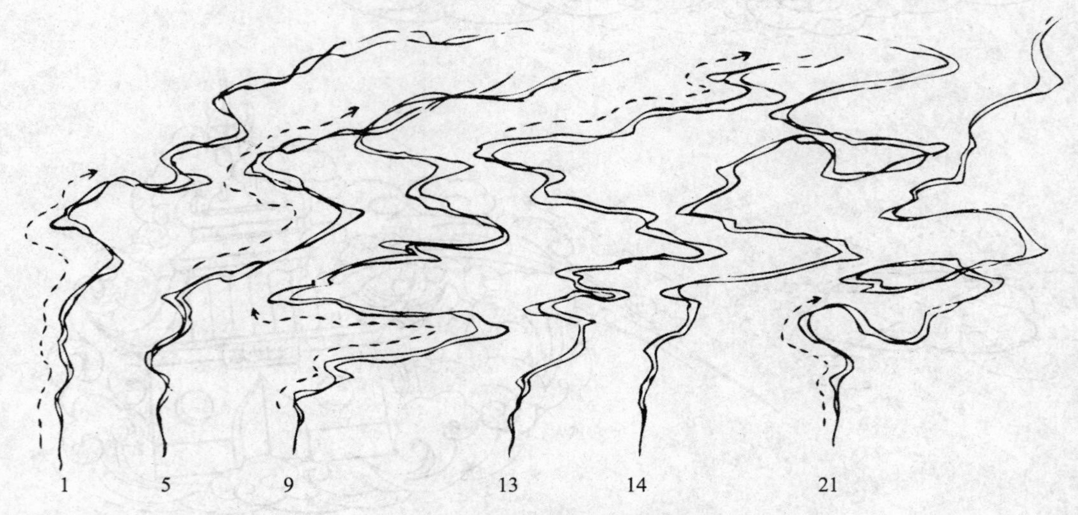

图 5-48　轻烟漂浮动画

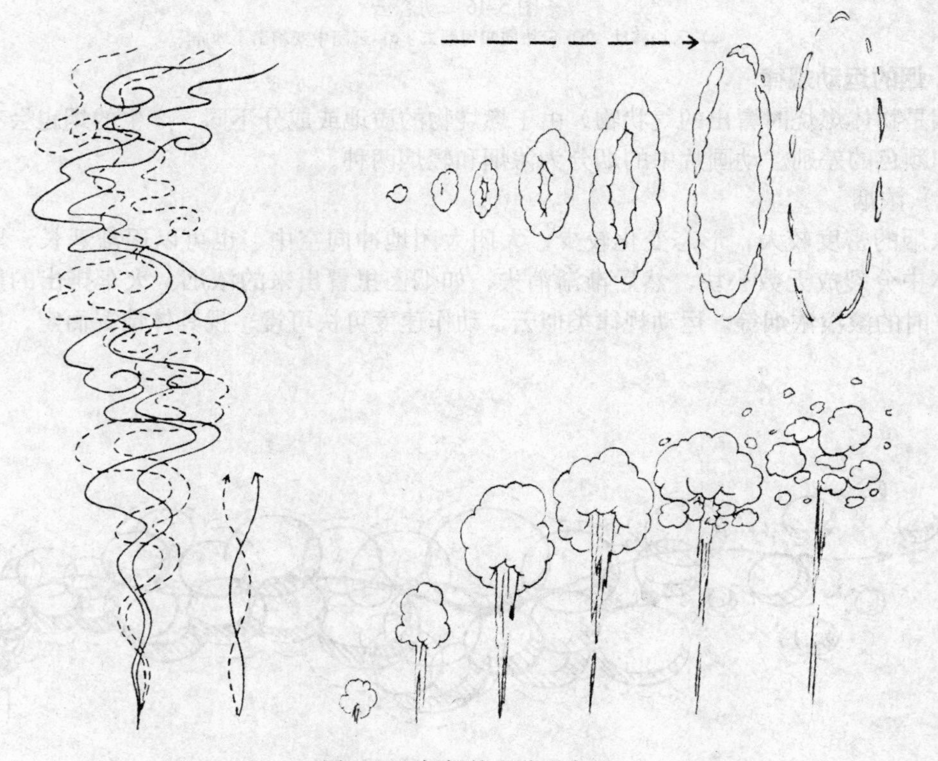

图 5-49　轻烟的几种形态

5.5　动画中的特殊技巧

Flash动画片中的角色除了基本运动规律外，还经常用到预备动作、缓冲动作、追随动作、夸张和流线等特殊技巧。

5.5.1　预备动作

在设计Flash动画的动作时，每一个动作都有一个“反应”，称作“预备”。预备在表现动作时有两种作用：一是力量的聚集，为力量的释放做铺垫，可以更好地表现力量；二是为使观众注意人物即将发出的动作。给观众一个预感。预感很重要，只有做好预感，观众才能真正领会这个动作。否则，只是动作的过场，还没等观众有足够的反应，动作就已经完成了，会使观众领悟不到动作的意义。

在设计预备动作时，要注意以下两点：

（1）动作越强，预备动作幅度越大

如果某角色从静止到走路走动状态，走路的预备就应当微小，如图5-50所示。如果是跑步，角色必须用力将自己“推入”动作，因此，预备动作就要大得多，如图5-51所示。

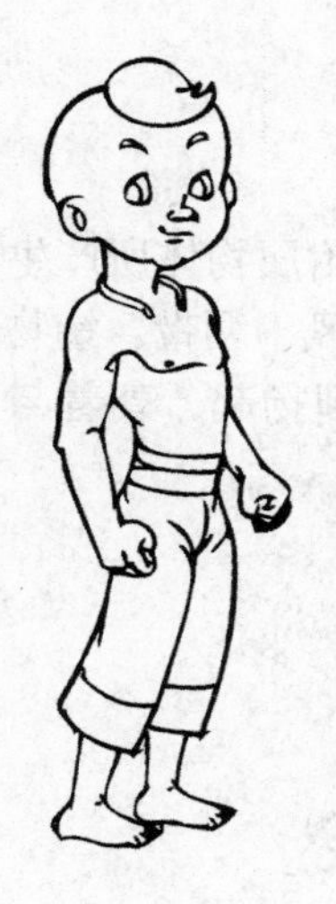

图5-50　走路的预备动作

图5-51　跑步的预备动作

(2) 不同的角色，预备动作也不同

不同的角色，对于同一个预备动作，会有很大的差别。图 5-52 为女性走路的预备动作。

图 5-52 女性走路的预备动作

5.5.2 追随动作

在 Flash 动画中，不可忽视因主体动作的影响，角色身上各种附属物体所产生的追随运动变化，这同样是动作设计的一部分。例如，角色身上的衣服、披风、绸带、饰物，包括长发等。如图 5-53 所示为人主体动作在奔跑时，身上的衣服从下垂到扬起，朝着与人奔跑相反的方向飘动。人停止奔跑，身上的衣服便朝下飘落的分析图。

图 5-53 主体动作与追随动作

5.5.3 夸张

Flash 动画片中的夸张，大体上可以分为以下 6 种。

1. 情节的夸张

动画片导演在选择题材确定剧本时，一般都挑选适合发挥动画特性的故事内容，将它拍摄成动画影片，国内外基本如此。以一些 Flash 动画片为例：我国的《大闹天宫》、《哪吒闹海》、《天书奇谭》、《金猴降妖》、《宝莲灯》等；外国的《白雪公主》、《木偶奇遇记》、《阿拉丁》、《狮子王》、《国王与小鸟》、《雪女王》、《太阳剑》、《龙子太郎》、《火之鸟》、《风之谷》等。这些题材首先具备了可以充分发挥想象和夸张的情节，为施展动画艺术的特性提供了良好的基础。例如，《大闹天宫》中的美猴王神通广大，上天入地无所不能，一个筋斗能翻十万八千里；孙悟空大战二郎神时，能够七十二般变化等。又如，《天书奇谭》中的小娃娃蛋生是从天鹅蛋中蹦出来的，练得一身法术，最后在观景台上与 3 只狐狸精斗法，使其现出原形等。这些神话故事中，情节上的怪诞和夸张为Flash原画的动作设计提供了依据，打开了创作思路，从而将剧情内容和角色动作丰富生动地表现出来。图 5-54 为孙悟空跃身变仙鹤的效果分析图。

图 5-54 孙悟空跃身变仙鹤的效果分析图

2. 构思的夸张

原画根据剧本中的文字描述和导演要求，如何用形象化的手段来表现，这就要在创作构思上运用想象和夸张的技巧进行二度创造。例如，在《大闹天宫》中，表现孙悟空从百丈瀑布后的水帘洞中出场，如何运用夸张的特性表现这一情景呢？为了显示猴王出场的神奇和威武，原画经过构思设计了一群小猴分别站立在瀑布前的石梁上。为首的两个猴兵手中各执一把月牙长叉，从中心将飞流直下的瀑布挑起，然后两股水流像幕帘一样，顺着月牙叉口朝两旁分开，逐渐显露出瀑布后面的水帘洞口。这一构思既符合剧情的要求，又充分发挥了动画片的特性，为美猴王的出场增添了神奇的色彩。又如，在《金猴降妖》中，白骨精变成村妇愚弄猪八戒，在舞台上角色的变化，一般是采用燃放一股烟火，然后在烟雾中更换另一个角色上场。用“障眼法”是出于舞台变幻的局限，而动画片中形象的变幻则是自身的优势，但要变得新奇而不同一般，就必须在构思上进行夸张。原画在表现这段变化过程时运用了自然环境中一块石面盖满着薄薄水流，好似一面镜子的巨石，白骨精站在镜石前不时舞姿弄态，石镜中映现出变幻无穷的怪异形象，时而分散，时而聚拢，犹如现代派的抽象绘画，光怪陆离，最后聚变成一位妖艳少妇。这段处理显示了变幻的神秘色彩，颇有新意，如图 5-55 所示。

图 5-55　《金猴降妖》中白骨精在石镜前的幻变镜头

3. 形态的夸张

这是原画在动作设计中常用的一种夸张技巧，为了表达角色动作的力量和精神状态上的鲜明效果，将形象姿态的局部或大部分夸大到常人难以做到的极限，在画面上表现出刹那间的强烈变形状态，给人留下较深的印象。例如，小孩用足力气拔萝卜却无法将埋在土里的萝卜拔起，这时便可夸大其身体后仰，双臂的拉长变形，显示出用力过度的特殊效果，如图 5-56 所示。

图 5-56　小孩拔萝卜时的形态夸张

又如，表现一个角色气壮如牛、不可一世的神态时，便可夸张他的上身极度膨胀，胸和肩超出常态几倍的宽度，如图5-57所示，当一个角色受到惊吓时，可夸张表现其体态拉长、脸形变窄、双眼圆睁，当表现一个体态肥胖的角色理屈词穷时，他的神态和体形可以像泄了气的皮球那样，迅速萎缩、瘫软、变形缩小。以上所举的几种例子都是说明在特定情景下，原画为了充分表现角色神情、体态上的强烈变化，运用形态夸张的动画技巧进行设计处理，以求得良好的效果。

图5-57　形态的夸张表现愤怒状态

4. 速度的夸张

除了上述在形态上的夸张之外，为了表现角色在动作速度上的特殊变化，动画片里不应拘泥于生活的真实，可以根据剧情的要求及动作设计的需要，超出真实动作所需时限的常规，快的更快、慢的更慢，以显示速度上的强烈对比，突出动作的效果。例如，表现角色像飞一样的奔跑或逃窜，画面上的角色不仅是画两条腿在奔跑，还可以出现无数条腿的虚影，夸张飞奔动作的极度快速。甚至还可以更为夸张地将它处理成角色身后拖着一股尘烟滚滚而去，角色形象淹没在一片烟雾之中，正如在文字中所描述的“一溜烟逃之夭夭”在动画动作中的形象化体现。如图5-58所示为小孩受惊后迅速逃窜，为了强调动作的快速，身后夸张地冒出一股尘烟的分析图。

5. 情绪的夸张

动画片中常常会表现角色喜、怒、哀、乐等情绪上的各种变化。原画在处理感情上的变化时，除了对角色的动作姿态、脸部表情及外部形象进行夸张之外，还可以运用动画的特殊技巧，以比喻性或象征性的夸张手法进行处理。例如，文字上所形容的“怒发冲冠”，一个角色在情绪极度愤怒时，不仅表现他怒目而视的表情，还可以形象化地将角色的头发顿时竖起，同时将头上的帽子也高高顶起，然后落下。又如，形容“火冒三丈”，在动画片动作中，表现一个角色大发脾气时，不仅在动作上挥动双拳，同时，在他的脑袋上突然升起一团火苗，向上扩散，如图5-59a所示。还有，表现一个角色极度悲伤时的嚎啕大哭，便可将它夸张成眼中泪水哗哗直流，或者泪水像洒水车那样从两只眼睛里向两侧喷射而出等，如图 5-59b 所示。

图 5-58 速度上的夸张

图 5-59 情绪上的夸张
a）“火冒三丈” b）嚎啕大哭

6. 意念的夸张

另外附带讲述与此有相似之处的意念的夸张。意念上的夸张是为了表现角色主观意识中的想象在动画片中运用形象化的一种表达形式。如图 5-60 所示，为小地主被眼前美女的美貌所吸引，他的眼珠夺眶而出，围着美女的脸四面转悠的分析图。

图 5-60 意念夸张技巧

5.5.4 流线

在 Flash 动画片里，流线作为夸张形象动作的速度或效果的一种特殊技巧，是原画在设计动作时经常运用的表现手法。流线一般可以分成以下两种类型。

1. 速度性流线

这是根据生活中的实际现象加以夸张的一种流动线条。在日常生活里，物体在速度极快的运动过程中，人们的眼睛往往不易看清楚其具体的形象，只能看到物体模糊的虚影。例如，电风扇在快速转动的情况下，人们就看不清风扇叶片的具体形状，只能看到叶片飞转的虚影。动画片表现运动的快速就是根据这一现象，运用流线的办法来处理。例如，表现孙悟空快速挥舞棍棒，画面上可以出现无数根棍棒的虚影。表现小鸟急速扇动翅膀、人快速奔跑的双脚，以及急驶中的摩托车、风卷地面的沙土等，都可采用速度性流线，如图 5-61 所示。

a）　　　　b）　　　　c）

图 5-61　几种速度性流线

a）人快跑时脚成虚影及身后的流线　b）小鸟受惊快速扇翅流线　c）摩托飞驰车轮及车身旁的流线

2. 效果性流线

这是动画片中运用夸张的一种手法，表现某种感觉和特殊想象所产生的流线。在日常生活中，人们经常会碰到这样一些现象：一阵大风将开着的门“砰”的一声关上，使人顿时感到一怔，好像门框和房子都在震动；某人在发怒时用手掌狠狠拍击桌子，桌面上的杯盘器皿被震得跳动。

Flash 动画片中表现角色受惊吓或头晕目眩时也可运用效果性流线处理。另外，为了加强物体受到猛力碰撞时所造成的强烈震动，除了形体本身的夸张变形之外，往往还需加上效果性的流线，使动作更加强烈，如图 5-62 所示。

图 5-62　几种效果性流线

a）敲击铜锣的流线效果　b）头晕昏倒的流线效果　c）木棍击头的流线效果

5.6　课后练习

1. 填空题

（1）曲线运动分为________、________和________3 种。

（2）球体落在薄板上形成的弹性运动属于______曲线运动；海浪的运动属于______曲线运动；动物的长尾巴的运动属于______曲线运动。

（3）在 Flash 动画片中的夸张大体上可以分为________、________、________、________、________和________6 种。

（4）预备在表现动作时有两种作用：一是____________________；二是____________________。

（5）人走路的特点是______________________________。

（6）人在起跳前身体的屈缩表示动作的准备和力量的积聚；然后一股爆发力单腿或双腿蹬起，使整个身体腾空向前；接着越过障碍之后双脚先后或同时落地，由于________和________，必然产生动作的缓冲，随即恢复原状。

（7）马的动作规律分为_____、_____、_____和_____几种。

（8）马行走的动作规律：依照对角线换步法，即_____、_____、_____、_____依次交替的循环步法。

（9）水滴落下的运动规律是______________________________。

（10）火焰的基本运动状态归纳为7种，它们分别是：______、______、______、______、______、______和______。

2. 选择题

（1）旗杆上的旗帜当受到风力的作用时，就会出现( )运动。

A. S形　B. 弧形　C. 波浪形　D. 三角形

（2）当人的四肢的一端固定时，四肢摆动，就会出现( )运动。

A. S形　B. 弧形　C. 波浪形　D. 三角形

（3）下面哪些选项属于流线的表现类型？( )

A. 速度性流线　B. 效果性流线　C. 敲击性流线　D. 放射性流线

（4）小孩用足力气拔萝卜，却无法将埋在土里的萝卜拔起，这时便可夸大其身体后仰，双臂的拉长变形，显示出用力过度的特殊效果，这种夸张手法为( )。

A. 意念的夸张　B. 情节的夸张　C. 形态的夸张　D. 情绪的夸张

（5）人在跳跃过程中，运动线呈弧形抛物线状态。这一弧形运动线的幅度会根据下列哪些选项产生不同的差别？( )

A. 用力的大小　B. 身高　C. 体重　D. 障碍物的高低

（6）人的跳跃动作主要由以下哪几个动作姿态所组成？( )

A. 身体屈缩　B. 蹬腿　C. 腾空　D. 着地　E. 还原

（7）下面哪些选项属于风的表现手法？( )

A. 拟人化表现法　B. 流线表现法　C. 曲线运动表现法　D. 放射表现法

（8）下列哪些属于闪电光的表现手法？( )

A. 树枝型　B. 图案型　C. 放射型　D. 圆型

3. 问答题\上机练习

（1）简述“S”形曲线运动的特点。

（2）简述人奔跑的运动规律。

（3）简述鹤走路和飞行的运动规律。

（4）简述云和烟的运动规律。

（5）简述在设计预备动作时应注意的问题。

第6章　运动规律技巧演练

本章重点

本章将结合前面运动规律一章的相关知识，在Flash中制作常见的角色运动和自然现象动画。通过本章的学习，读者应掌握以下内容：

■ 人的行走和奔跑动画的制作方法
■ 小鸟飞行动画的制作方法
■ 尘土效果的制作方法
■ 水花溅起效果的制作方法

6.1　人的行走动画

制作要点：

本例将制作人的行走动画，如图6-1所示。通过本例的学习，应掌握在Flash中利用运动规律制作人物行走动画的方法。

图6-1　人的行走

操作步骤：

1. 制作人行走动作的一个运动循环中身体姿态的变化

1）打开配套光盘中的"素材及结果\第6章 运动规律技巧演练\6.1 人的行走动画\人的行走-素材.fla"文件。

2）单击“属性”面板“大小”右侧的按钮，然后在弹出的对话框中将大小设为800像素×500像素，帧频设为“25”，背景颜色设置为蓝绿色（#66CCCC），如图6-2所示，单击“确定”按钮。

3）执行菜单中的“插入|新建元件”（快捷键〈Ctrl+F8〉）命令，在弹出的对话框中设置参数如图6-3所示，单击“确定”按钮，进入“行走”元件的编辑状态。

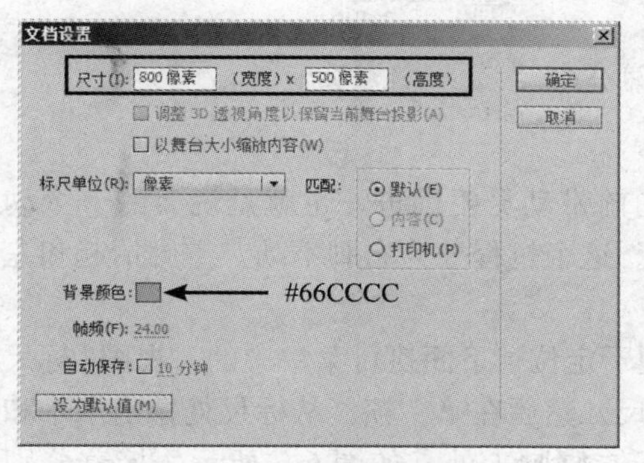

图6-2 设置文档属性

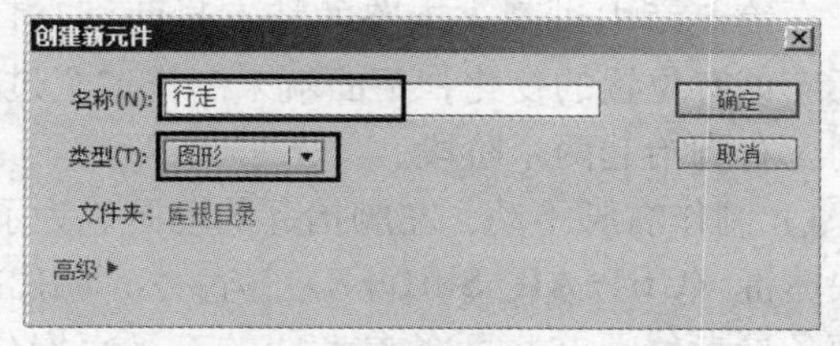

图6-3 设置“创建新元件”参数

4）人物行走的一个动作循环由p01~p24共24个基本动作组成，从“库”面板中将p01元件拖入舞台，如图6-4所示。然后在第2帧按快捷键〈F6〉，插入关键帧。接着右击第2帧舞台中的p01元件，从弹出的快捷菜单中选择“交换元件”命令，最后在弹出的对话框中选择p02元件，如图6-5所示，单击“确定”按钮。

图6-4 将p01元件拖入舞台

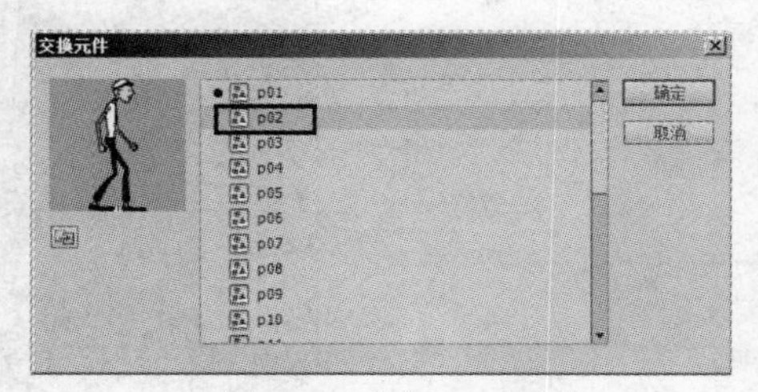

图6-5 选择p02元件

5）同理，分别在第3~24帧按快捷键〈F6〉，插入关键帧，并分别替换为p03~p24元件，此时时间轴分布如图6-6所示。

图 6-6　时间轴分布

2. 制作人行走的一个运动循环中位置的变化

在第 5 章中讲到人走路的特点是两脚交替向前带动身躯前进，也就是说人的一个动作循环应该有位置的变化，下面就来制作这个过程。这个过程分为右脚不动、左脚抬起和左脚不动、右脚抬起两个阶段。

1）制作右脚不动、左脚抬起的动画。为了便于定位，下面执行菜单中的“视图 | 标尺”（快捷键〈Ctrl+Alt+Shift+R〉）命令，调出标尺。然后在第 1 帧，从标尺处拉出水平和垂直两条参考线，并将两条参考线的交叉点定位于右脚脚尖处，如图 6-7 所示。接着分别在第 2~12 帧，调整舞台中 p02~p12 元件的位置，从而使人物的右脚脚尖始终位于两条参考线的交叉点处，如图 6-8 所示。

图 6-7　在第 1 帧两条参考线的交叉点定位于右脚脚尖

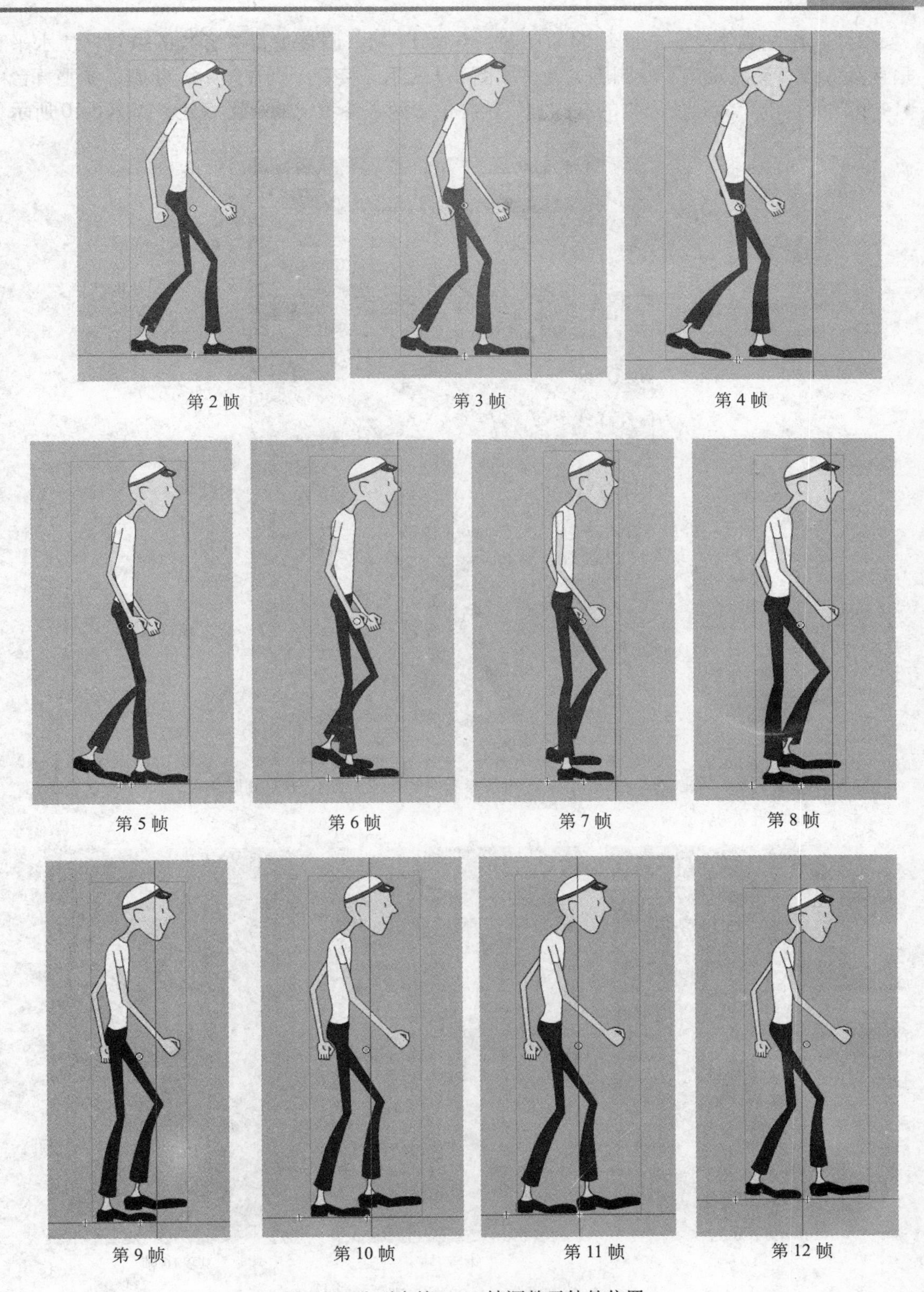

图6-8 分别在第2~12帧调整元件的位置

2）制作左脚不动、右脚抬起的动画。在第 13 帧，调整垂直参考线的位置，使水平和垂直参考线交叉点定位于左脚脚尖处，如图 6-9 所示。接着分别在第 14~24 帧，调整舞台中 p14~p23 元件的位置，使人物的左脚脚尖始终位于两条参考线的交叉点处，如图 6-10 所示。

图 6-9　在第 13 帧将两条参考线的交叉点定位于左脚脚尖

第 14 帧

第 15 帧

第 16 帧

图 6-10　分别在第 14~23 帧调整元件的位置

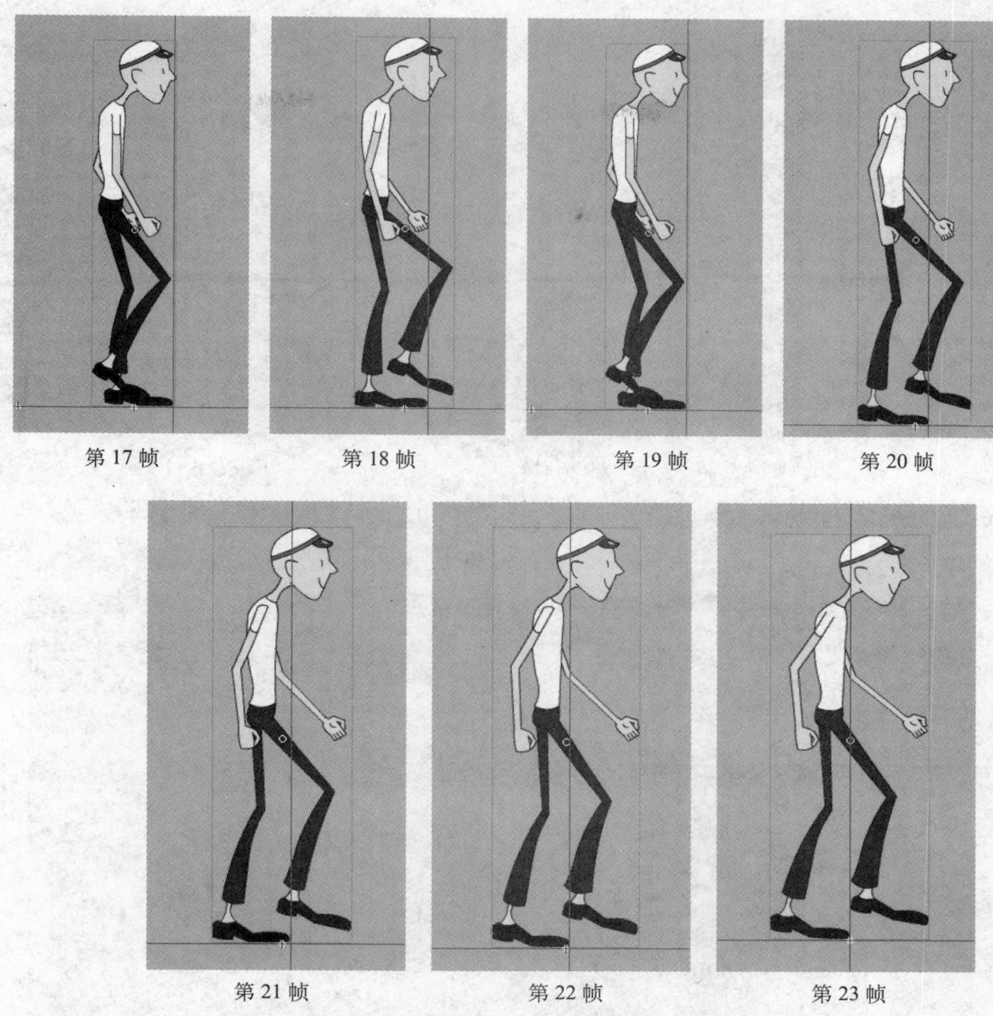

图 6-10 分别在第 14~23 帧调整元件的位置（续）

3. 制作人行走动作的多个运动循环

1）单击时间轴下方的按钮，回到场景 1。然后从“库”面板中将“行走”元件拖入舞台，并将其放置到舞台左侧。接着从标尺处拉出水平参考线，如图 6-11 所示。

2）在第 144 帧按快捷键〈F5〉，插入普通帧，从而将时间轴的总长度延长到 144 帧。

提示：人物行走的一个动作循环为 24 帧，144 帧为 6 个动作循环的长度。

3）将时间轴定位在第 24 帧的位置，然后拉出垂直参考线，使两条参考线的交叉点位于后面一只脚的脚尖处，如图 6-12 所示。

4）此时播放动画，可以看到在第 25 帧“行走”元件会回到第 1 帧的位置。如何让人物不断地向前走，下面就来解决这个问题。方法：在第 25 帧按快捷键〈F6〉，插入关键帧，然后移动舞台中的“行走”元件的位置，使人物后面一只脚的脚尖位于两条参考线的交叉处，如图 6-13 所示。

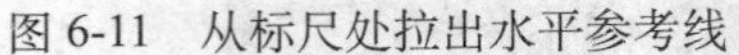

图 6-11　从标尺处拉出水平参考线

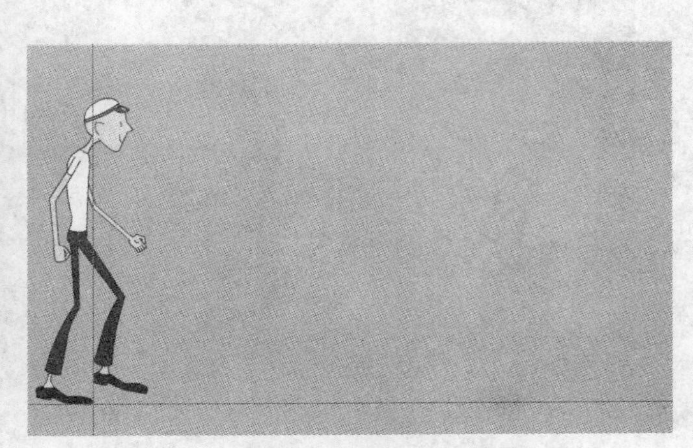

图 6-12　在第 24 帧拉出垂直参考线

图 6-13　在第 25 帧调整“行走”元件的位置

5）同理，在第 48 帧移动垂直参考线的位置，如图 6-14 所示。然后在第 49 帧移动“行走”元件的位置，如图 6-15 所示。

6）同理，在第 72 帧移动垂直参考线的位置，如图 6-16 所示。然后在第 73 帧移动“行走”元件的位置，如图 6-17 所示。

图 6-14 在第 48 帧移动垂直参考线的位置

图 6-15 在第 49 帧移动“行走”元件的位置

图 6-16 在第 72 帧移动垂直参考线的位置

图 6-17 在第 73 帧移动“行走”元件的位置

7）同理，在第 96 帧移动垂直参考线的位置，如图 6-18 所示。然后在第 97 帧移动“行走”元件的位置，如图 6-19 所示。

图 6-18 在第 96 帧移动垂直参考线的位置

图 6-19 在第 97 帧移动“行走”元件的位置

8）至此，整个人的行走动画制作完毕，下面执行菜单中的“控制 |“测试影片”（快捷键〈Ctrl+Enter〉）命令，打开播放器窗口，即可看到人的行走效果。

6.2 人的奔跑动画

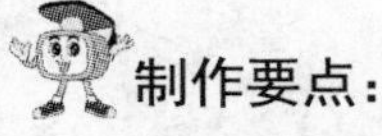
制作要点：

本例将制作人物奔跑效果，如图 6-20 所示。通过本例的学习，读者应掌握在 Flash 中制作人物不断向前奔跑的方法。

图 6-20　人物奔跑效果

操作步骤：

1. 制作人物原地跑步的效果

1）新建一个 Flash（ActionScript 2.0）文件。

2）执行菜单中的“修改 | 文档”（快捷键〈Ctrl+J〉）命令，在弹出的“文档设置”对话框中设置“尺寸”为“720 像素 ×576 像素”，“背景颜色”为“白色（#FFFFFF）”，“帧频”为“25”，如图 6-21 所示，单击“确定”按钮。

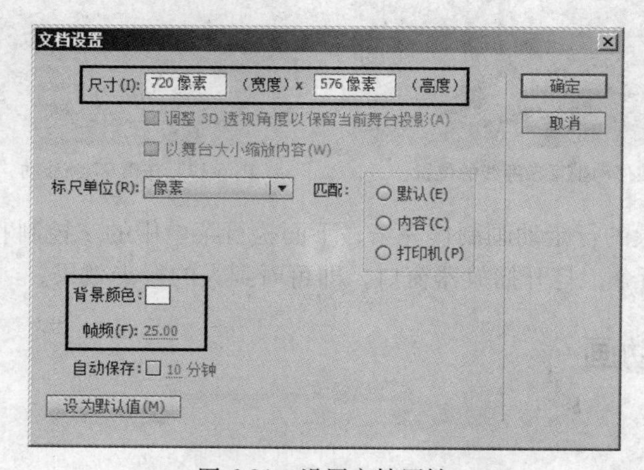

图 6-21　设置文档属性

3）准备素材。执行菜单中的“插入 | 新建元件”（快捷键〈Ctrl+F8〉）命令，然后在

弹出的对话框中设置如图6-22所示，单击“确定”按钮，进入“素材”图形元件的编辑状态。然后在“素材”图形元件中准备出构成中岛角色的基本素材，接着将这些素材拼合成人物跑步的一个姿势，如图6-23所示。

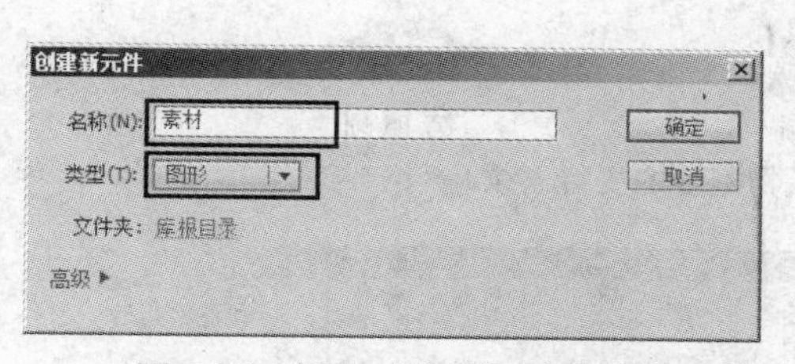

图6-22 新建“素材”图形元件

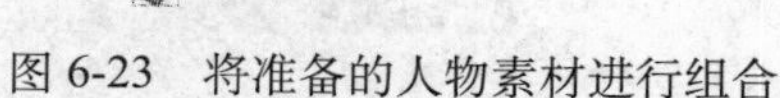

图6-23 将准备的人物素材进行组合

4）执行菜单中的“插入|新建元件”（快捷键〈Ctrl+F8〉）命令，然后在弹出的对话框中设置如图6-24所示，单击“确定”按钮，进入“中岛原地跑步”图形元件的编辑状态。

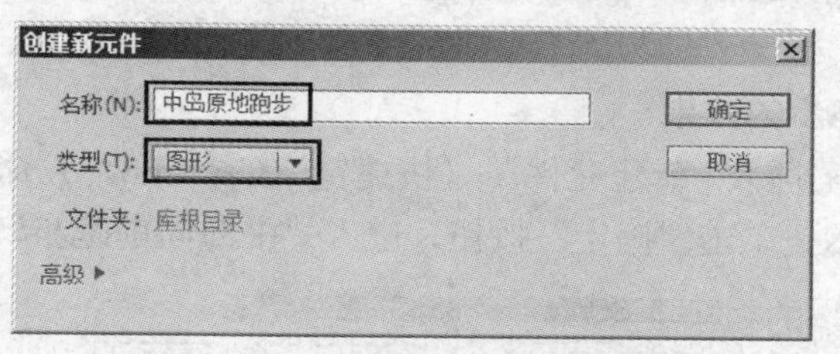

图6-24 新建“中岛原地跑步”图形元件

5）将“素材”图形元件组合后的人物姿态进行复制，然后在“中岛原地跑步”图形元件中进行粘贴。

6）分别在第3帧、第5帧、第7帧、第9帧、第11帧、第13帧和第15帧按快捷键〈F6〉，插入关键帧。然后按照人物跑步的运动规律分别调整这些帧中角色相应形体的位置关系，如图6-25所示。接着在第16帧，按快捷键〈F5〉，插入普通帧。此时时间轴分布如图6-26所示。

第3帧

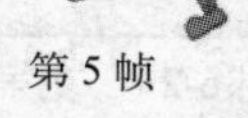

第5帧

第7帧

第9帧

图6-25 在不同帧调整人物跑步的姿势

图 6-25　在不同帧调整人物跑步的姿势（续）

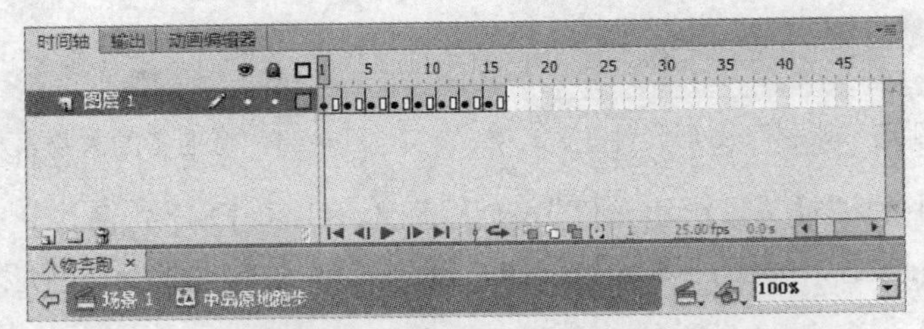
图 6-26　“中岛原地跑步”图形元件的时间轴分布

2. 制作人物向前跑步的效果

1）执行菜单中的“插入 | 新建元件”（快捷键〈Ctrl+F8〉）命令，然后在弹出的对话框中设置如图 6-27 所示，单击“确定”按钮，进入“中岛向前跑步”图形元件的编辑状态。

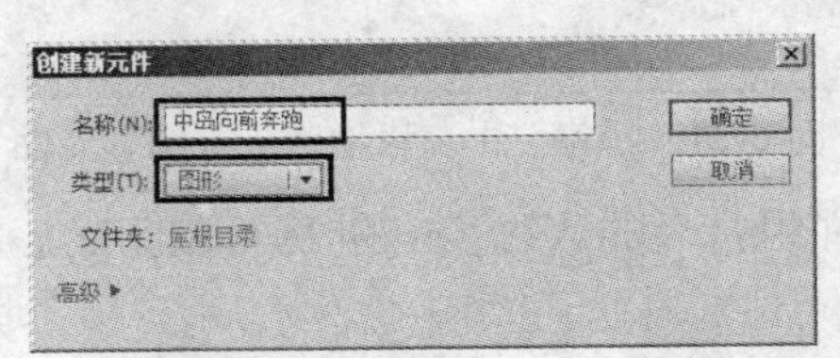
图 6-27　新建“中岛向前跑步”图形元件

2）在“中岛向前跑步”图形元件中，将库中的“中岛原地跑步”图形元件拖入舞台，如图 6-28 所示。然后在第 16 帧按快捷键〈F6〉，插入关键帧，并移动位置如图 6-29 所示。

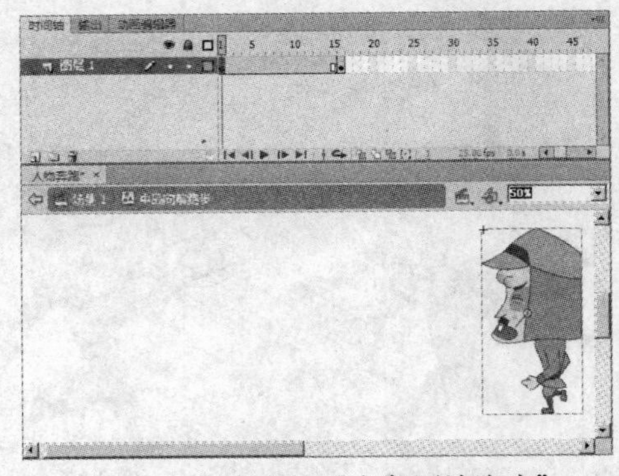
图 6-28　将库中的“中岛原地跑步”图形元件拖入舞台

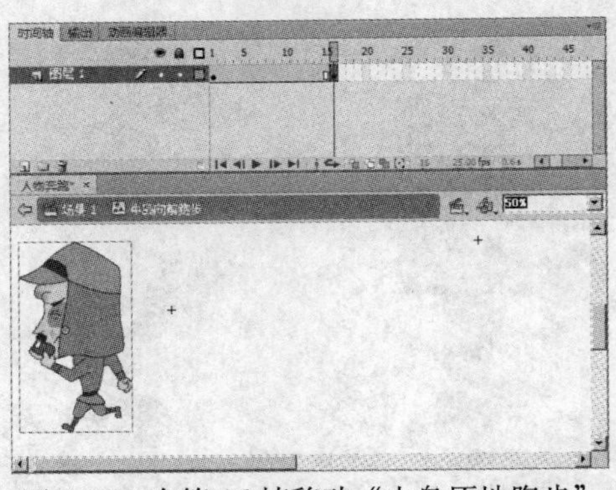
图 6-29　在第 16 帧移动“中岛原地跑步”图形元件的位置

3）在第1～16帧创建传统补间动画，此时时间轴分布如图6-30所示。

4）单击按钮，回到场景1。然后从库中将“中岛向前奔跑”图形元件拖入舞台。接着在时间轴的第16帧，按快捷键〈F5〉，插入普通帧，此时时间轴分布如图6-31所示。

图6-30 “中岛向前跑步”图形元件的时间轴分布

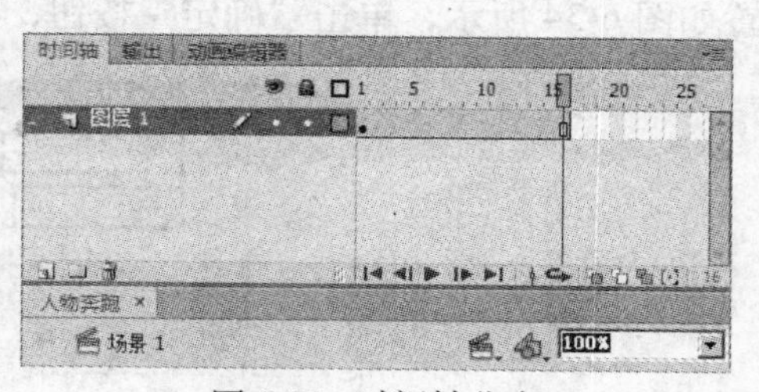

图6-31 时间轴分布

5）至此，人物奔跑的效果制作完毕。下面按〈Ctrl+Enter〉快捷键测试影片，即可看到人物奔跑的效果，如图6-20所示。图6-32为Flash动画片《我要打鬼子》中的中岛奔跑的效果。

图6-32 Flash动画片《我要打鬼子》中的中岛奔跑的效果

6.3 小鸟的飞翔

制作要点：

本例将制作小鸟的飞行动画，如图6-33所示。通过本例的学习，应掌握在Flash中利用运动规律制作小鸟飞行动画的方法。

图6-33 小鸟的飞行效果

操作步骤：

1. 制作小鸟飞行动作的一个运动循环

1）打开配套光盘中的“素材及结果\第6章 运动规律技巧演练\6.3 小鸟的飞翔\小鸟

的飞翔 - 素材 .fla”文件。

2）在“属性”面板中将背景颜色设置为深蓝色（#0000FF）。

3）执行菜单中的“插入 | 新建元件”（快捷键〈Ctrl+F8〉）命令，在弹出的对话框中设置如图 6-34 所示，单击“确定”按钮，进入“飞行”元件的编辑状态。

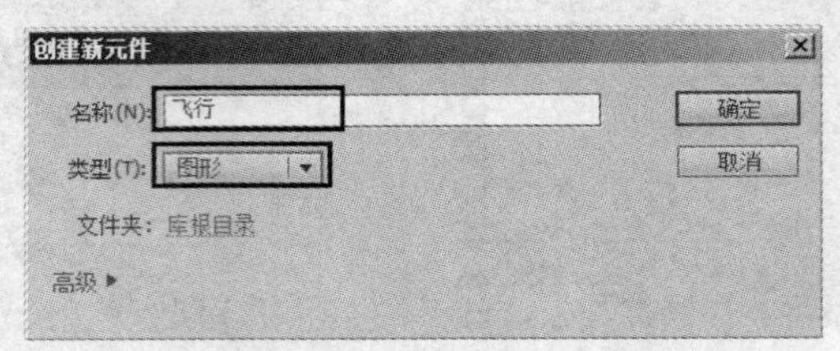

图 6-34　设置“创建新元件”参数

4）小鸟飞行的一个动作循环由“姿态 1”“姿态 2”和“姿态 3”3 个基本动作组成，下面先从“库”面板中将“姿态 1”元件拖入舞台，如图 6-35 所示。然后在第 3 帧按快捷键〈F6〉，插入关键帧。接着右击第 3 帧舞台中的“姿态 1”元件，从弹出的快捷菜单中选择“交换元件”命令，最后在弹出的对话框中选择“姿态 2”，如图 6-36 所示，单击“确定”按钮，结果如图 6-37 所示。

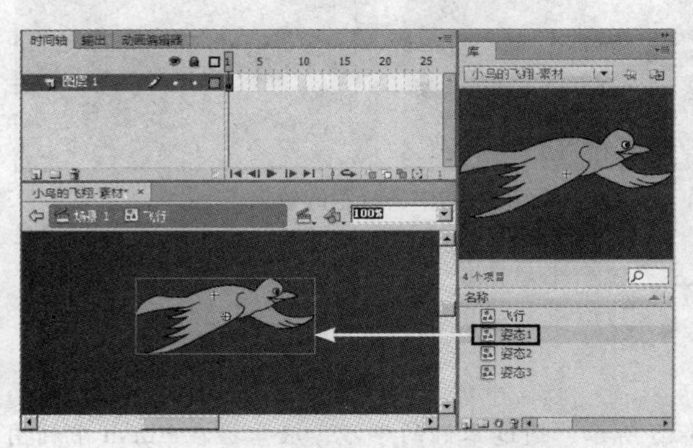

图 6-35　从“库”面板中将“姿态 1”元件拖入舞台

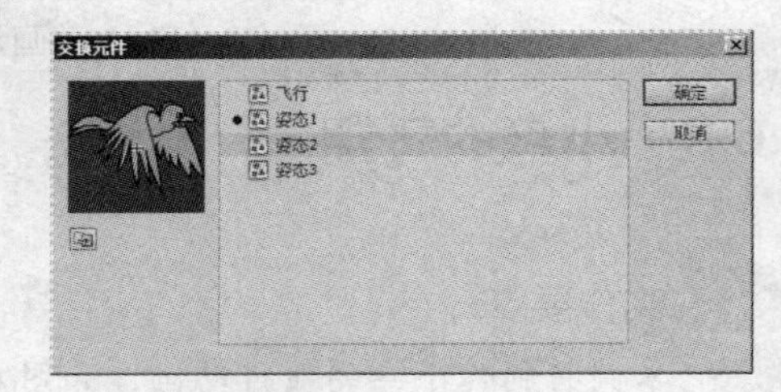

图 6-36　选择“姿态 2”

图 6-37　在第 3 帧替换元件效果

5）同理，在第5帧按快捷键〈F6〉，插入关键帧。然后将第5帧舞台中的元件替换为“姿态3”。接着在第6帧按快捷键〈F5〉，插入普通帧，从而将时间轴的总长度延长到第6帧，如图6-38所示。

6）此时按〈Enter〉键播放动画，可以看到小鸟飞行过程中身体的位置变化不正确，下面就来解决这个问题。方法：执行菜单中的“视图 | 标尺”（快捷键〈Ctrl+Alt+Shift+R〉）命令，调出标尺。然后在第1帧从标尺处拉出垂直和水平两条参考线，如图6-39所示。接着在第3帧调整视图中“姿态2”元件的位置，如图6-40所示；在第5帧调整“姿态3”元件的位置，如图6-41所示。

图6-38　在第5帧替换元件效果

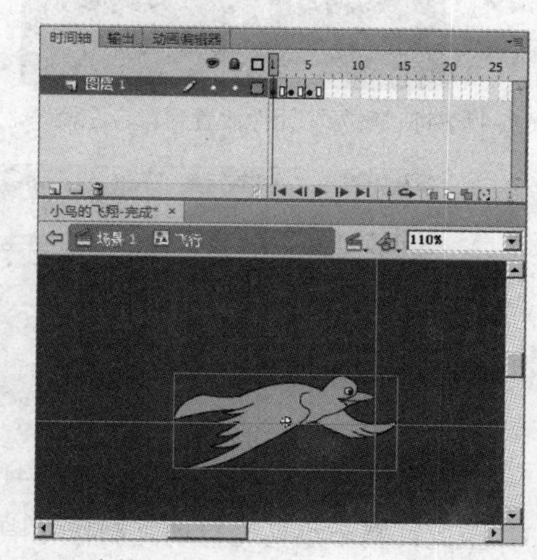

图6-39　在第1帧从标尺出拉出垂直和水平参考线

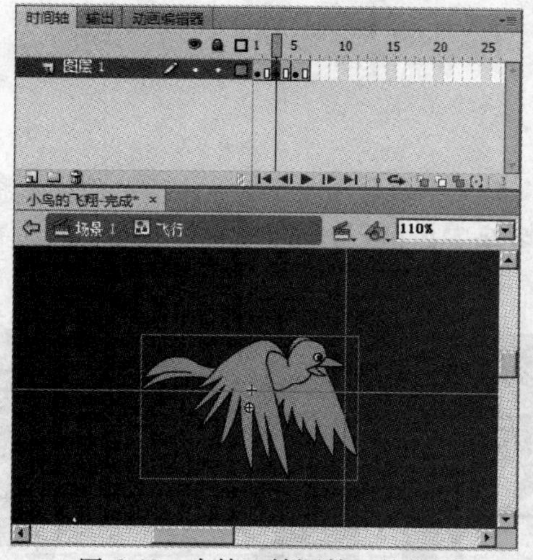

图6-40　在第3帧调整元件位置

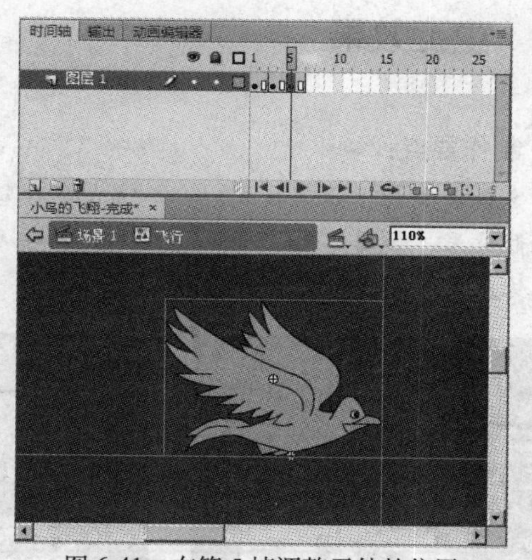

图6-41　在第5帧调整元件的位置

2. 制作小鸟飞行动作的多个运动循环

1）单击时间轴下方的场景1按钮，回到“场景1”。

2）从库中将“飞行”元件拖入舞台，并将其放置到舞台左侧，如图 6-42 所示。然后在第 50 帧按快捷键〈F6〉，插入关键帧，并将“飞行”元件移动到舞台右侧，如图 6-43 所示。接着在第 1~50 帧之间创建传统补间动画，此时时间轴分布如图 6-44 所示。

图 6-42　将“飞行”元件放置到舞台左侧

图 6-43　在第 50 帧将“飞行”元件放置到舞台右侧

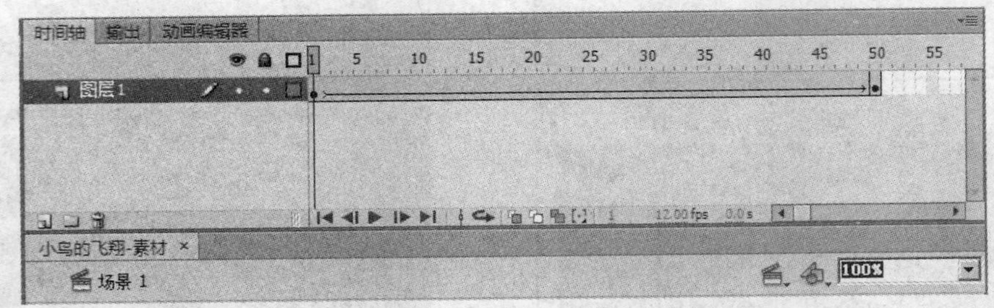

图 6-44　时间轴分布

3）至此，整个小鸟飞行动画制作完毕，下面执行菜单中的“控制 | 测试影片”（快捷键〈Ctrl+Enter〉）命令，打开播放器窗口，即可看到小鸟飞行的效果。

6.4　尘土效果

制作要点：

本例将制作《谁来救我》——《我要打鬼子》第 7 集中的角色跑步时身后飞起的尘土和尘土扩散效果，如图 6-45 所示。通过本例的学习，读者应掌握在 Flash 中制作飞起的尘土效果和尘土从产生到扩散的效果的方法。

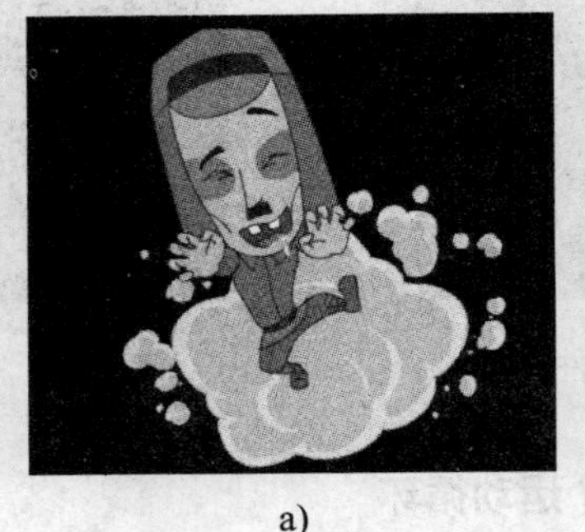

a)

图 6-45　尘土效果

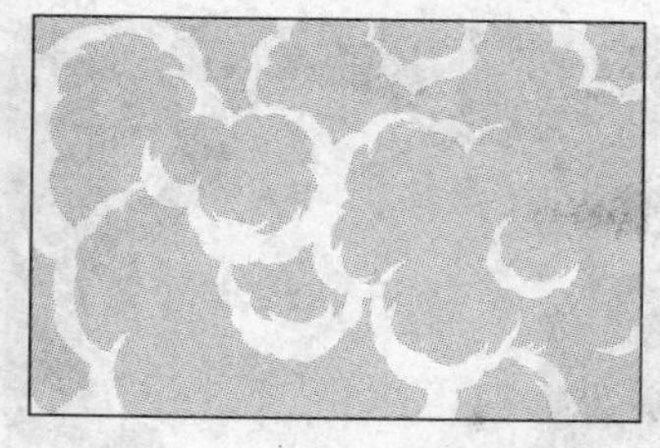
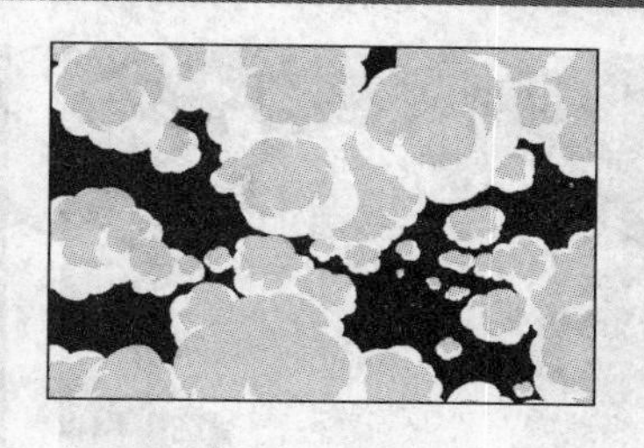

b)

图6-45 尘土效果（续）

a）角色跑步时身后飞起的尘土效果 b）尘土扩散效果

操作步骤：

1. 制作角色跑步时身后飞起的尘土效果

1）新建一个Flash（ActionScript 2.0）文件。

2）执行菜单中的“修改|文档”（快捷键〈Ctrl+J〉）命令，在弹出的“文档设置”对话框中设置“尺寸”为“720像素 ×576像素”，“背景颜色”为黑色（#000000），“帧频”为“25”，如图6-46所示，单击“确定”按钮。

3）执行菜单中的“插入|新建元件”（快捷键〈Ctrl+F8〉）命令，然后在弹出的对话框中设置如图6-47所示，单击“确定”按钮，进入“飞起的尘土”图形元件的编辑状态。

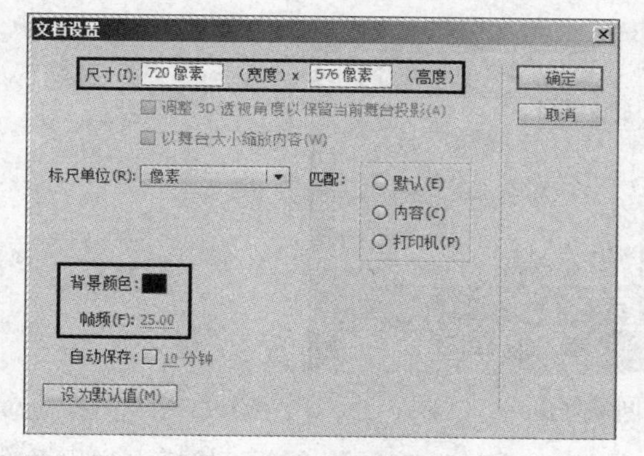

图6-46 设置文档属性

图6-47 新建“飞起的尘土”图形元件

4）在“飞起的尘土”图形元件中，为了充分表现尘土的随机状态，分别在第1~8帧绘制了8种尘土状态，如图6-48所示。此时时间轴分布如图6-49所示。

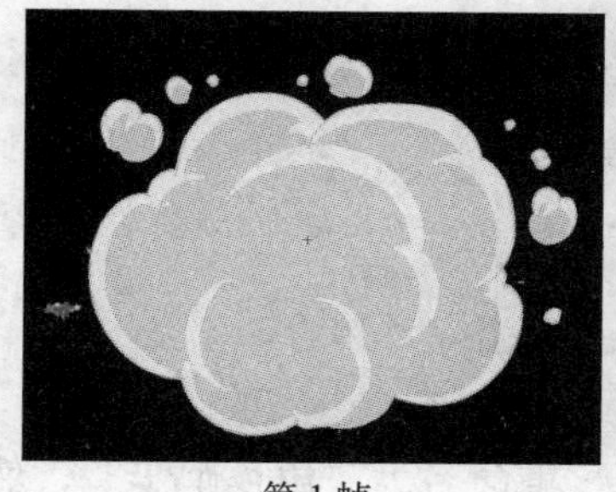

第1帧

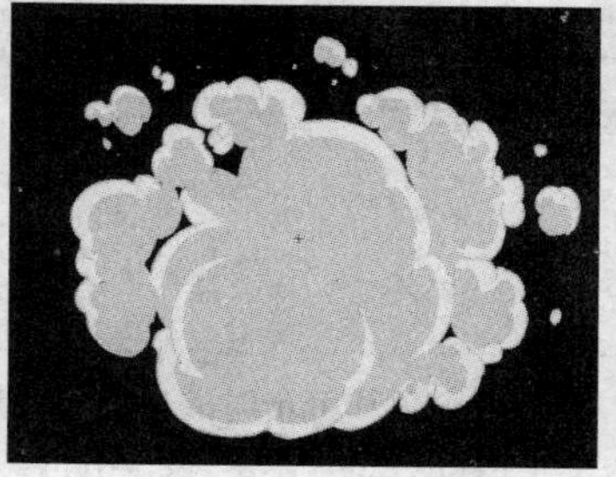

第2帧

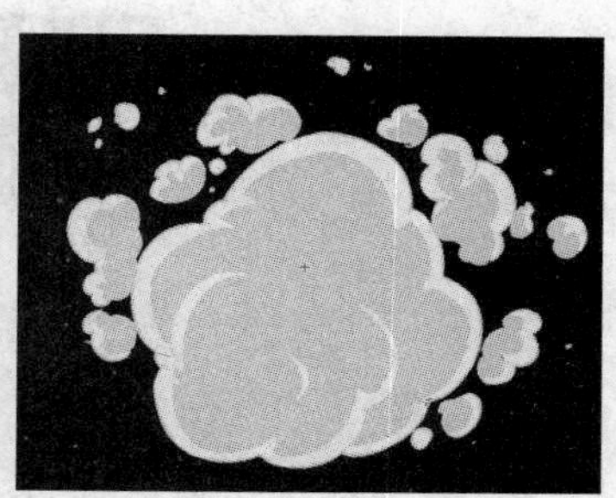

第3帧

图6-48 在不同帧绘制不同的尘土状态

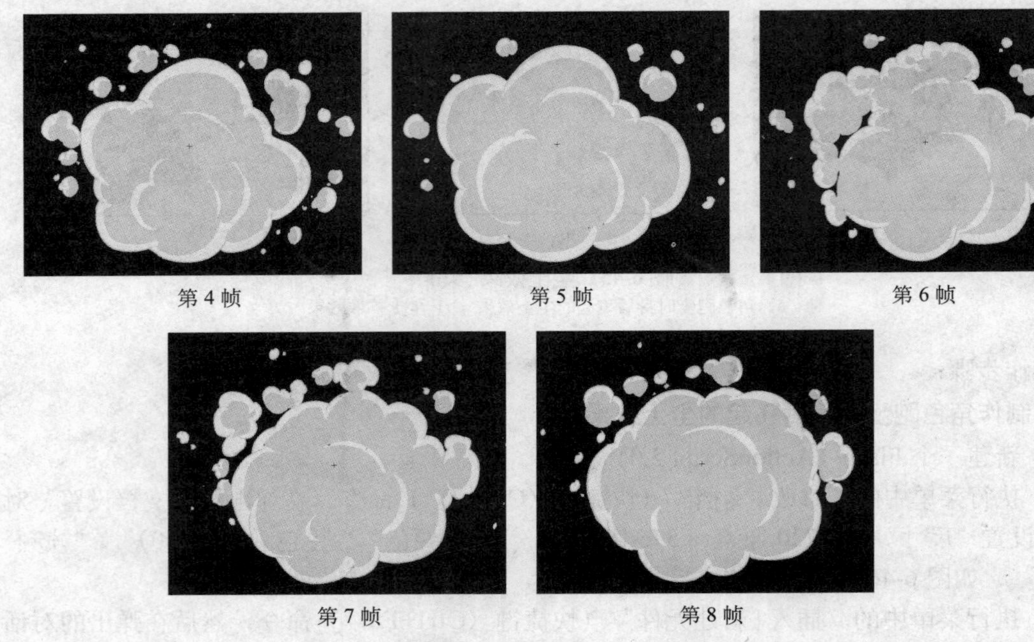

图 6-48　在不同帧绘制不同的尘土状态（续）

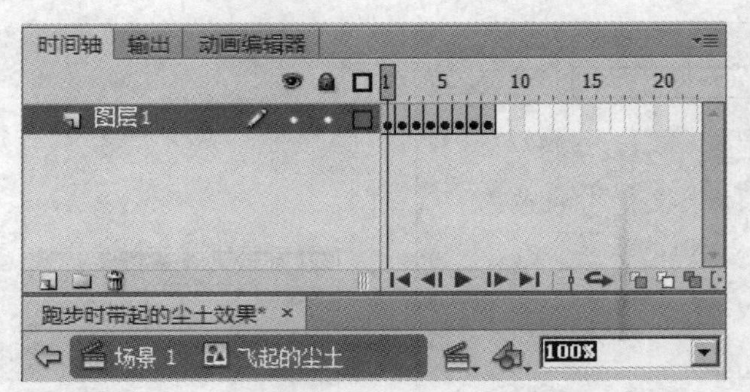

图 6-49　时间轴分布

5）执行菜单中的“插入 | 新建元件”（快捷键〈Ctrl+F8〉）命令，然后在弹出的对话框中进行如图 6-50 所示的设置，单击“确定”按钮，进入“角色和跑步时的尘土”图形元件的编辑状态。

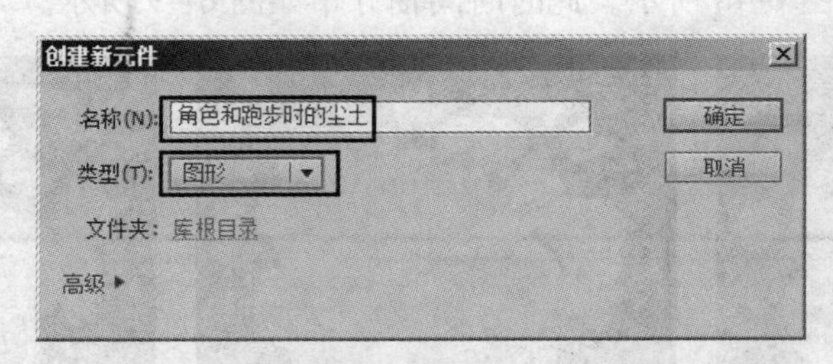

图 6-50　新建“角色和跑步时的尘土”图形元件

6）在“角色和跑步时的尘土”图形元件中，将“图层 1”重命名为“角色跑步”，然后将事先准备好的相关素材拼合成角色跑步时的左腿抬起的姿势，如图 6-51 所示。接着在第 4 帧按快捷键〈F6〉，插入关键帧，再将角色整体向上移动，从而制作出角色跑步时身体向上的姿态。

7）选择第 1 帧中的角色，按快捷键〈Ctrl+C〉进行复制。然后在第 7 帧按快捷键〈F7〉，插入空白的关键帧，再按快捷键〈Ctrl+Shift+V〉进行原地粘贴，如图 6-52 所示。接着选择角色头部以外的其余身体部分，执行菜单中的“修改 | 变形 | 水平翻转”命令，从而制作出角色右腿抬起的姿势，如图 6-53 所示。

图 6-51　拼合出角色跑步时的一个姿势

图 6-52　将第 1 帧的角色原地粘贴到第 7 帧

图 6-53　制作出角色右腿抬起的姿势

8）在第 10 帧，按快捷键〈F6〉，插入关键帧，然后将角色整体向上移动，从而制作出角色跑步时身体向上的姿态。接着在第 12 帧按快捷键〈F5〉，插入普通帧，从而使时间轴的总长度延长到第 12 帧。

9）新建“尘土”层，然后从库中将“飞起的尘土”图形元件拖入舞台。接着将其移动到“角色跑步”层的下面，再调整尘土的大小和位置，如图 6-54 所示。此时时间轴分布如图 6-55 所示。

图 6-54　调整尘土的大小和位置

图 6-55　“飞起的尘土”图形元件的时间轴分布

10）单击按钮，回到场景 1。然后从库中将“角色和跑步时的尘土”拖入舞台，接着在第 12 帧按快捷键〈F5〉，插入普通帧，从而使时间轴的总长度延长到第 12 帧。此时时间轴分布如图 6-56 所示。

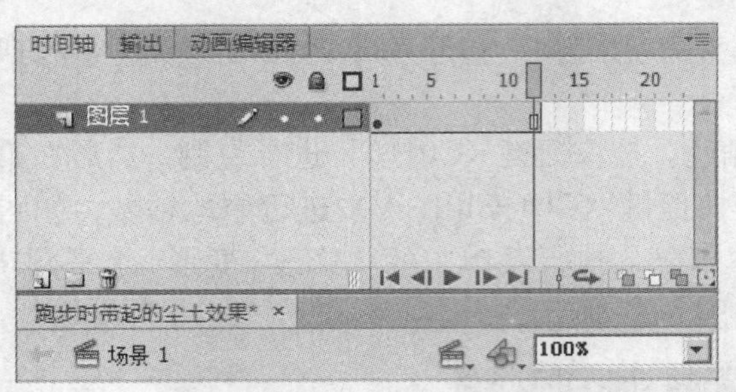

图 6-56　时间轴分布

11）至此，角色跑步时身后飞起的尘土效果制作完毕。下面按〈Ctrl+Enter〉快捷键测试影片，即可看到效果，如图 6-45a 所示。图 6-57 为 Flash 动画片《我要打鬼子》中的中岛捉鸡时后面扬起的尘土效果。

图 6-57　Flash 动画片《我要打鬼子》中的中岛捉鸡时身后扬起的尘土效果

2. 制作尘土从产生到扩散的效果

1）新建一个 Flash（ActionScript 2.0）文件。

2）执行菜单中的“修改 | 文档”（快捷键〈Ctrl+J〉）命令，在弹出的“文档设置”对话框中设置“尺寸”为“720 像素 ×576 像素”，“背景颜色”为黑色（#000000），“帧频”为“25”，如图 6-58 所示，单击“确定”按钮。

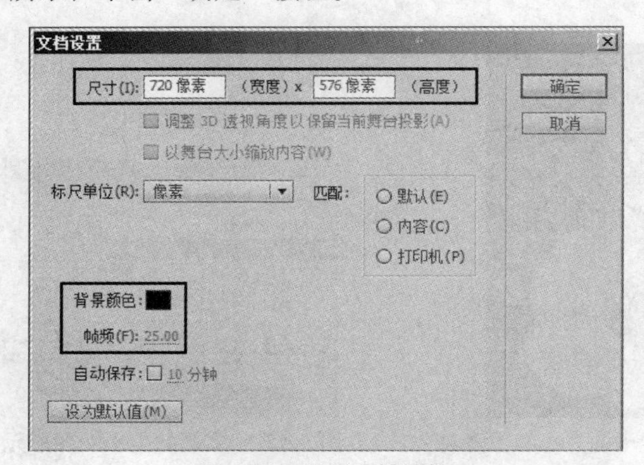

图 6-58　设置文档属性

3）为了充分表现出尘土扩散的效果，下面采用逐帧绘制的方法在第 1~20 帧绘制 20 种尘土扩散状态，如图 6-59 所示。

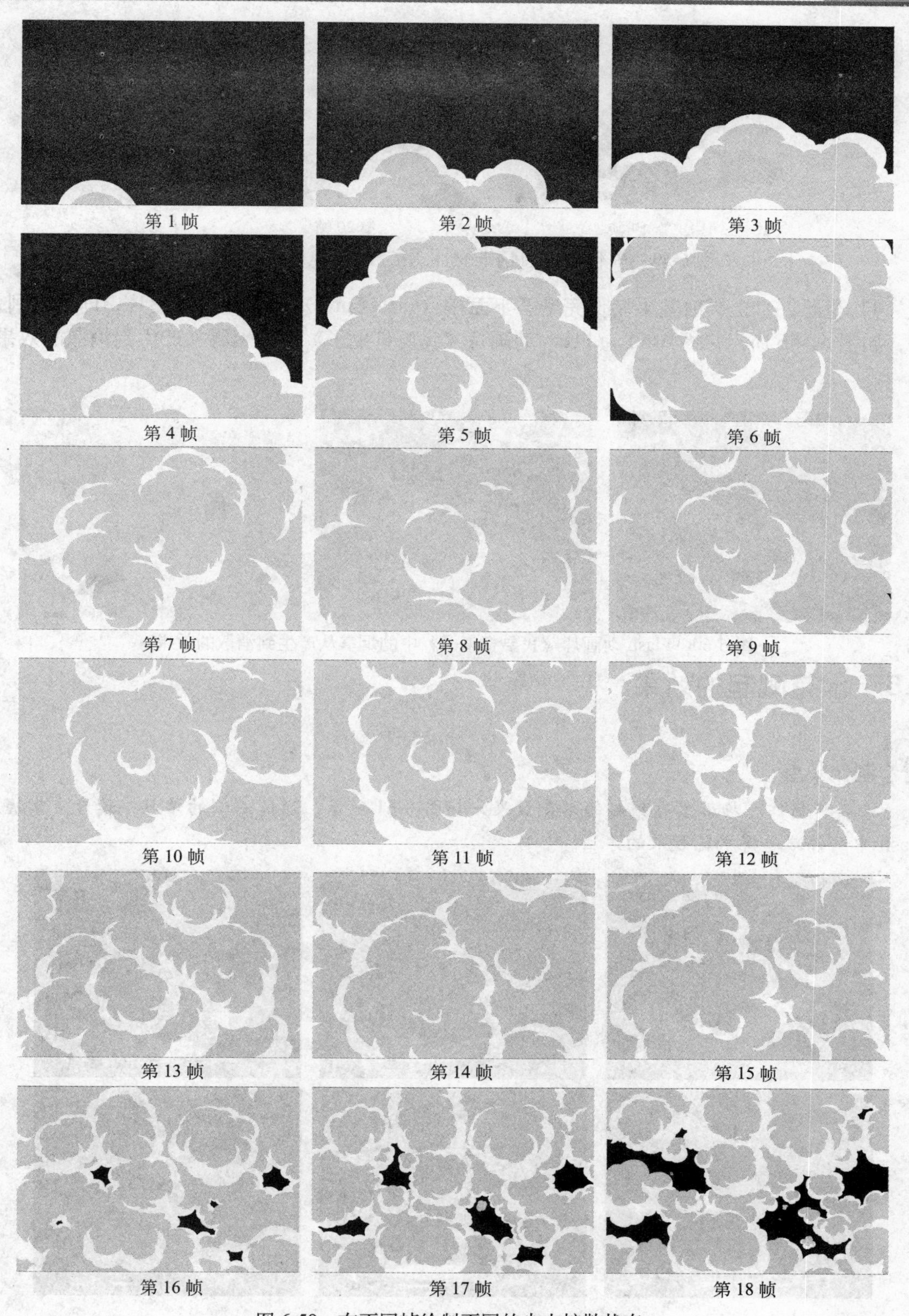

图 6-59　在不同帧绘制不同的尘土扩散状态

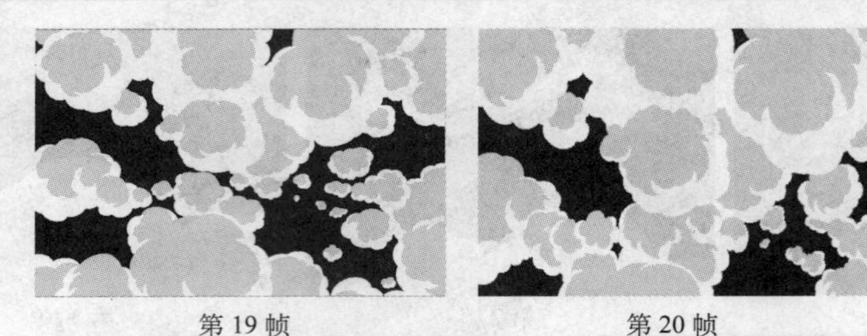

第19帧　　第20帧

图6-59　在不同帧绘制不同的尘土扩散状态（续）

4）至此，尘土扩散效果制作完毕。下面按〈Ctrl+Enter〉快捷键测试影片，即可看到效果，如图6-45b所示。图6-60为Flash动画片《我要打鬼子》中的烟雾从产生到消散的效果。

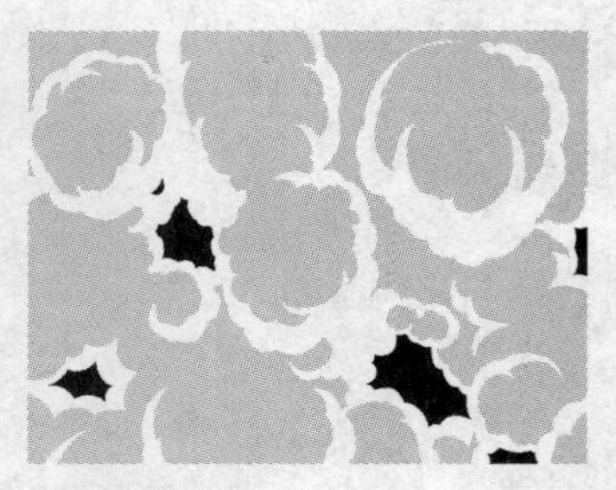

图6-60　Flash动画片《我要打鬼子》中的烟雾从产生到消散的效果

6.5　水花溅起的效果

制作要点：

本例将制作人物落水后溅起的水花效果，如图6-61所示。通过本例的学习，读者应掌握在Flash中制作溅起得水花效果的方法。

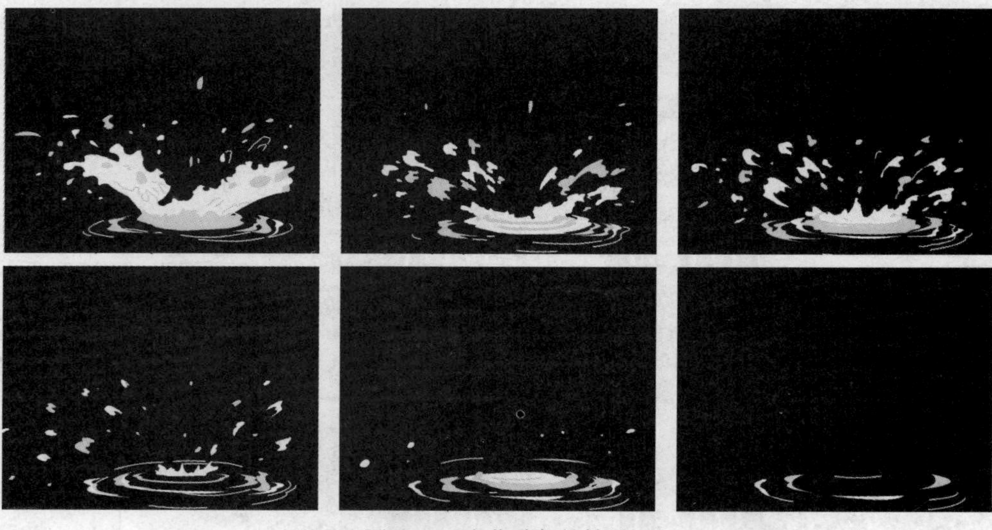

图6-61　水花溅起的效果

操作步骤：

1. 制作“水花”图形元件

1）新建一个Flash（ActionScript 2.0）文件。

2）执行菜单中的“修改|文档”（快捷键〈Ctrl+J〉）命令，在弹出的“文档设置”对话框中设置“尺寸”为“720像素 ×576像素”，“背景颜色”为“深蓝色（#000033）”，“帧频”为“25”，如图6-62所示，单击“确定”按钮。

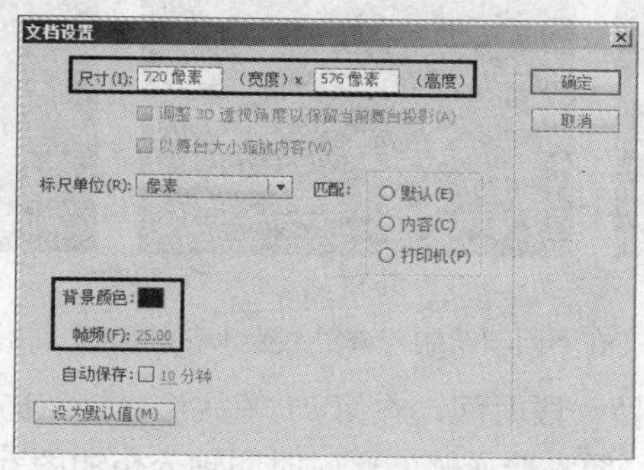

图6-62 设置文档属性

3）执行菜单中的“插入|新建元件”（快捷键〈Ctrl+F8〉）命令，然后在弹出的对话框中进行如图6-63所示的设置，单击“确定”按钮，进入“水花”图形元件的编辑状态。

4）在“水花”图形元件中，利用工具箱中的（铅笔工具）绘制作为溅起水花的轮廓图形，然后将其填充为白色，接着利用（刷子工具）绘制浅蓝色的图形，从而使溅起的水花具有立体感，如图6-64所示。

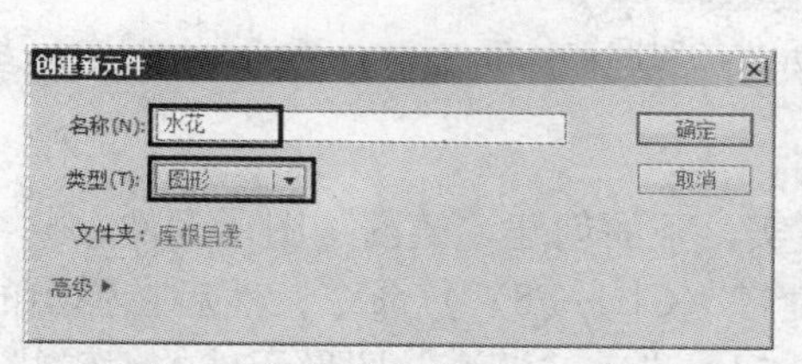

图6-63 新建“水花1”图形元件

图6-64 绘制溅起水花形状

5）分别在第3帧、第5帧、第7帧、第9帧、第11帧、第13帧、第15帧、第17帧、第19帧按快捷键〈F6〉插入关键帧，然后根据溅起水花的运动规律分别绘制并调整这些帧中水花的形状，如图6-65所示。

第3帧

第5帧

第7帧

图6-65 在不同帧绘制并调整溅起水花的形状

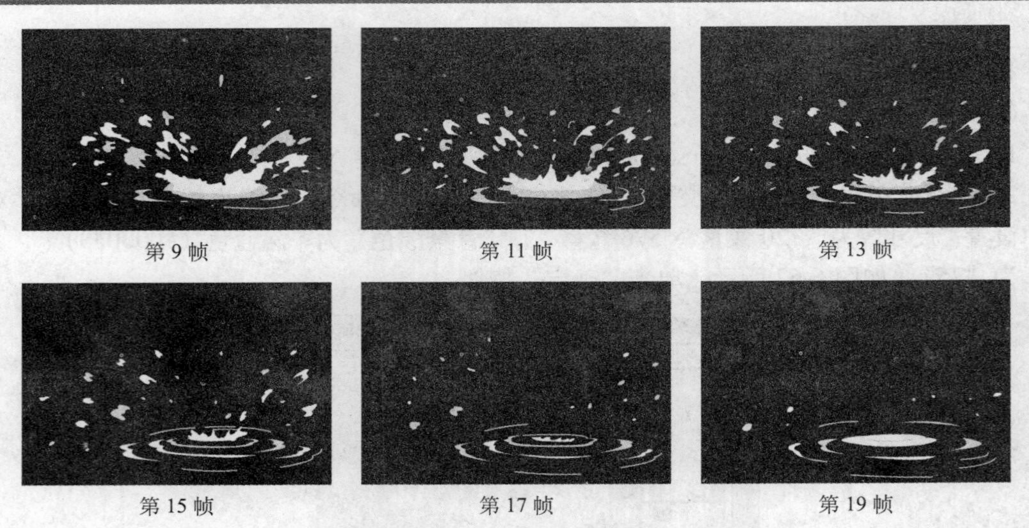

图 6-65　在不同帧绘制并调整溅起水花的形状（续）

6）为了使水花落下后停留一段时间，在第 21 帧按快捷键〈F7〉，插入空白关键帧，然后在第 40 帧按快捷键〈F5〉，插入普通帧，此时时间轴分布如图 6-66 所示。

图 6-66　“水花”图形元件的时间轴分布

2. 制作“涟漪”图形元件

为了使溅起的水花落下后的涟漪效果更加真实，下面创建“涟漪”图形元件。

1）执行菜单中的“插入 | 新建元件”（快捷键〈Ctrl+F8〉）命令，然后在弹出的对话框中进行如图 6-67 所示的设置，单击“确定”按钮，进入“涟漪”图形元件的编辑状态。

2）在“涟漪”图形元件中，利用工具箱中的 （刷子工具）绘制涟漪图形，如图 6-68 所示。

图 6-67　新建“涟漪”图形元件

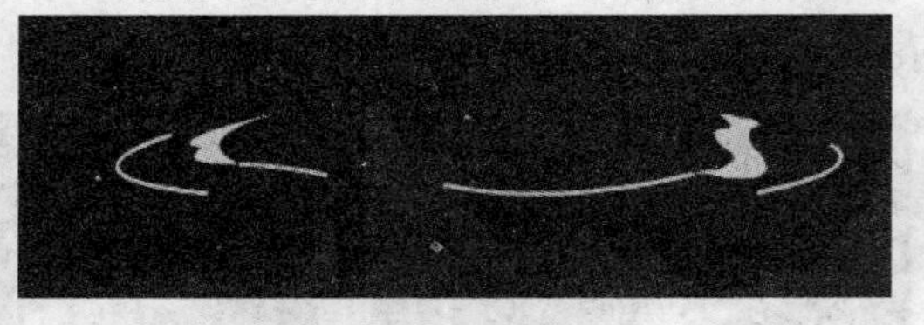

图 6-68　绘制涟漪图形

3）分别在第 3 帧、第 5 帧、第 7 帧、第 9 帧、第 11 帧和第 13 帧按快捷键〈F6〉，插入关键帧，然后分别绘制并调整这些帧中涟漪的形状，如图 6-69 所示。接着在第 14 帧按快捷键〈F5〉，插入普通帧，此时时间轴分布如图 6-70 所示。

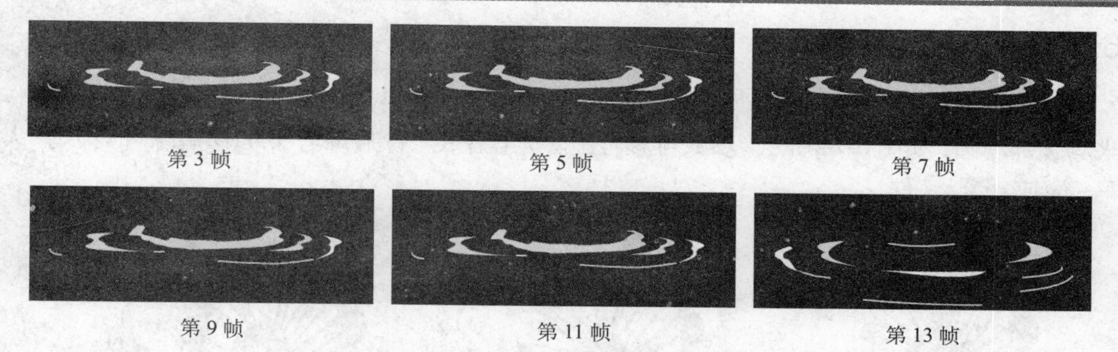

图 6-69 在不同帧绘制并调整涟漪的形状

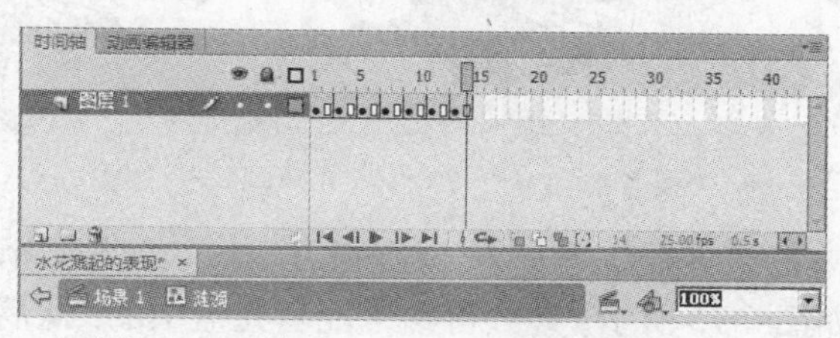

图 6-70 “涟漪”图形元件的时间轴分布

3. 拼合水花溅起的效果

1）单击 场景 1 按钮，回到“场景 1”。然后从库中将“水花”和“涟漪”图形元件拖入舞台，放置位置如图 6-71 所示。接着在时间轴的第 35 帧，按快捷键〈F5〉，插入普通帧，此时时间轴分布如图 6-72 所示。

图 6-71 将“水花”和“涟漪”图形元件拖入舞台

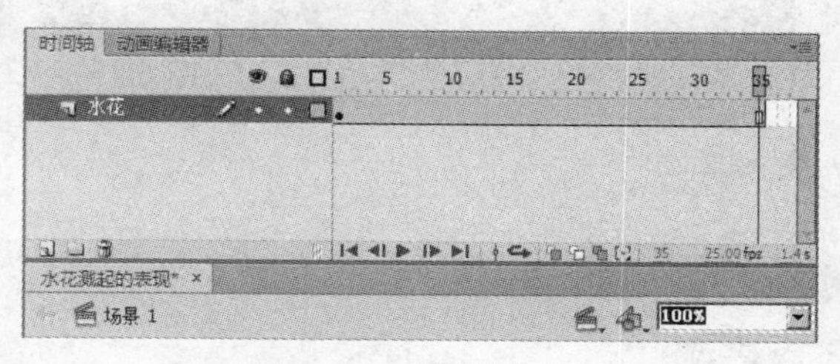

图 6-72 时间轴分布

2）至此，水花溅起的效果制作完毕。下面按〈Ctrl+Enter〉快捷键测试影片，即可看到水花溅起的效果，如图 6-61 所示。图 6-73 为 Flash 动画片《我要打鬼子》中的中岛落水后溅起的水花效果。

图 6-73 中岛落水后溅起的水花效果

6.6 课后练习

（1）利用配套光盘中的“课后练习 \6.6 课后练习 \ 火鸡 \ 火鸡 - 素材 .fla”文件，制作火鸡头部动画，如图 6-74 所示。参数可参考配套光盘中的“课后练习 \6.6 课后练习 \ 火鸡 \ 火鸡 - 完成 .fla”文件。

图 6-74　火鸡头部动画

（2）利用配套光盘中的“课后练习 \6.6 课后练习 \ 大鸟的飞翔 \ 飞翔 - 素材 .fla”文件，制作大鸟的飞翔动画，如图 6-75 所示。参数可参考配套光盘中的“课后练习 \6.6 课后练习 \ 大鸟的飞翔 \ 飞翔 - 完成 .fla”文件。

图 6-75　大鸟的飞翔动画

第7章 《城市·夜晚·奇遇》动作动画完全解析

本章重点

本章将结合前面各章的相关知识，理论联系实际，从剧本编写和角色设计开始制作一个完整的 Flash 动画片。通过本章的学习，读者应掌握以下内容：

■ 动作动画作品的剧本编写
■ 动作动画的角色定位与设计
■ 动作动画的素材准备
■ Flash 动作动画的创作阶段
■ 作品合成与输出

7.1 剧本编写

由于本作品属于动作类动画，为了表现细腻的动画，本章大部分采用逐帧的方式来对动画进行创作。这种方式对创作者在角色造型、场景设计以及动作结构等方面都有较高的要求。

本剧剧本大致如下：

1）傍晚时分，在一条空空荡荡的大街上，一位胖先生牵着他的小狗悠然自得地漫步着。通常情况下，狗是跑在主人前面的，而剧中的小狗似乎更喜欢呆在家里，不情愿和主人出来散步，所以是被主人拖着走的。

2）在一个遍布垃圾桶的角落里，一个劫匪隐藏在墙的后面等待着他的猎物出现。

3）突然他发现了胖先生正朝着这个方向走来，劫匪咧着嘴得意地笑了。心里想到：“哈哈，一只大肥鸽。”

4）胖先生对眼前的危险毫无察觉，当走到劫匪面前时，劫匪看准时机，大吼一声，跳了出来，伸手拦住了胖先生的去路，并向他要钱。

5）胖先生并没有意识到眼前这个大块头是来打劫的，还很礼貌地向劫匪打招呼。

6）胖先生是个吝啬鬼，以为他是无家可归的可怜人，因此只从兜里掏了一分钱，扔到劫匪手中。

7）劫匪一看，手里只有一分钱，大怒，把钱扔了，然后给了胖先生一拳。胖先生被击中之后只是摇晃了一下，并没有倒地。

8）劫匪见状，又补上一拳，此时胖先生被打倒在地，帽子也被打掉了。

9）胖先生此时才意识到眼前的这个大块头是个劫匪，不是无家可归的可怜人。胖先生愤怒地咧着嘴，四下找他的狗，一看他的狗就在眼前，立刻命令他的狗冲上去咬歹徒。

10）这只胆小的狗看看对面的大块头劫匪，又抬眼看看自己的主人，权衡形势后，做出了第一个决定：坐在原地。

11）胖先生看到狗的这种举动大怒，心想：“我天天给你好吃好喝，关键时刻你却如此胆小。”于是挥起拳头照着狗的脑袋敲了一下，狗被打得眼珠乱转。

12）胖先生再次打手势命令他的狗冲上去咬劫匪，小狗做出了第二个决定：起立。

13）劫匪看到胖先生不但不给钱，还要放狗咬他，立刻掏出了手枪。胖先生先是一愣，然后咧嘴讨好地向劫匪笑了，心想：“我要稳住他。”

14）小狗一见劫匪掏出枪，又做出了第三个决定：保命要紧，赶快坐下。

15）胖先生想用他的三脚猫功夫将劫匪的枪踢掉，结果劫匪的枪没有被踢掉，自己的鞋却飞上了天。

16）小狗诧异地看了看主人那只剩袜子的脚，然后抬眼看看主人。

17）劫匪大吼：“少耍花样，赶快把钱掏出来，否则，我就开枪了。”

18）此时胖先生踢出去的鞋在空中划了一个直线又径直地掉了下来，打在了劫匪的手上。劫匪的枪走火向空中开了一枪。

19）劫匪四周环顾，发现没有惊动旁人，继续向胖先生要钱。

20）劫匪走火飞出的子弹，刚好击中了太空望远镜。太空望远镜从天空坠落将劫匪砸扁。

21）胖先生看到被太空望远镜砸扁的劫匪开始感到很惊讶，然后微笑地抬起一只手指向天空，此时出现文字标识“完”，至此整个动画结束。

7.2 角色定位与设计

一部动画片中，角色所起的作用是不可估量的，它是动画中不可忽视的重要组成部分。

在一部动画片中，角色的缺陷所造成的后果是致命的，人们很难想象一个丝毫不能引起观众共鸣的角色所发生的故事会吸引人。没有一个导演会忽视动画里的角色造型，造型是一部动画片的基础。从某个角度来说，动画片的角色造型相当于传统影片中的演员，演员的选择将直接导致影片的成败，由此可见，角色造型在动画片中的重要性。

在包含多个角色的动画片中，角色设定要有各自的典型特征和总体比例关系。本部动画片包括胖先生、小狗和劫匪三个角色。其中胖先生的特征是：肥胖、吝啬；小狗的特征是：懒惰、胆小；劫匪的特征是：强壮、凶悍。他们高与矮、胖与瘦、大与小形成强烈反差，如图 7-1 所示。

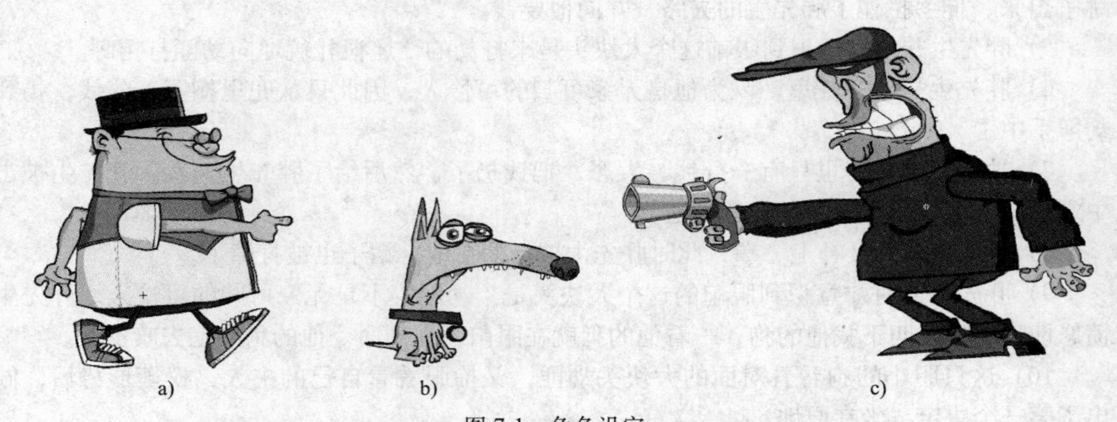

图 7-1 角色设定
a) 胖先生 b) 小狗 c) 劫匪

7.3 素材准备

本例素材准备分为角色和场景两个部分，均是通过 Flash 绘制完成的。

1. 胖先生角色素材准备

胖先生角色的基本素材处理后的结果，如图 7-2 所示。

图 7-2 胖先生角色的基本素材

提示：耳朵之所以成为一个单独的元件，是因为胖先生的帽子在没有被劫匪打掉前会挡住头部的耳朵，此时需要一个耳朵元件放在帽子元件之上，否则耳朵会被帽子元件遮挡，如图 7-3 所示。

图 7-3 耳朵被帽子元件遮挡

胖先生角色的表情和动作都很丰富，所以有很多用于表情和动作的素材，图 7-4 为胖先生的表情素材，图 7-5 为胖先生的动作素材。

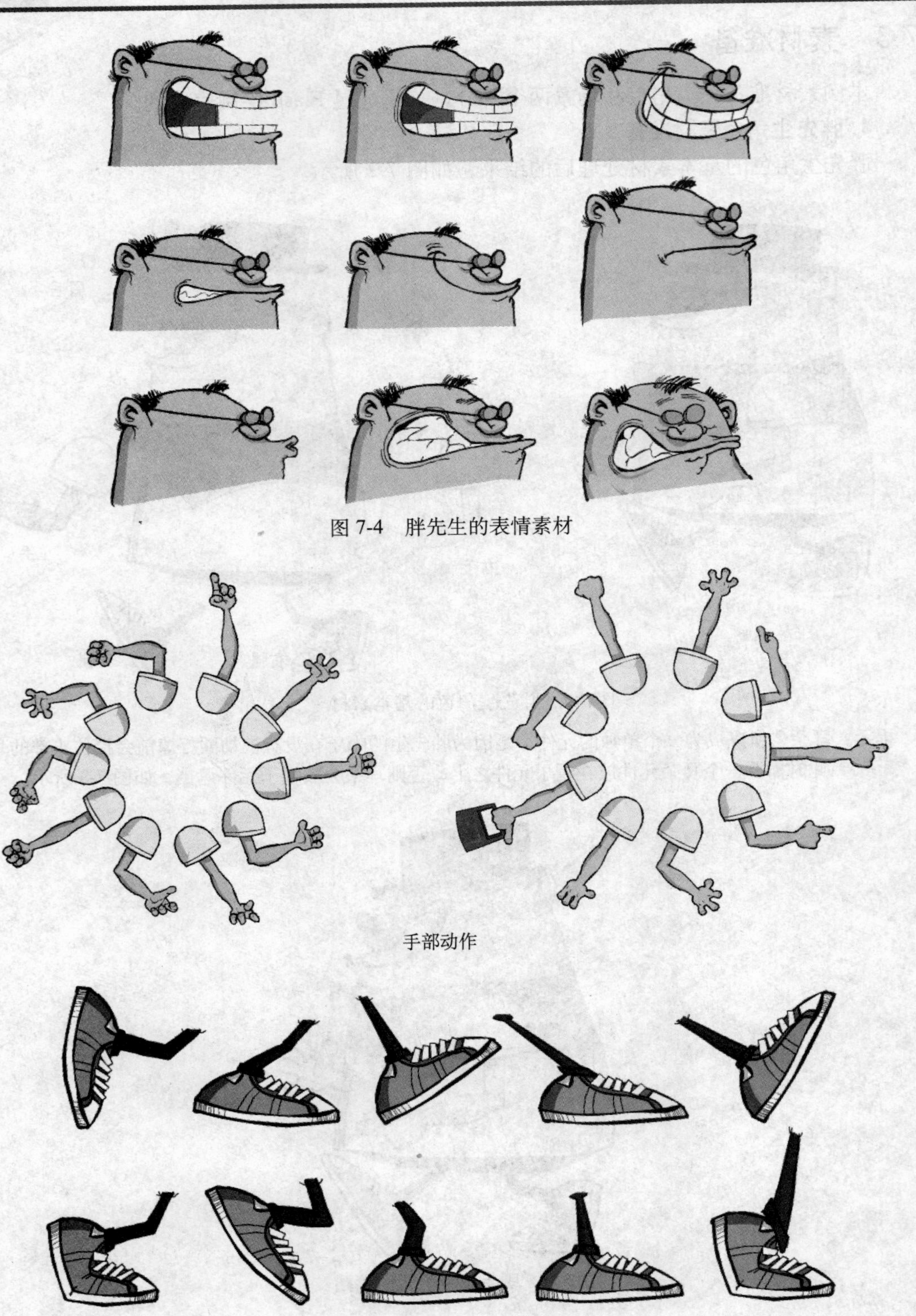
图 7-4　胖先生的表情素材

手部动作

腿部动作

图 7-5　胖先生的动作素材

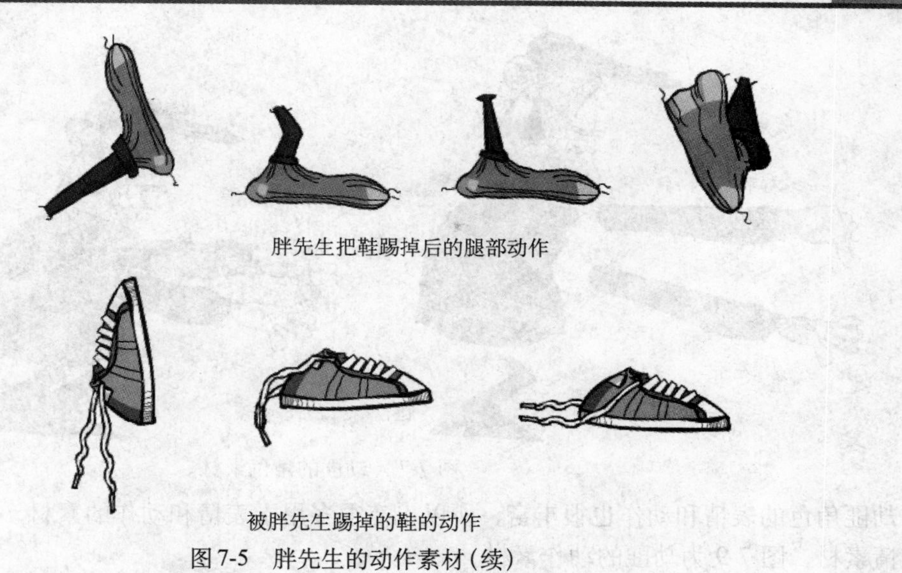

图 7-5 胖先生的动作素材(续)

2. 小狗角色素材准备

小狗角色的表情和动作较少，素材处理后的结果，如图 7-6 所示。

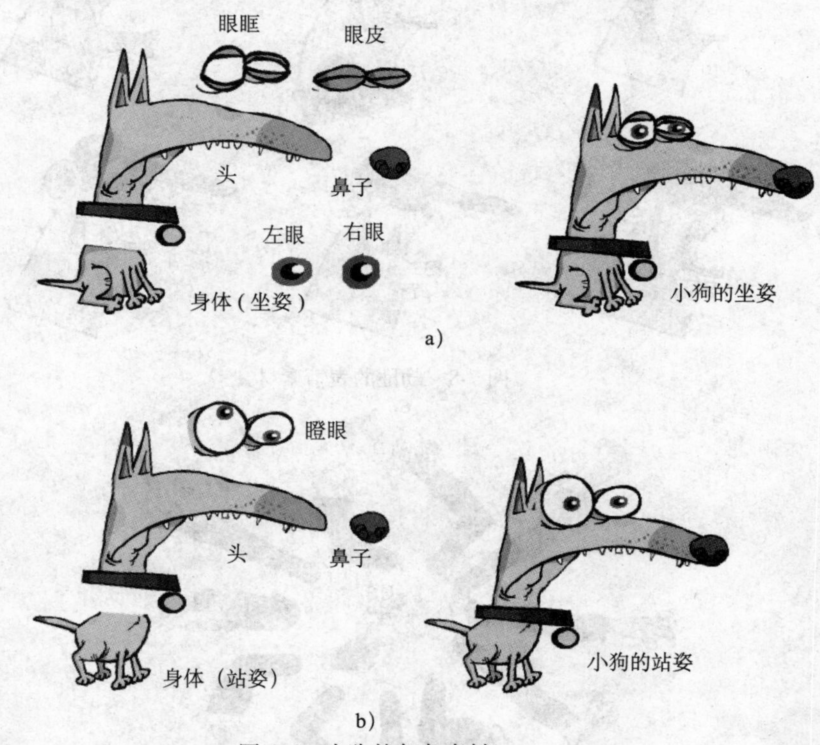

图 7-6 小狗的角色素材

a）小狗的坐姿素材 b）小狗的站姿素材

3. 劫匪角色素材准备

劫匪角色的基本素材处理后的结果，如图 7-7 所示。

图 7-7　劫匪的角色素材

劫匪角色的表情和动作也很丰富，所以也有很多用于表情和动作的素材，图 7-8 为劫匪的表情素材，图 7-9 为劫匪的动作素材。

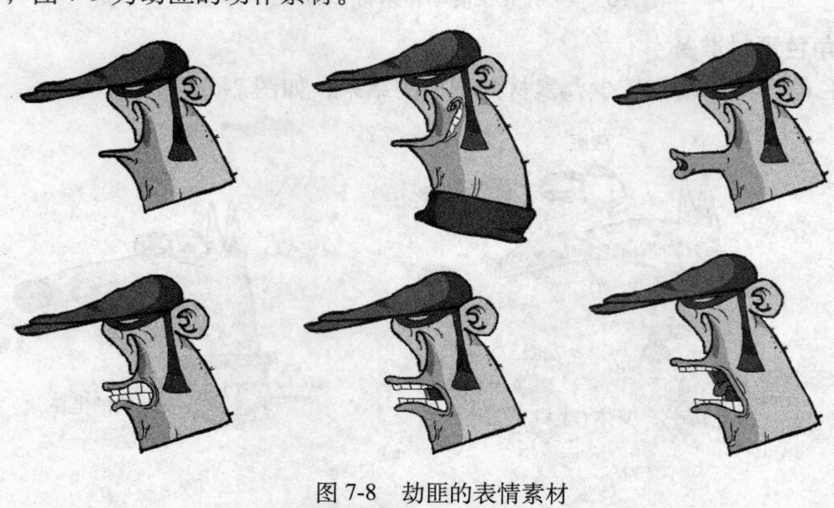
图 7-8　劫匪的表情素材

a)
图 7-9　劫匪的动作素材

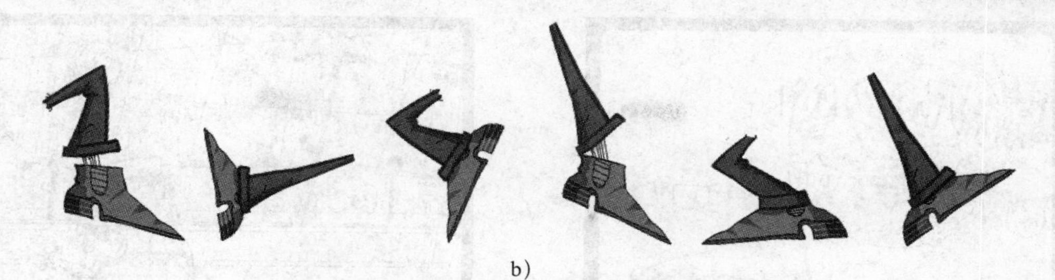

b）

图 7-9 劫匪的动作素材（续）
a）手的动作 b）腿的动作

4. 场景素材准备

本例中的场景素材由"街道 1"、"街道 2"和"街道 3"构成，如图 7-10 所示。

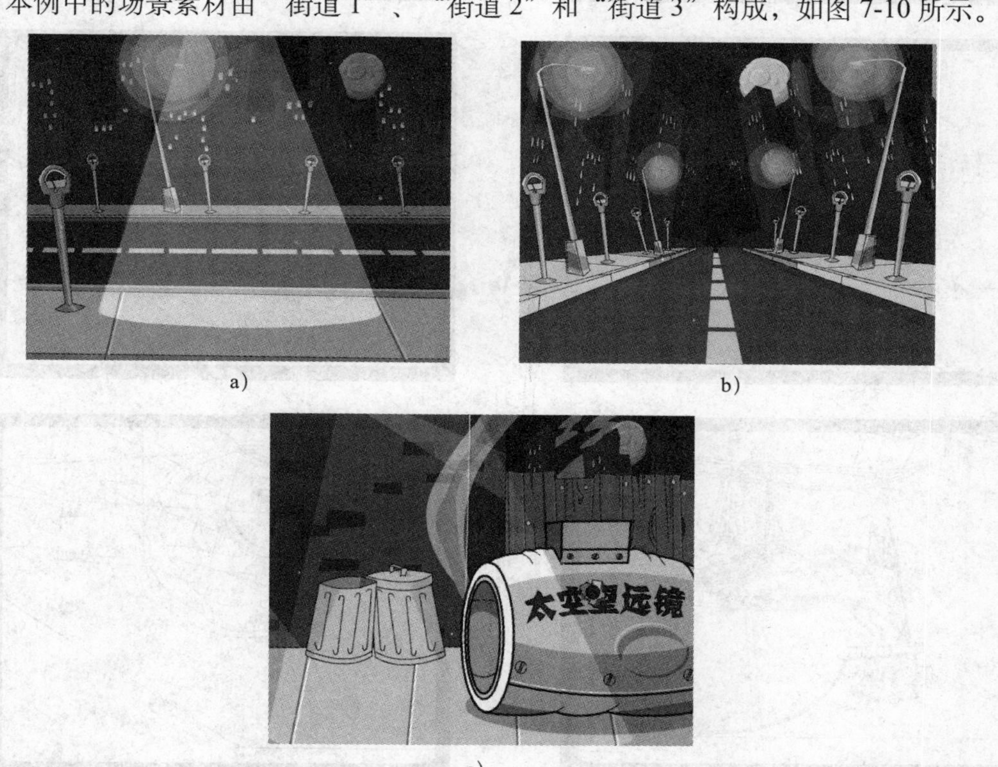

a） b）

c）

图 7-10 场景素材准备
a）街道 1 b）街道 2 c）街道 3

7.4 制作阶段

在剧本编写、角色定位与设计都已完成后，接下来就是 Flash 动画制作阶段。Flash 动画制作阶段又分为绘制分镜头和原动画制作两个环节。

7.4.1 分镜头绘制

文字剧本是用文字讲故事，绘制分镜头就是用画面讲故事了。观察文字剧本中的每一句话，都可以用一个或多个镜头来表现。图 7-11 为本实例的几个主要的分镜头效果。

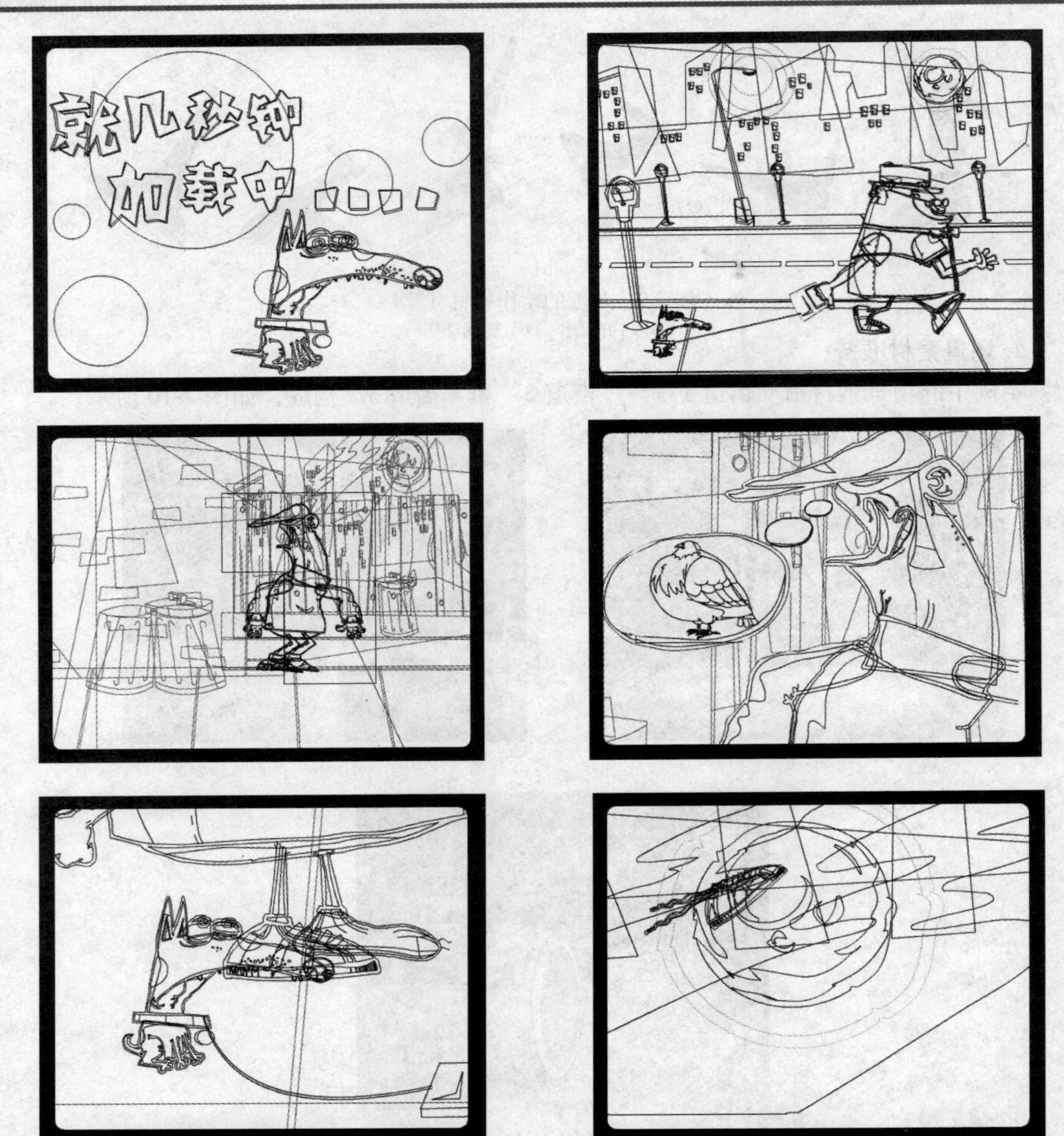

图 7-11　主要的分镜头效果

7.4.2　原动画制作

本例原动画的制作分为加载动画、序幕动画、主题动画 3 个部分。

1. 制作加载动画

加载动画是进入序幕和主题动画前的载入动画。制作这段动画的具体操作步骤如下。

1）本例制作的动画是要在 PAL 制电视上播放，因此要将文件大小设为 720 像素 ×576 像素。具体设置方法如下：执行菜单中的“文件 | 新建”命令，新建一个 Flash 文件（Action Script 2.0）。然后执行菜单中的“修改 | 文档”命令，在弹出的“文档设置”对话框中进行如图 7-12 所示的设置，单击“确定”按钮。

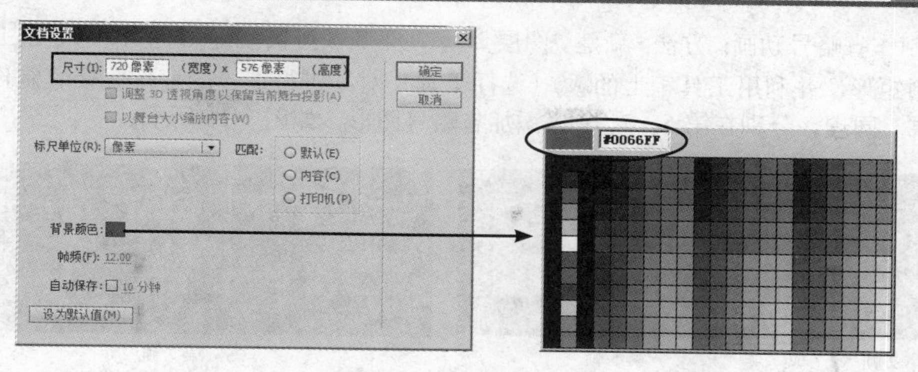

图 7-12 设置文档大小

2）为了美化背景，下面选择工具箱上的（椭圆工具），设置笔触颜色为，填充色为浅黄色（#FFFF66），配合〈Shift〉键，在舞台上绘制 6 个大小不同的圆形，如图 7-13 所示。

图 7-13 设置背景

3）制作文字。方法：执行菜单中的“插入 | 新建元件”（快捷键〈Ctrl+F8〉）命令，在弹出的对话框中进行如图 7-14 所示的设置，单击“确定”按钮。然后在舞台中输入文字“就几秒钟加载中”，颜色为橘黄色（#FF6600）。接着复制两个文字造型，并将其中一个移动到左上角，再将颜色设置为浅黄色（#FFFF00），作为高光色。最后将另一个复制后的文字造型移动到右下角，再将颜色设置为黑色（#000000），作为阴影色。再选中所有文字，执行菜单中的“修改 | 分离”（快捷键〈Ctrl+B〉）命令，将文字分离为图形，结果如图 7-15 所示。

提示：将文字分离为图形的目的是为了防止在其他计算机上进行再次编辑时，出现字体替换的错误。

图 7-14 新建“加载”元件

图 7-15 分离后的文字效果

4）制作省略号动画。方法：新建“图层2”，在第2帧按快捷键〈F7〉，插入空白关键帧。然后绘制矩形，并利用工具箱上的 （选择工具）对其进行适当的变形。接着制作高光和阴影效果。同理，分别在第5、7、9帧添加省略号图形，如图7-16所示。

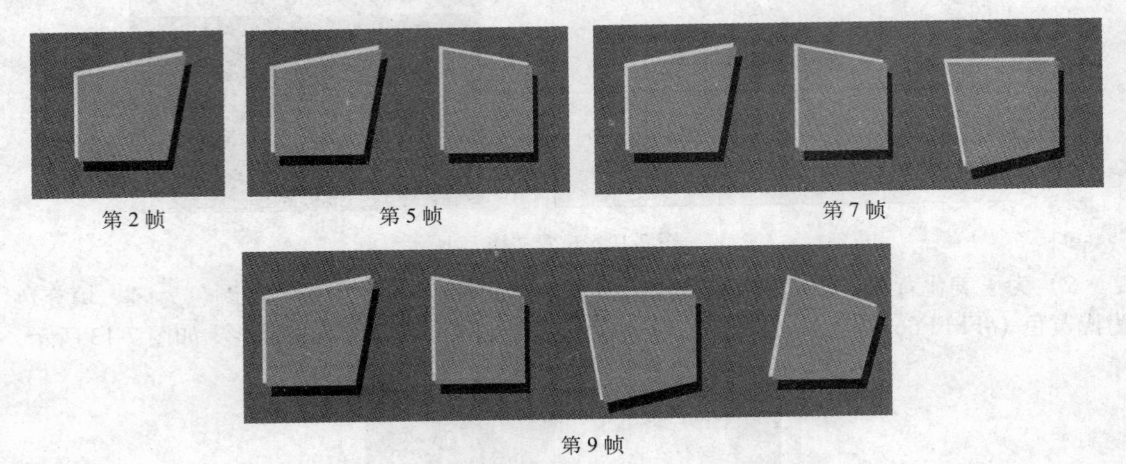

图7-16 在不同帧添加省略号图形

5）重复省略号动画。方法：配合〈Shift〉键，选中“图层2”的第1~9帧，然后单击右键，从弹出的快捷菜单中选择“复制帧”命令。接着在“图层2”的第11帧单击右键，从弹出的快捷菜单中选择“粘贴帧”命令，此时时间轴如图7-17所示。

6）目前动画只有19帧，而预计加载动画需要50帧，为了让载入动画能够连续播放，下面要将“加载”元件的帧数设为25帧。方法：右击“图层2”的第19帧，从弹出的快捷菜单中选择“复制帧”命令，然后在第21帧按快捷键〈F7〉，插入空白关键帧。接着右击第23帧，从弹出的快捷菜单中选择“粘贴帧”命令。最后同时选中“图层1”和“图层2”的第25帧，按快捷键〈F5〉，插入普通帧，从而将两个图层的时间轴总长度延长到25帧。此时时间轴分布如图7-18所示。

提示：由于“加载”场景中的总帧数预计是50帧，而此元件只有25帧，可以反复播放两次，而不会出现跳帧情况。

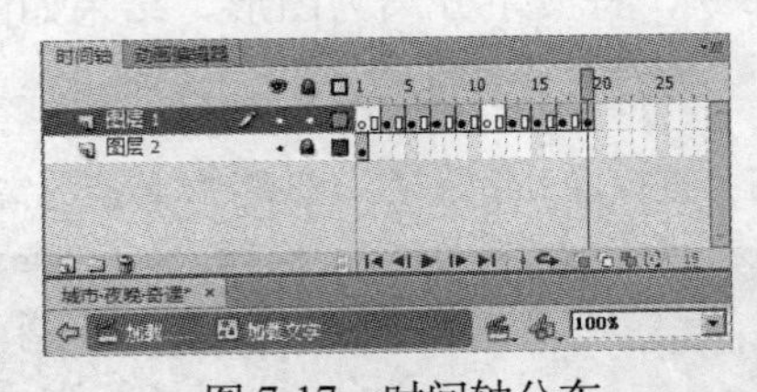

图7-17 时间轴分布

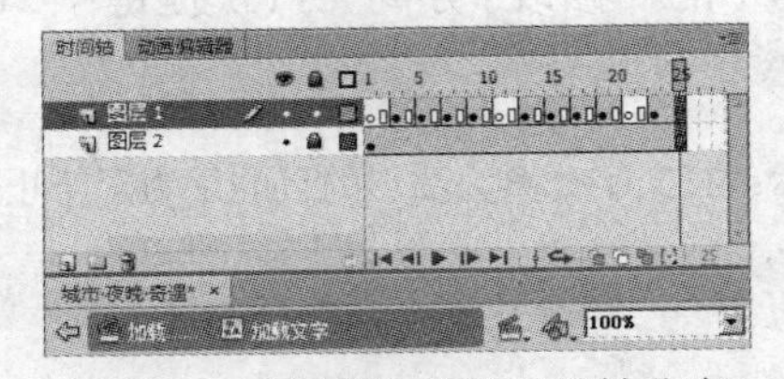

图7-18 “加载”元件时间轴分布

7）制作小狗动画。小狗动画分为摇尾、眨眼和呼吸3个小动画。

- 制作小狗摇尾动画。方法：在前面素材准备时已经完成了小狗“身体 - 坐姿”静止元件的制作，为了让小狗能够摇动尾巴，下面对该元件进行动画处理。首先在库中双击“身体 - 坐姿”静止元件，此时在第1帧会显示图形，如图7-19所示。然后在第10帧按快捷键〈F6〉，插入关键帧，并调整尾巴的形状，如图7-20所示。接着将第 1 帧复制到第 13 帧，第 10 帧复制到第 16 帧，从而使小狗摇尾两次。最后在第 20 帧按快捷键〈F5〉，从而将时间轴的长度延长到第 20 帧。此时时间轴分布如图 7-21 所示。

图 7-19　第 1 帧的图形

图 7-20　第 13 帧的图形

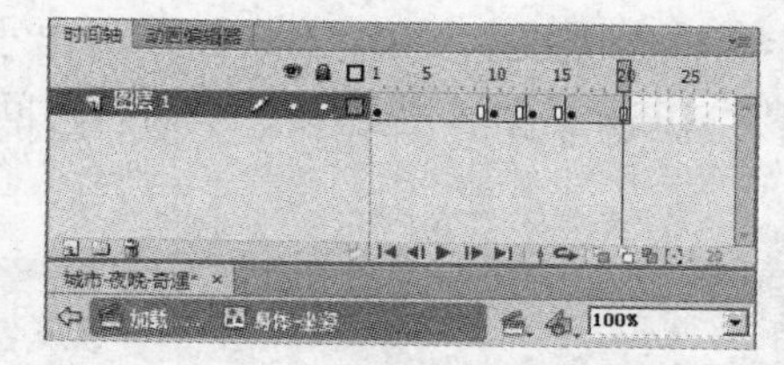

图 7-21　“身体 - 坐姿”元件时间轴分布

- 制作小狗眨眼动画。方法：执行菜单中的“插入 | 新建元件”（快捷键〈Ctrl+F8〉）命令，在弹出的快捷菜单中进行如图 7-22 所示的设置，单击“确定”按钮。然后从“库”面板中将事先准备好的“眼皮 1”“左眼”“右眼”元件拖入，并调整位置，如图 7-23 所示。接着在第 14 帧按快捷键〈F7〉，插入空白关键帧，从“库”面板中将“眼皮 2”元件拖入，如图 7-24 所示。最后在第 15 帧，按快捷键〈F5〉插入普通帧，从而将时间轴的长度延长到第 15 帧。此时时间轴分布如图 7-25 所示。

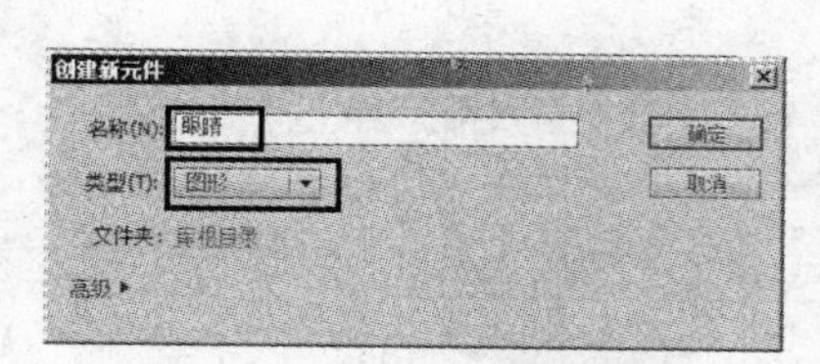

图 7-22　新建“眨眼”元件

图 7-23　调整元件位置

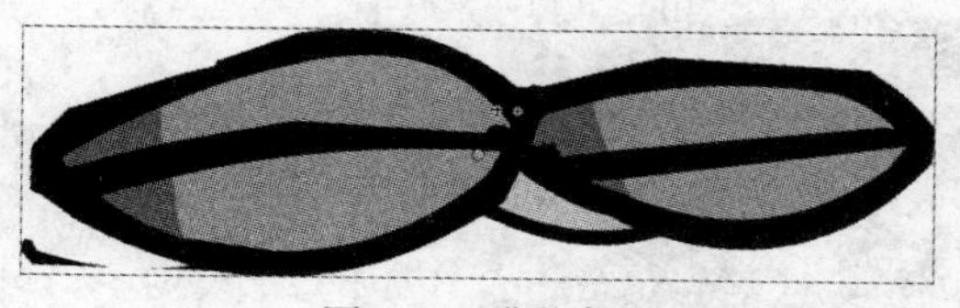

图 7-24　“眼皮 2”元件

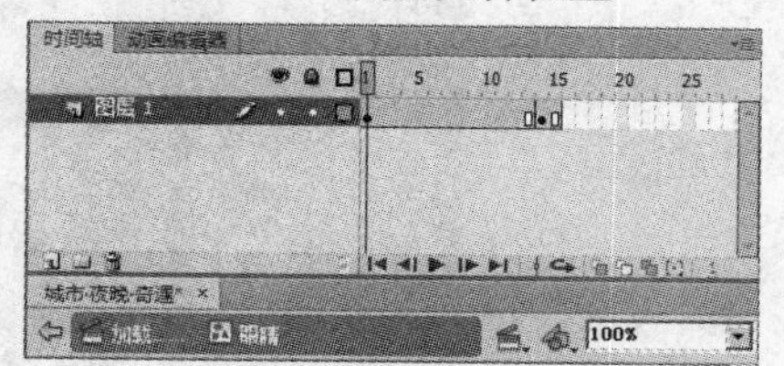

图 7-25　“眼睛”元件时间轴分布

- 制作小狗呼吸动画。方法：执行菜单中的“插入 | 新建元件”（快捷键〈Ctrl+F8〉）命令，在弹出的快捷菜单中进行如图 7-26 所示的设置，单击“确定”按钮。然后从“库”面板中将事先准备好的“身体 - 坐姿”“头”和“鼻子”元件拖入。接着新建“眼睛”层，从“库”面板中将“眼睛”元件拖入，并调整位置，如图 7-27 所示。

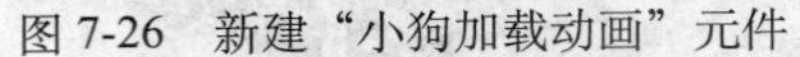

图 7-26　新建“小狗加载动画”元件

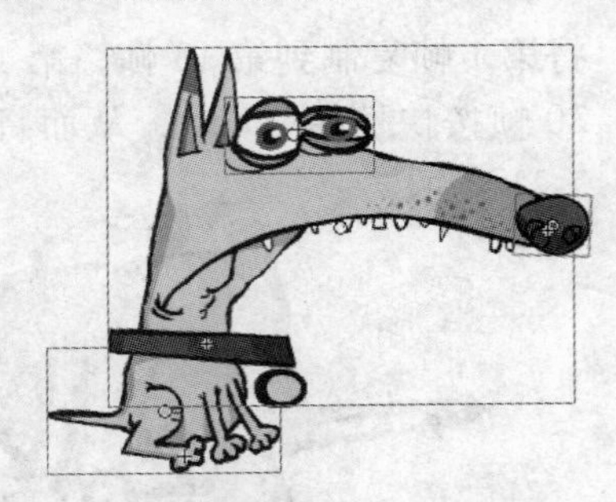

图 7-27　调整元件位置

分别在“小狗”的第 11、13、15、17 帧，按快捷键〈F6〉，插入关键帧，然后将第 11 帧和第 13 帧的“鼻子”元件调整为原来的 130%，从而制作出小狗呼吸的效果。接着选中两个图层的第 50 帧，按快捷键〈F5〉，插入普通帧，从而将时间轴的长度延长到第 50 帧。此时时间轴如图 7-28 所示。

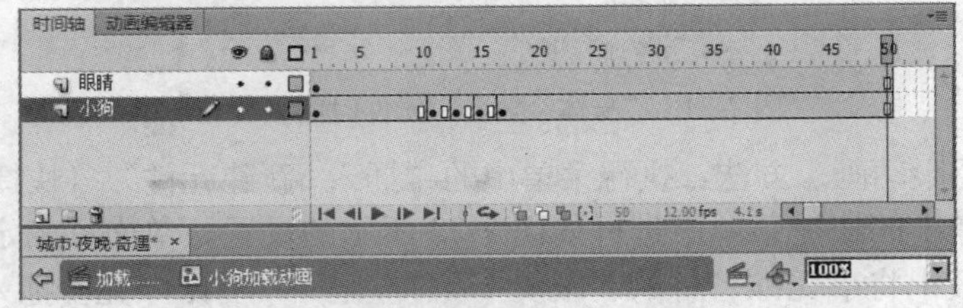

图 7-28　“小狗加载动画”元件时间轴分布

8）完成最终加载动画。方法：单击 加载 按钮，回到“加载”场景。然后新建“文字”层，将“加载文字”元件拖入舞台。接着再新建“狗狗”层，将“小狗加载动画”元件拖入舞台。最后同时选中 3 个图层的第 50 帧，按快捷键〈F5〉，插入普通帧，从而将时间轴的长度延长到第 50 帧，结果如图 7-29 所示。

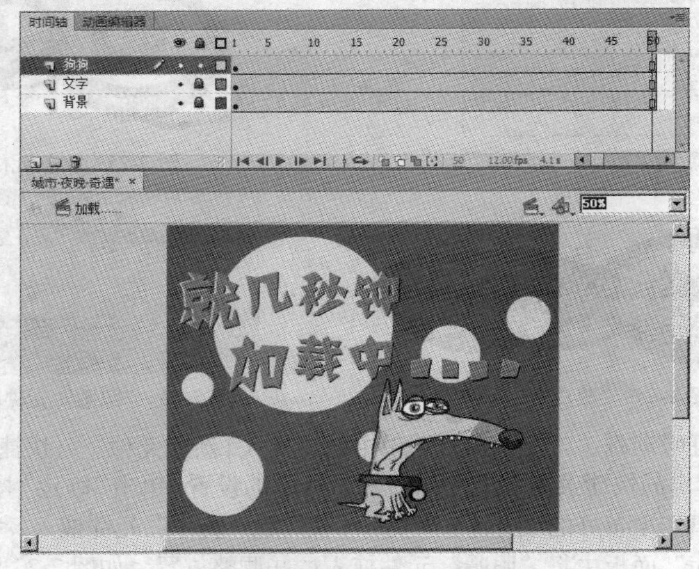

图 7-29　“加载”场景最终效果

2. 制作序幕动画

序幕动画描写的是胖先生夜晚时分在大街上牵着宠物狗散步的情节。这段动画分为两个镜头，一个镜头是胖先生沿着马路散步，中间穿插了一个字幕标题；另一个镜头是胖先生横穿马路。

制作序幕动画的具体操作步骤如下。

(1) 制作胖先生沿着马路散步，中间穿插了一个字幕标题的动画

1）在场景面板中新建"序幕"场景，如图 7-30 所示。

2）将"图层 1"重命名为"街道"，然后从库中将"场景"文件夹中的"街道 1"元件拖入舞台，并放置到适当位置，如图 7-31 所示。接着在第 200 帧按快捷键〈F5〉，插入普通帧，使时间轴长度延长到 200 帧。

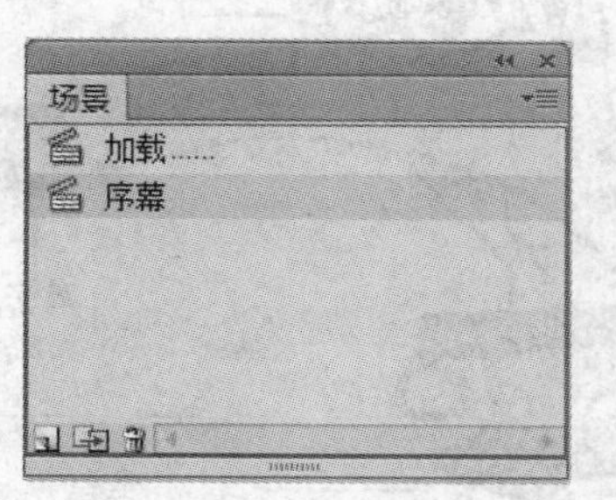

图 7-30　新建"序幕"场景

图 7-31　新建"街道"图层

3）在"序幕"场景中新建"光效"层，然后将库中的"光效 1"元件拖入舞台，放置位置如图 7-32 所示。

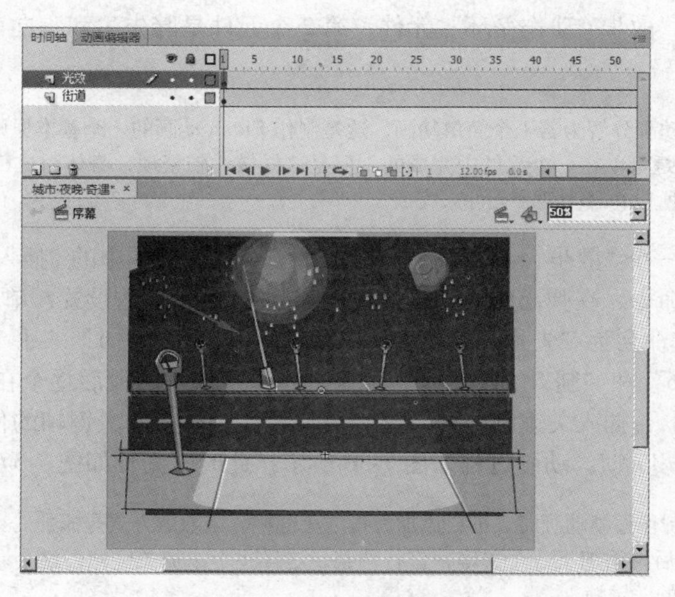

图 7-32　新建"光效"层

提示：之所以将“街道”和“光效”分为两层，并将“光效”层始终保持在除“字幕”和“标题”层以外的其他层的上方，是为了让剧中所有角色始终笼罩在路灯的体积光之下。

4）制作宠物狗的动画。正如在剧本中阐述的那样，这条宠物狗似乎不愿意和他的主人一起散步，实际上它是被拖着走的，所以没有行走动作，在此制作的只是它眨眼和摇尾的动作。方法：执行菜单中的“插入 | 新建元件”（快捷键〈Ctrl+F8〉）命令，在弹出的对话框中进行如图 7-33 所示的设置，单击“确定”按钮。然后从库中将“身体 - 坐姿”“头”“鼻子”和“眼睛”元件拖入舞台，组合并调整位置，如图 7-34 所示。

提示：在前面“加载”场景中已经制作了“小狗加载动画”元件，但是该元件有 50 帧，过长，不适合在行走动作中使用。所以此时应重新创建一个“小狗”元件。

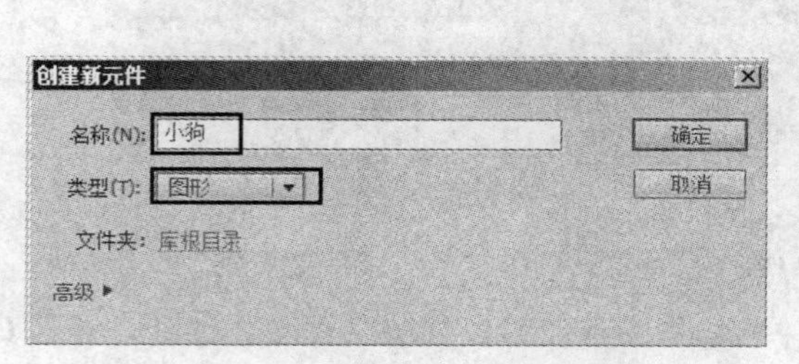

图 7-33　新建“小狗”元件

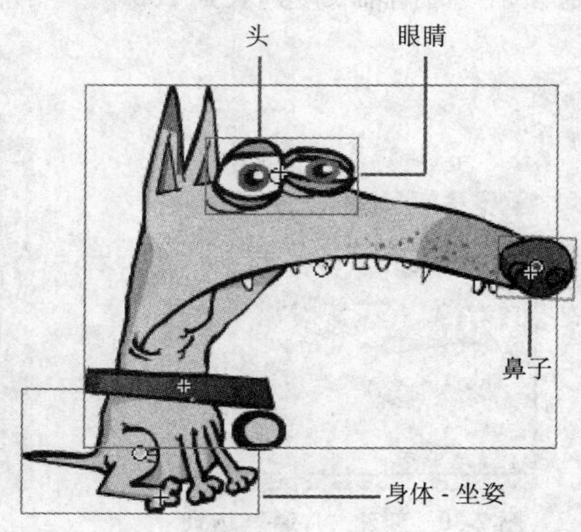

图 7-34　组合元件并调整位置

5）制作胖先生牵着狗走路的动画。这部分动画分两个元件来完成，第 1 个元件是胖先生和狗原地走路的“散步 - 动作循环”元件；第 2 个元件是胖先生和狗向前移动的“散步 - 移动”元件。

提示：将一个复杂动画分解为若干个简单动画，这是制作 Flash 动画的一个基本原则。胖先生牵着狗走路动画本来是可以在一个元件中完成的，但是这样做比较繁琐，身体组成部分的元件众多，不便于管理。所以，分为两个元件来完成。

6）首先制作第一个“散步 - 动作循环”元件。方法：执行菜单中的“插入 | 新建元件”（快捷键〈Ctrl+F8〉）命令，在弹出的对话框中进行如图 7-35 所示的设置，单击“确定”按钮。然后将“图层 1”重命名为“先生”。接着从“库”面板中将“头 1”“手 15”“手 1”“帽子”“身体”“腿 6”和“腿 8”元件拖入舞台，并调整位置。最后逐个在前一关键帧的基础上按快捷键〈F6〉，插入关键帧，并调整和更换元件。添加的关键帧的位置分别为第 3、5、7、11、13、15、17 帧，动画过程如图 7-36 所示。此时时间轴如图 7-37 所示。

提示：利用 Flash 制作逐帧动画时，需要添加大量的关键帧，采取的方式是添加一个关键帧后进行相应的调整，然后再添加下一个关键帧进行调整。这样逐个添加关键帧，逐个调整。而不是一次性的添加所有的关键帧。

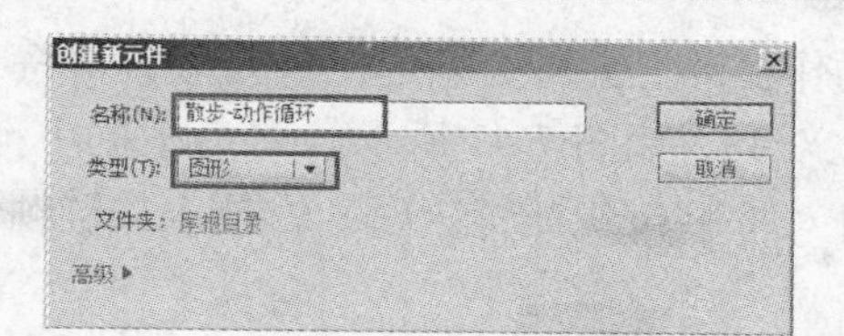

图 7-35 新建“散步 - 动作循环”元件

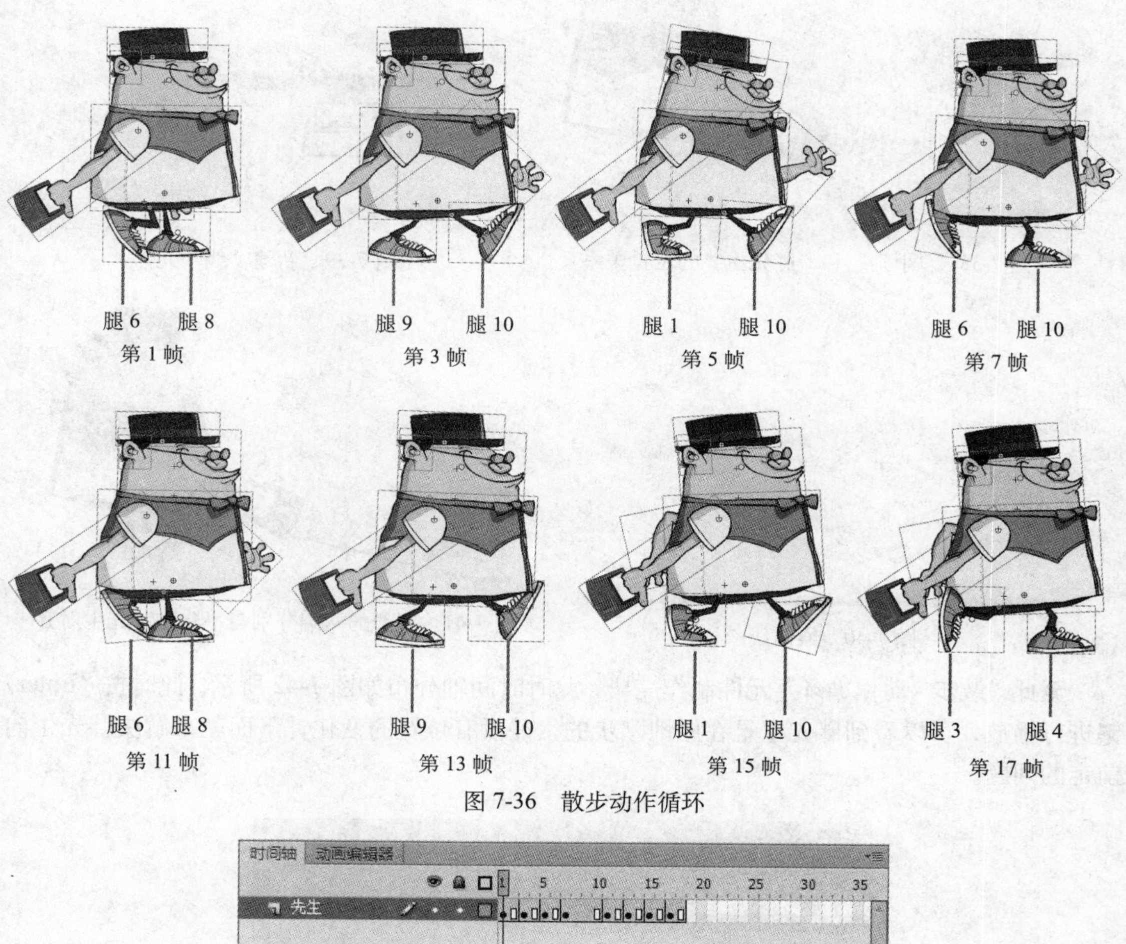

图 7-36 散步动作循环

图 7-37 时间轴分布

在“散步 - 动作循环”元件中新建“狗狗”层，然后从“库”面板中将“小狗”元件拖入舞台，并放置到适当位置，如图 7-38 所示。

执行菜单中的“插入|新建元件”（快捷键〈Ctrl+F8〉）命令，在弹出的对话框中设置参数，如图 7-39 所示，单击“确定”按钮。然后利用（铅笔工具）在“线”元件中绘制线，如图 7-40

所示。接着回到“散步 - 动作循环”元件，新建“线”层，再将“线”元件拖入舞台，并将其两端分别与小狗和胖先生对齐，如图 7-41 所示。最后根据小狗和胖先生牵狗的手的位置，分别在第 3、5、7、11、13、15 帧按快捷键〈F6〉，插入关键帧，并逐帧调整线的位置。

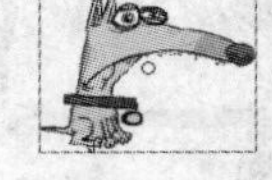

图 7-38　“小狗”和“胖先生”的位置关系

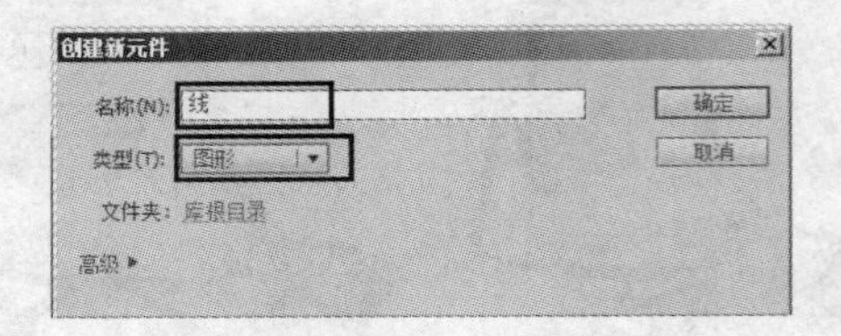

图 7-39　新建“线”元件

图 7-40　绘制线

图 7-41　将线的两端分别与小狗和胖先生对齐

至此“散步 - 动作循环”元件制作完毕，此时时间轴分布如图 7-42 所示。此时按〈Enter〉键进行播放，可以看到胖先生是在原地踏步的，并没有位置的变化，下面就来解决胖先生向前走的问题。

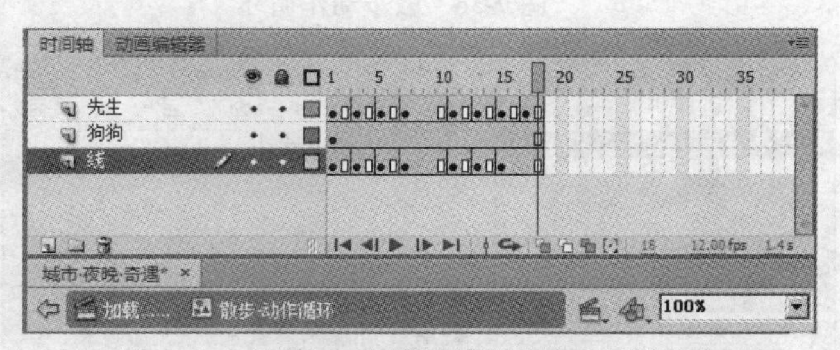

图 7-42　“散步 - 动作循环”元件时间轴分布

7）制作第 2 个“散步 - 移动”元件，这一步制作的关键在于要把握脚的位置变化。方法：执行菜单中的“插入 | 新建元件”（快捷键〈Ctrl+F8〉）命令，在弹出的对话框中进行如图 7-43 所示的设置，单击“确定”按钮。然后从库中将“散步 - 动作循环”元件拖入舞台，并放置到适当位置。为了准确把握脚步和身体的移动，下面按快捷键〈Alt+Ctrl+Shift+R〉，调出标尺。接着从标尺处拖动出辅助线，放在胖先生左脚前面，如图 7-44 所示。

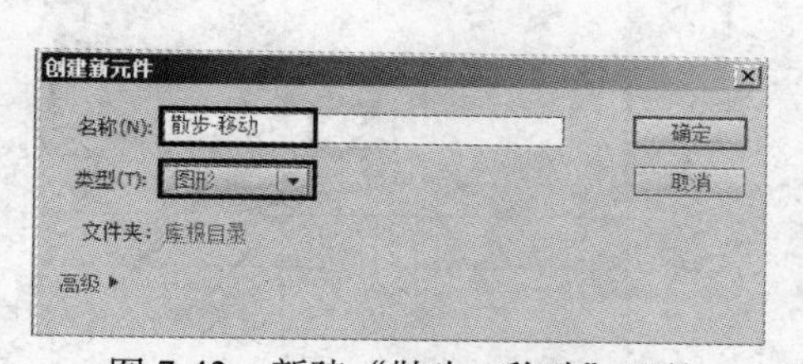

图 7-43　新建“散步 - 移动”元件

图 7-44　拉出辅助线与左脚脚尖对齐

分别在第 3 帧和第 5 帧，按快捷键〈F6〉，插入关键帧，并向前移动“散步 - 动作循环”元件，注意保持左脚的位置不变，如图 7-45 所示。

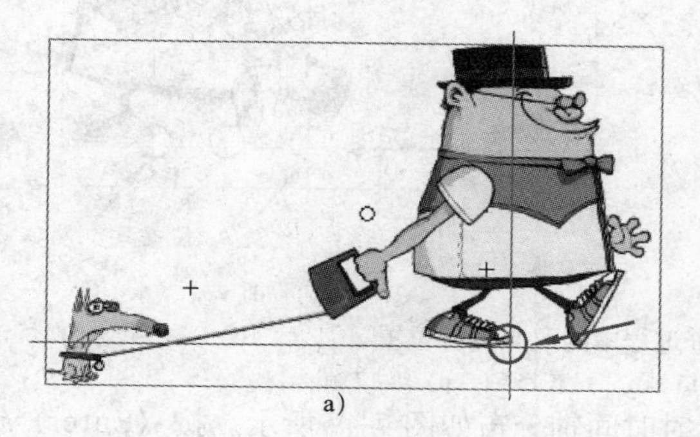

a)

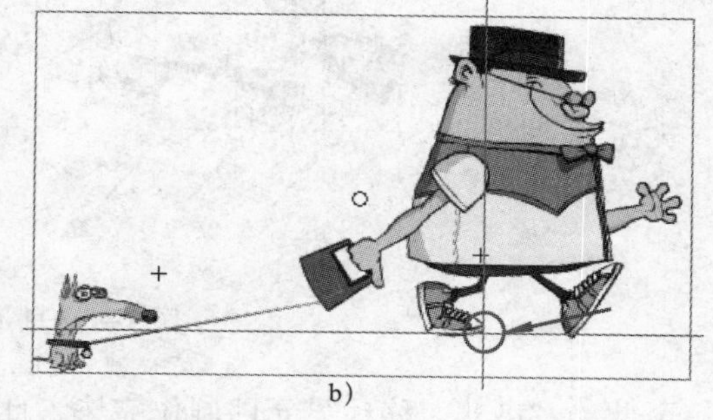

b)

图 7-45　前进过程中的左脚位置
a）第 3 帧　b）第 5 帧

前两根辅助线是为了确定左脚的准确位置，下面再添加一根辅助线用于控制胖先生向前移动时右脚的准确位置，如图 7-46 所示。然后在第 7 帧按快捷键〈F6〉，插入关键帧，并向前移动“散步 - 动作循环”，如图 7-47 所示。

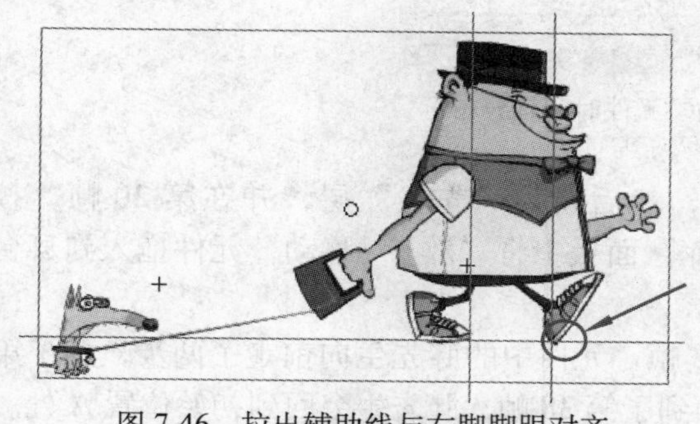

图 7-46　拉出辅助线与右脚脚跟对齐

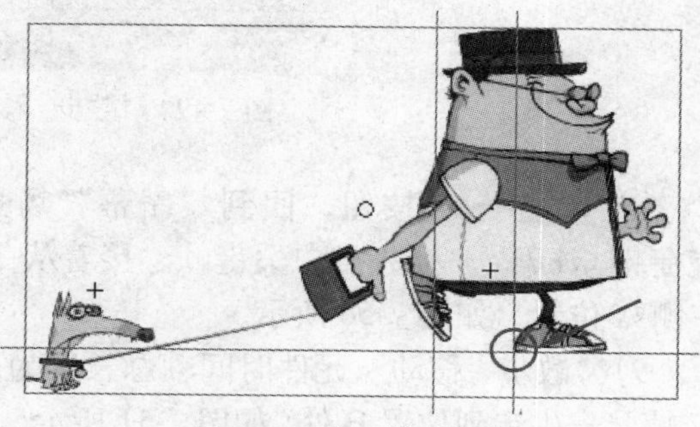

图 7-47　第 7 帧右脚位置

同理，分别在第 11、13、15、17 帧，按快捷键〈F6〉，插入关键帧，并向前移动“散步 - 动作循环”元件，同时适当添加辅助线，控制脚落地时的位置，如图 7-48 所示。然后在第 18 帧按快捷键〈F5〉，从而将时间轴的总长度延长到第 18 帧。

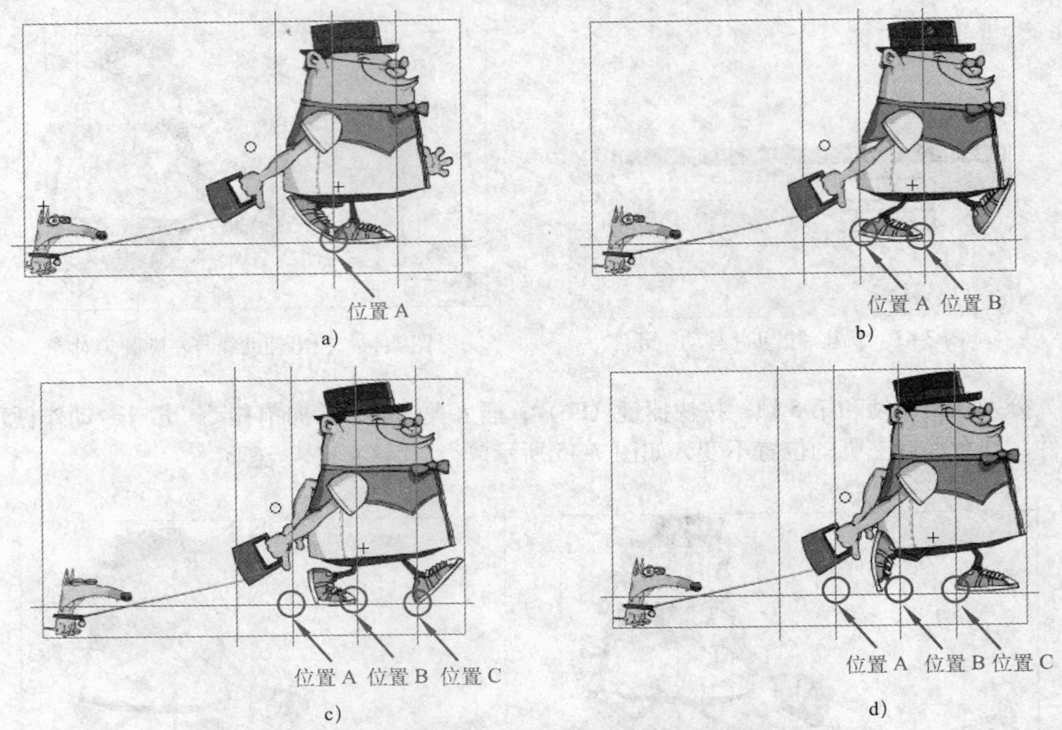

图 7-48 前进过程中的双脚交替位置

a）第 11 帧 b）第 13 帧 c）第 15 帧 d）第 17 帧

至此，“散步 - 移动”元件制作完毕，此时时间轴分布如图 7-49 所示。按〈Enter〉键进行预览，即可看到胖先生向前走了两步。

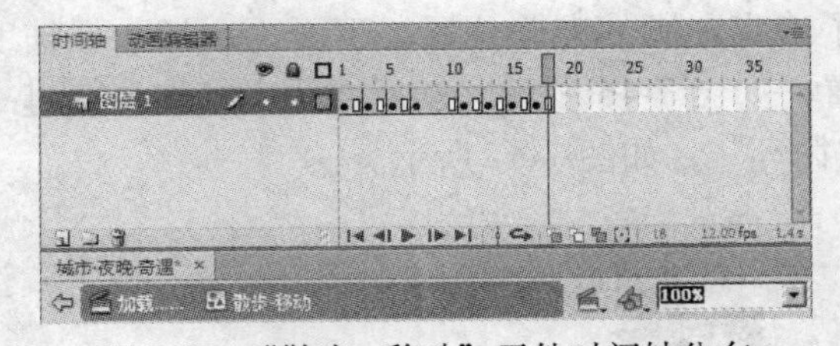

图 7-49 “散步 - 移动”元件时间轴分布

8）单击 序幕 按钮，回到“序幕”场景，然后新建“先生”层，并在第 20 帧，按快捷键〈F7〉，插入空白关键帧。接着从“库”面板中将“散步 - 移动”元件拖入到舞台左侧 A 位置，如图 7-50 所示。

9）“散步 - 移动”元件时间轴总长度为 18 帧，元件中的胖先生向前走了两步，到了第 37 帧胖先生走到位置 B 处，如图 7-51 所示。而到了第 38 帧，胖先生会回到初始位置 A 处。这是错误的，为了解决这个问题，下面在第 38 帧按快捷键〈F6〉，插入关键帧，将“散步 - 移动”元件向前移动，与位置 B 对齐。

10）同理，分别在第 56、74、92 帧按快捷键〈F6〉，插入关键帧，并调整“散布 - 移动”元件的位置，如图 7-52 所示。

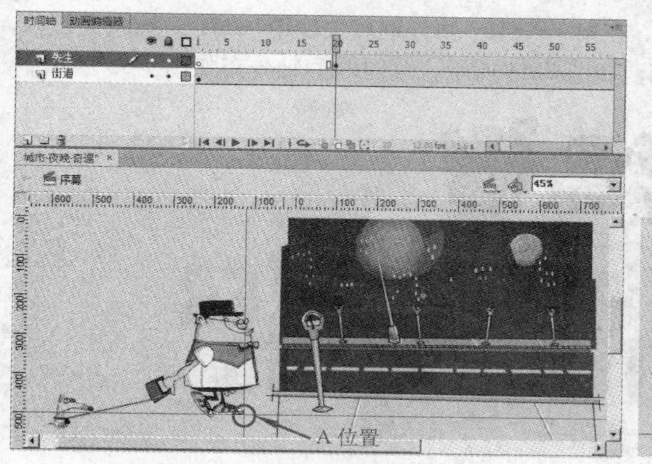

图 7-50 将“散步 - 移动”元件拖入到舞台左侧

图 7-51 第 37 帧胖先生走到 B 位置

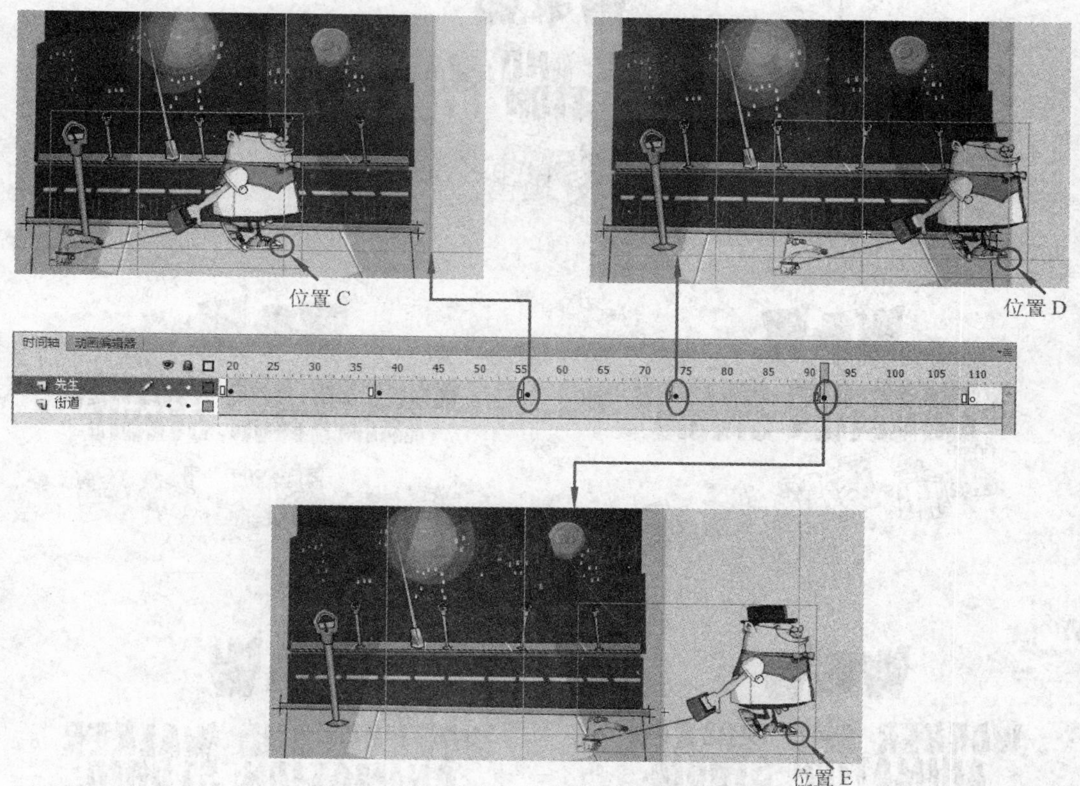

图 7-52 胖先生走路动作循环不同帧的位置

11）制作静态字幕效果。方法：在“序幕”场景中新建“字幕”层，然后在第 110 帧按快捷键〈F7〉，插入空白关键帧。接着从“库”面板中将实现制作的“字幕 1”元件拖入舞台，放置位置如图 7-53 所示。

12）制作标题动画。方法：在“序幕”场景中新建“标题”层，然后在第 163 帧按快捷键〈F7〉，插入空白关键帧。接着从“库”面板中将“标题”元件拖入舞台，并利用▣（任意变形工具）将其旋转一定角度。同理，在第164~167帧分别按快捷键〈F6〉，插入关键帧，并将“标题”元件进行不同角度的旋转，如图7-54所示，此时时间轴分布如图7-55所示。

图7-53　将“字幕1”元件拖入舞台

a）

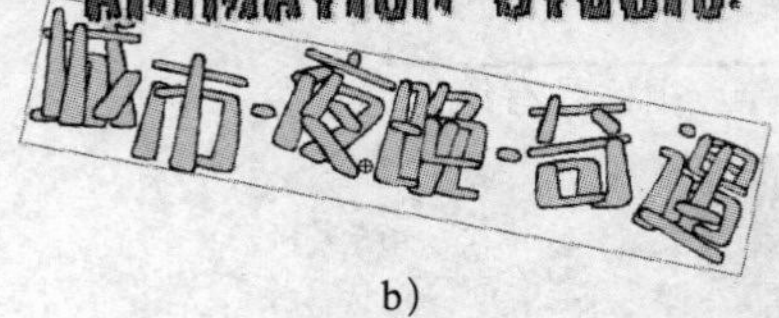

b）

c）

d）

e）

图7-54　“标题”元件在不同帧的位置

a）第163帧　b）第164帧　c）第165帧　d）第166帧　e）第167帧

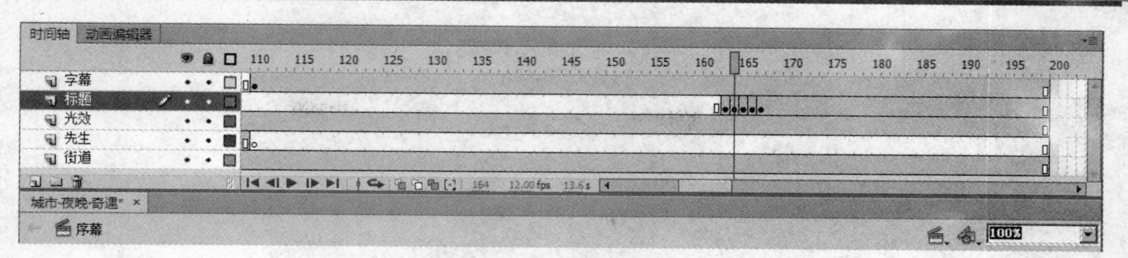

图 7-55 时间轴分布

13）为了达到更好的画面效果，下面制作大街上被风吹走的报纸动画。首先创建一个“报纸”元件，然后利用引导线使之产生动画。方法：执行菜单中的“插入 | 新建元件”（快捷键〈Ctrl+F8〉）命令，在弹出的对话框中进行如图 7-56 所示的设置，单击“确定”按钮。然后绘制报纸，如图 7-57 所示。

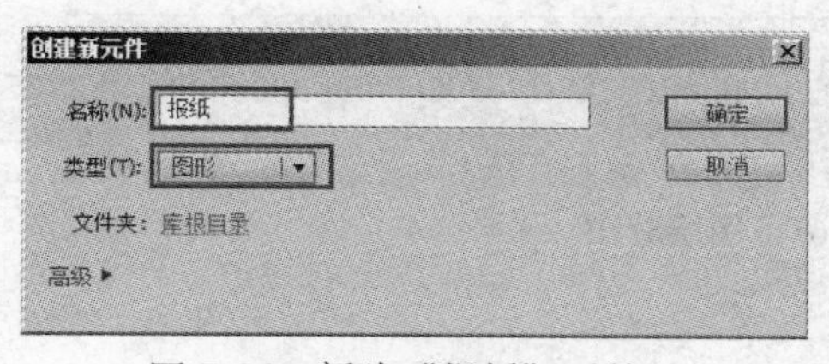

图 7-56 新建“报纸”元件

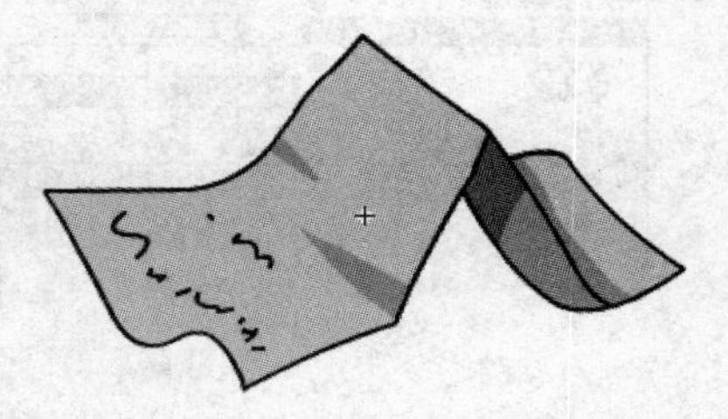

图 7-57 绘制报纸

单击 序幕 按钮，回到“序幕”场景。然后新建“报纸”层，并在第 121 帧按快捷键〈F7〉，插入空白关键帧，从“库”面板中将“报纸”元件拖入舞台。选择“报纸”层，单击鼠标右键，从弹出的快捷菜单中选择“添加传统运动引导层”命令，新建“引导层：报纸”，并在第 121 帧按快捷键〈F7〉，利用 （钢笔工具）绘制线，如图 7-58 所示。

提示：在绘制引导线时，（钢笔工具）与 （铅笔工具）相比具有绘制出的路径节点少、平滑的特点，使元件运动更加流畅。

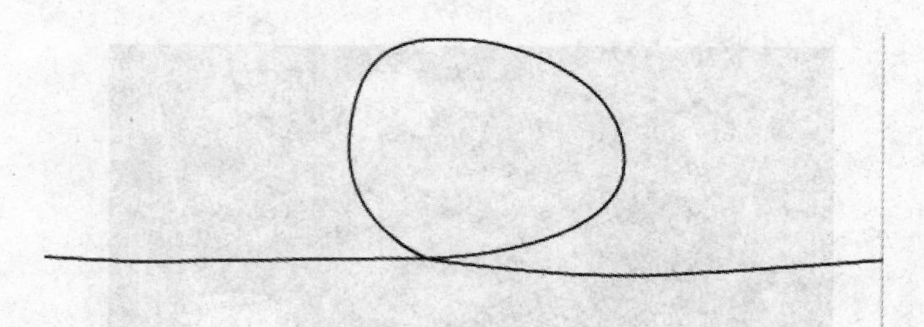

图 7-58 绘制引导线

在“报纸”层的第 162 帧按快捷键〈F6〉，插入关键帧。然后在第 121 帧将“报纸”元件移动引导线左侧，如图 7-59 所示。在第 162 帧将“报纸”元件移动引导线右侧，如图 7-60 所示。接着在第 121~162 帧之间创建传统补间动画。此时时间轴分布如图 7-61 所示。

提示：在制作报纸沿引导线运动的动画时，应保持 （贴紧至对象）按钮处于激活状态。

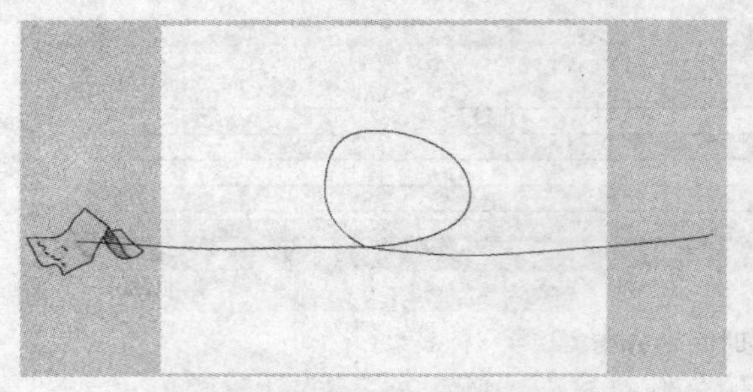

图 7-59　第 121 帧将报纸移到引导线左侧

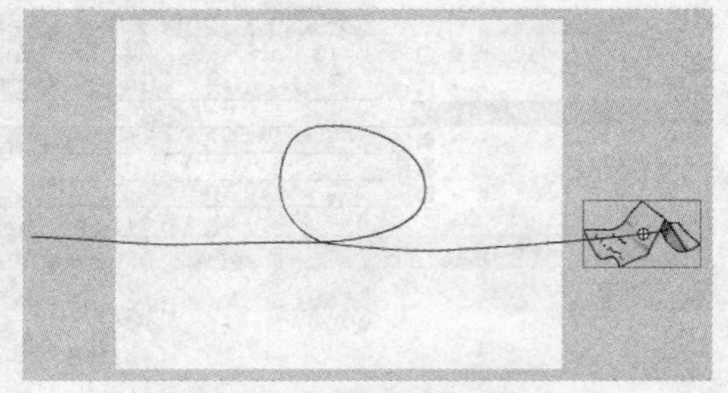

图 7-60　第 162 帧将报纸移到引导线右侧

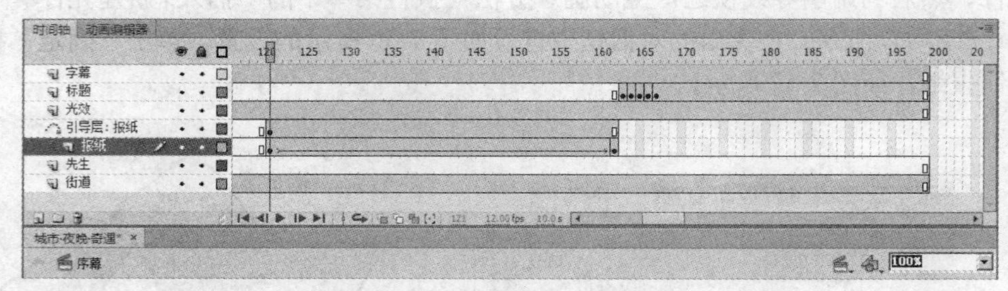

图 7-61　图层分布

(2) 制作胖先生过马路的动画

由于前面已经完成了胖先生走路的动画，此时只需要更换背景即可完成这个动画。

1）配合〈Shift〉键，选中“序幕”场景中“先生”层的第 20~109 帧，然后单击右键，从弹出的快捷菜单中选择“复制帧”命令。接着在该层的第 110 帧，按快捷键〈F7〉，插入空白的关键帧。最后右击该层的第 200 帧，从弹出的快捷菜单中选择“粘贴帧”命令。

2）选择“街道”层的第 200 帧，按快捷键〈F7〉，插入空白的关键帧。然后从“库”面板中将“街道 2”元件拖入舞台，并放置到适当位置，如图 7-62 所示。此时时间轴分布如图 7-63 所示。

图 7-62　更换背景后效果

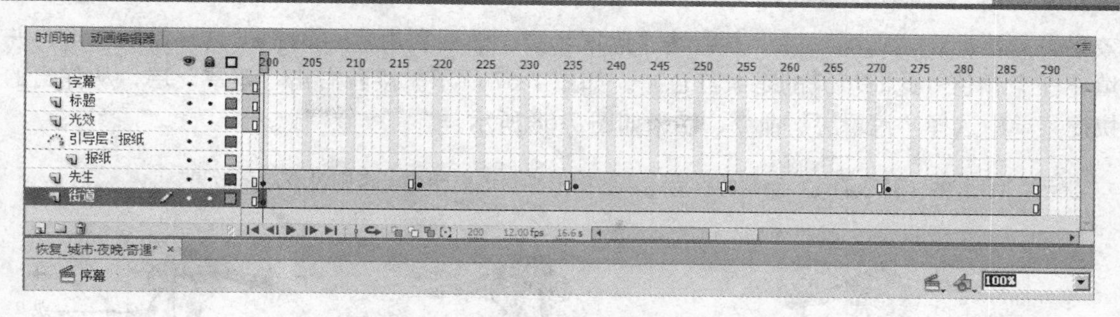

图 7-63　“序幕”场景时间轴分布

3. 制作主题动画

主题动画是本部动画片的核心。由于这段动画描写的内容较多，为了便于学习，可以根据剧本的情节将其划分为 11 段小动画。下面就来具体讲解制作过程。

（1）制作劫匪隐藏在街角的等待动画

这段动画描写的是劫匪在墙后东张西望地等待他的猎物出现的画面。我们将在“1. 劫匪 - 等待 A”元件中完成。

1）在“场景”面板中新建“主题”场景，如图 7-64 所示。

2）将“图层 1”重命名为“街道”，然后将库中的“场景”文件夹中“街道 3”元件拖入舞台，如图 7-65 所示。接着在第 30 帧，按快捷键〈F5〉，插入普通帧，使时间轴长度延长到第 30 帧。

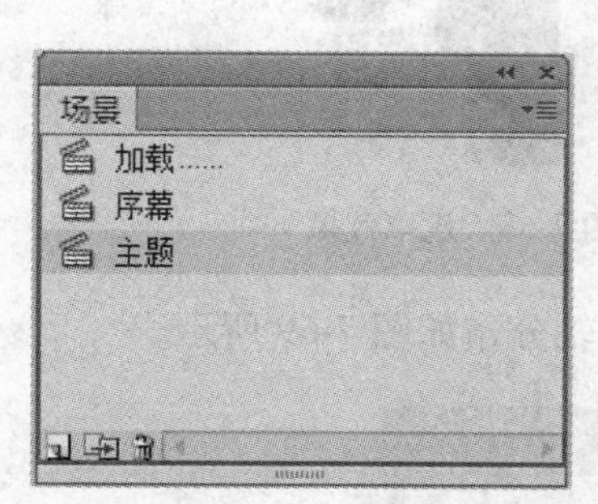

图 7-64　新建“主题”场景

图 7-65　将“街道 3”元件拖入舞台

3）制作劫匪隐藏在街角的等待动画。方法：新建“1. 劫匪 - 等待 A”图形元件，然后将“图层 1”重命名为“劫匪”，并将“库”面板中“劫匪”文件夹中的“手 1”“手 2”“身体”“头 1”“腿 1”和“腿 2”元件拖入场景，摆放好姿态。接着分别在第 17 帧和第 21 帧按快捷键〈F6〉，插入关键帧，并调整和替换相应元件的位置，如图 7-66 所示。最后在第 30 帧按快捷键〈F5〉，将时间轴的总长度延长到第 30 帧。

4）由于劫匪是躲在墙后的，所以身体的局部被墙所遮挡。常规的方法是在“主题”场景中的“劫匪”层上方新建“围墙”层来遮挡劫匪的局部身体。但是主场景的图层过多，不利于制作转场的动画，因此采用在“1. 劫匪 - 等待 A”元件中建立遮罩层的方式来实现遮挡效果。方法：在“劫匪”层上方新建“遮罩”层，然后利用 (钢笔工具) 绘制图形，并填充任意颜色（此时填充的是紫红色），如图 7-67 所示。接着右击“遮罩”层，从弹出的快捷菜单中选择“遮罩层”命令，结果如图 7-68 所示。

提示：利用 (钢笔工具) 绘制的作为遮罩的图形必须填充颜色，否则没有遮罩效果。

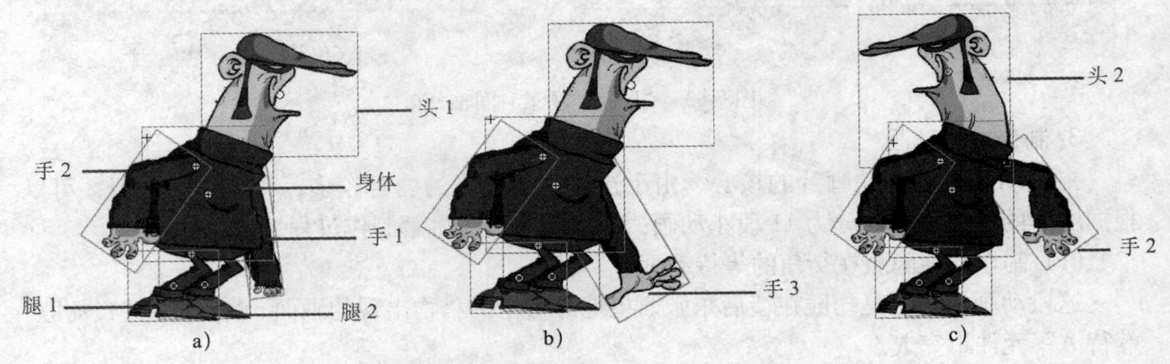

图 7-66 组合元件并调整不同关键帧的元件位置
a) 第 1 帧 b) 第 17 帧 c) 第 21 帧

图 7-67 绘制遮罩

图 7-68 遮罩效果

至此，“1. 劫匪 - 等待 A”元件制作完毕，此时时间轴分布如图 7-69 所示。

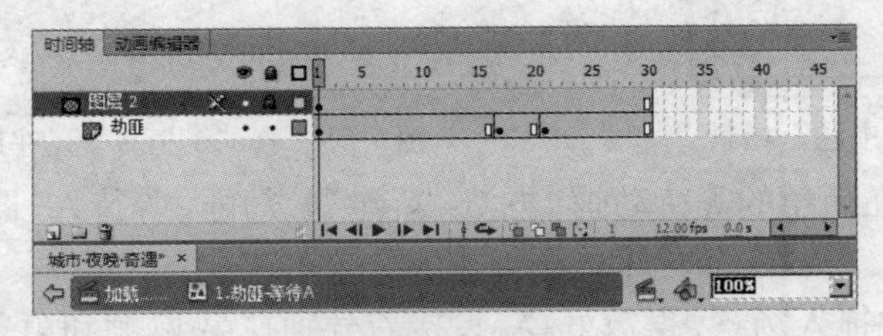

图 7-69 “1. 劫匪 - 等待 A”元件时间轴分布

(2) 制作劫匪看到胖先生时的表情特写动画

这个镜头描写的是劫匪表情的变化，为了更好地增强表现力，将以特写镜头的方式来实现。这段动画我们将在“2. 劫匪 - 等待 B”元件中完成。

1) 新建“2. 劫匪 - 等待 B”图形元件，然后将“图层 1”重命名为“劫匪”，并将库中"手 2""头 2""身体""腿 1"和"腿 2"元件拖入场景，摆放好姿态。接着在第 10 帧按快捷键〈F6〉，插入关键帧，并将"头 2"元件向下移动，"手 2"向上移动，从而制作出劫匪耸肩效果，如图 7-70 所示。

图 7-70 劫匪耸肩效果
a) 第 1 帧 b) 第 10 帧

2) 右击第 1 帧，从弹出的快捷菜单中选择"复制帧"命令。然后右击第 12 帧，从弹出的快捷菜单中选择"粘贴帧"命令。接着在第 14 帧按快捷键〈F6〉，再将"头 2"元件替换为"头 3"元件，并将"头 3"元件向下移动，"手 2"元件向上移动，如图 7-71 所示。最后在"劫匪"层的第 35 帧按快捷键〈F5〉，插入普通帧，从而将时间的长度延长到第 35 帧，此时时间轴分布如图 7-72 所示。

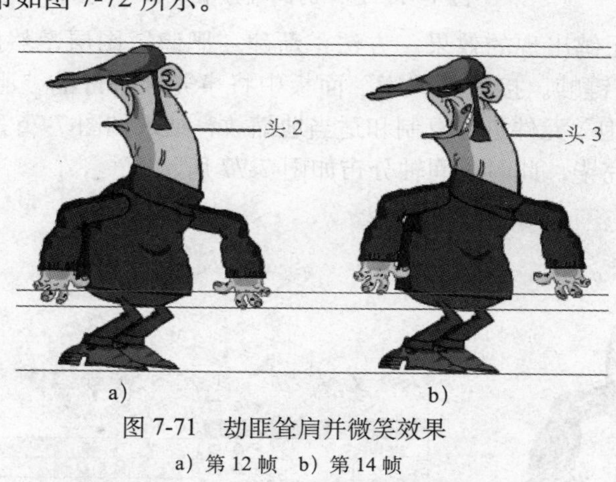

图 7-71 劫匪耸肩并微笑效果
a) 第 12 帧 b) 第 14 帧

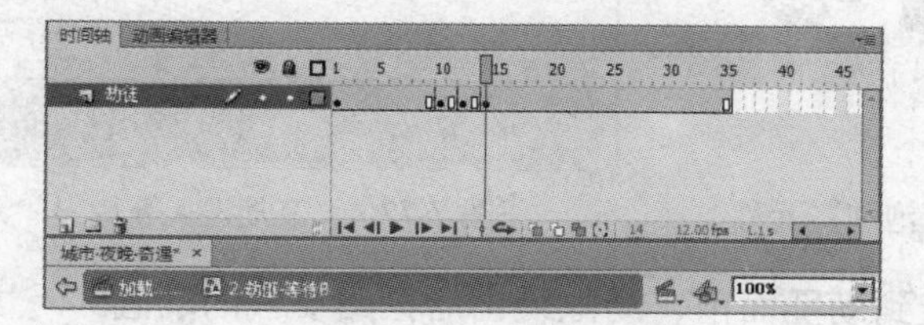

图 7-72 耸肩动作时间轴分布

3) 制作遮罩效果。方法：在"劫匪"层上方新建"遮罩"层，然后利用 (钢笔工具) 绘制图形，并填充任意颜色，如图 7-73 所示。接着右击"遮罩"层，从弹出的快捷菜单中选择“遮罩层”命令，结果如图 7-74 所示。此时时间轴分布如图 7-75 所示。

图 7-73　绘制遮罩

图 7-74　遮罩效果

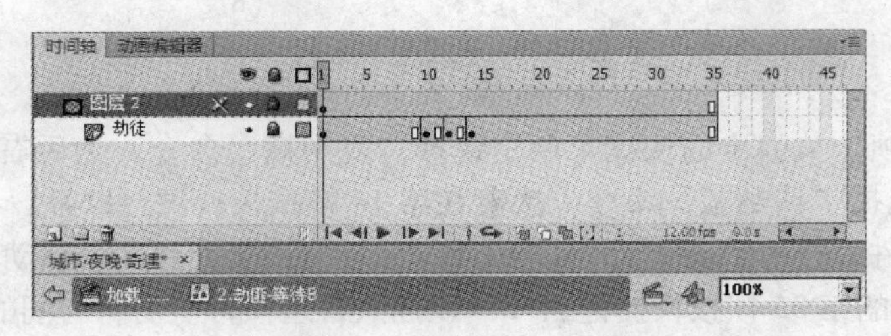

图 7-75　遮罩时间轴分布

4）制作劫匪眼中肥鸽出现的效果。方法：新建“肥鸽”图层，然后在第 25 帧按快捷键〈F7〉，插入空白关键帧。接着从“库”面板中将事先准备好的“肥鸽”和“泡泡”元件拖入舞台，并对“泡泡”元件进行复制和适当地缩放，结果如图 7-76 所示。至此，“2. 劫匪 - 等待 B”元件制作完毕，此时时间轴分布如图 7-77 所示。

图 7-76　“肥鸽”和“泡泡”元件

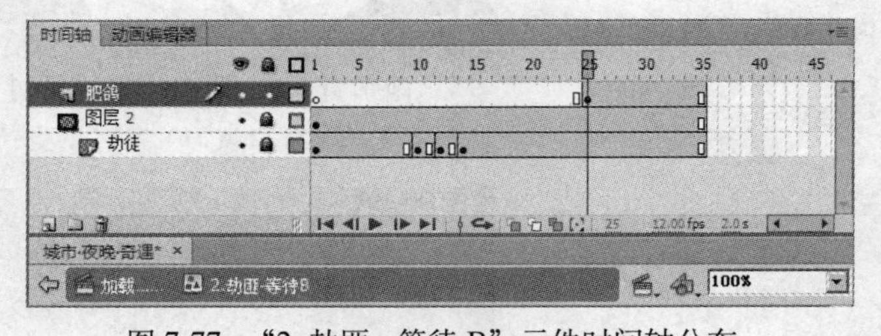

图 7-77　“2. 劫匪 - 等待 B”元件时间轴分布

（3）制作胖先生走到劫匪面前，劫匪跳出后拦路要钱的动画

这段动画比较复杂，将在“3. 先生 - 过马路”“4. 劫匪 - 跃起 A”“5. 劫匪 - 跃起 B”“6. 劫匪 - 阻拦”和“7. 劫匪 - 恐吓”5 个元件中来完成。

1）制作胖先生过马路的特写，这是一个画面蒙太奇的应用。前一个镜头中劫匪已经将

胖先生看为他的猎物，而这个镜头是一个对比的特写镜头，用于表现胖先生对他目前的危险处境还全然不知。这段动画将在“3. 先生 - 过马路”元件中完成。方法：执行菜单中的“插入 | 新建元件”（快捷键〈Ctrl+F8〉）命令，在弹出的对话框中进行如图 7-78 所示的设置，单击“确定”按钮。然后“图层 1”重命名为“街道”，并将“库”面板中“街道 2”元件拖入舞台，并适当放大，如图 7-79 所示。接着在该层的第 50 帧按快捷键〈F5〉，插入普通帧，从而使时间轴的总长度延长到第 50 帧。

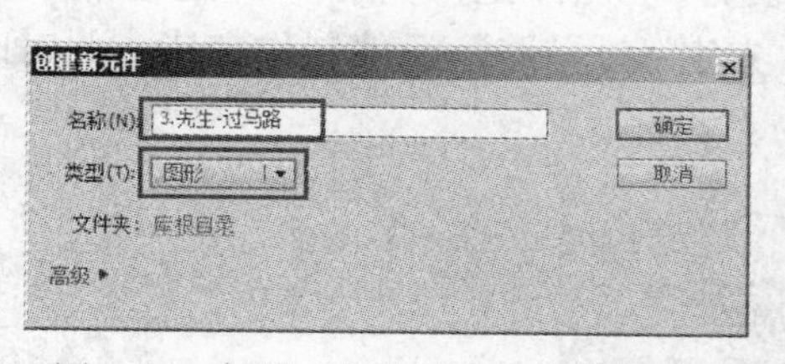

图 7-78 新建“3. 先生 - 过马路”元件

图 7-79 将“街道 2”元件拖入舞台，并适当放大

新建“先生”层，从“库”面板中将“散步 - 移动”元件移动到舞台中，放置位置如图 7-80 所示。然后分别在第 19 帧和第 37 帧按快捷键〈F6〉，插入关键帧，并调整位置，如图 7-81 所示。此时时间轴分布如图 7-82 所示。

提示：Flash 是个矢量软件，在利用 Flash 制作特写镜头时，可以把原来的元件放大很多倍，而不会影响画面质量。

图 7-80 将“散步 - 移动”元件移动到舞台

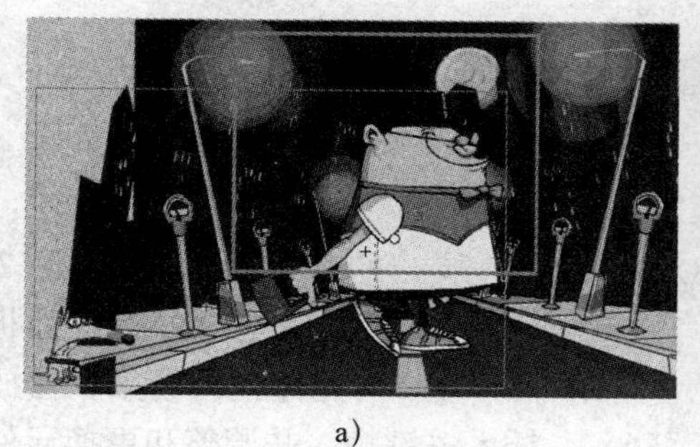

a）

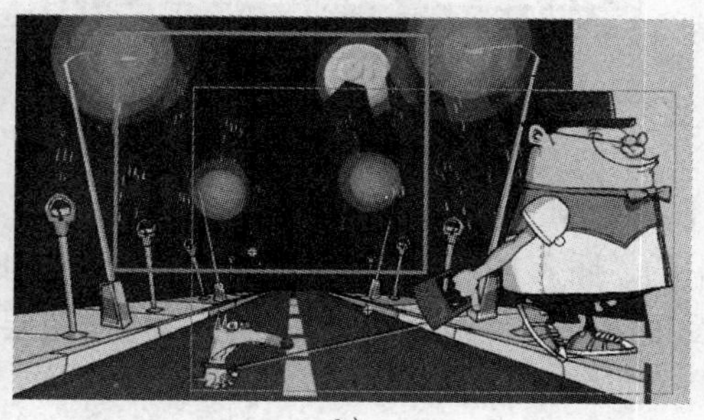

b）

图 7-81 调整第 19 帧和第 37 帧“散步 - 移动”元件的位置

a）第 19 帧 b）第 37 帧

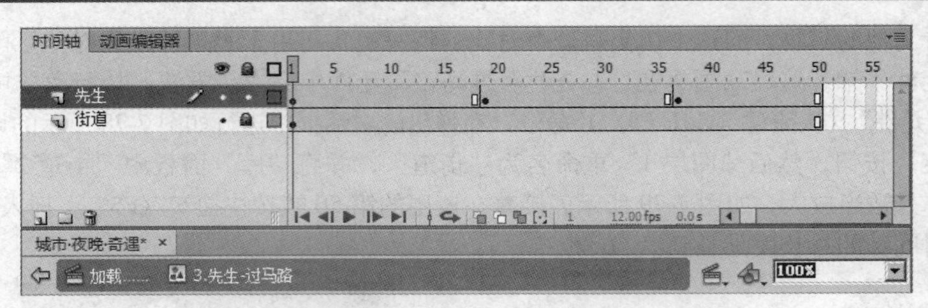
图 7-82　时间轴分布

新建“光效”层，从“库”面板中将“光效 1”元件拖入舞台，并适当放大，并将 Alpha 值设为 20，如图 7-83 所示。至此，“3. 先生 - 过马路”元件制作完毕，此时时间轴分布如图 7-84 所示。

图 7-83　调整“光效 1”元件的 Alpha 值

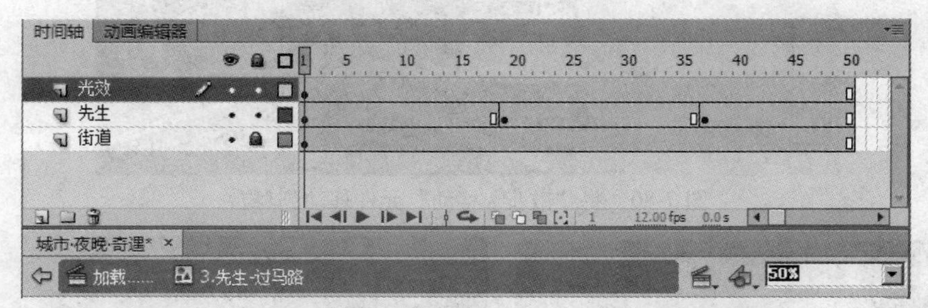
图 7-84　时间轴分布

2）制作劫匪原地跃起动画。这段动画将在“4. 劫匪 - 跃起 A”元件中完成。方法：执行菜单中的“插入 | 新建元件”（快捷键〈Ctrl+F8〉）命令，在弹出的对话框中进行如图 7-85 所示的设置，单击“确定”按钮。然后将“图层 1”重命名为“劫匪”，并将“库”面板中“劫匪”文件夹中的“头 11”“手 4”“身体”“腿 2”和“腿 3”元件拖入场景，摆放好姿态。接着逐个在前一关键帧的基础上按快捷键〈F6〉，插入关键帧，并调整和更换元件。添加的关键帧的位置分别为第 5、8、11、13 帧，动画过程如图 7-86 所示。最后在第 14 帧

按快捷键〈F5〉，将时间轴的总长度延长到第 14 帧。至此，“4. 劫匪 - 跃起 A”元件制作完毕，此时时间轴分布如图 7-87 所示。

图 7-85 新建“4. 劫匪 - 跃起 A”元件

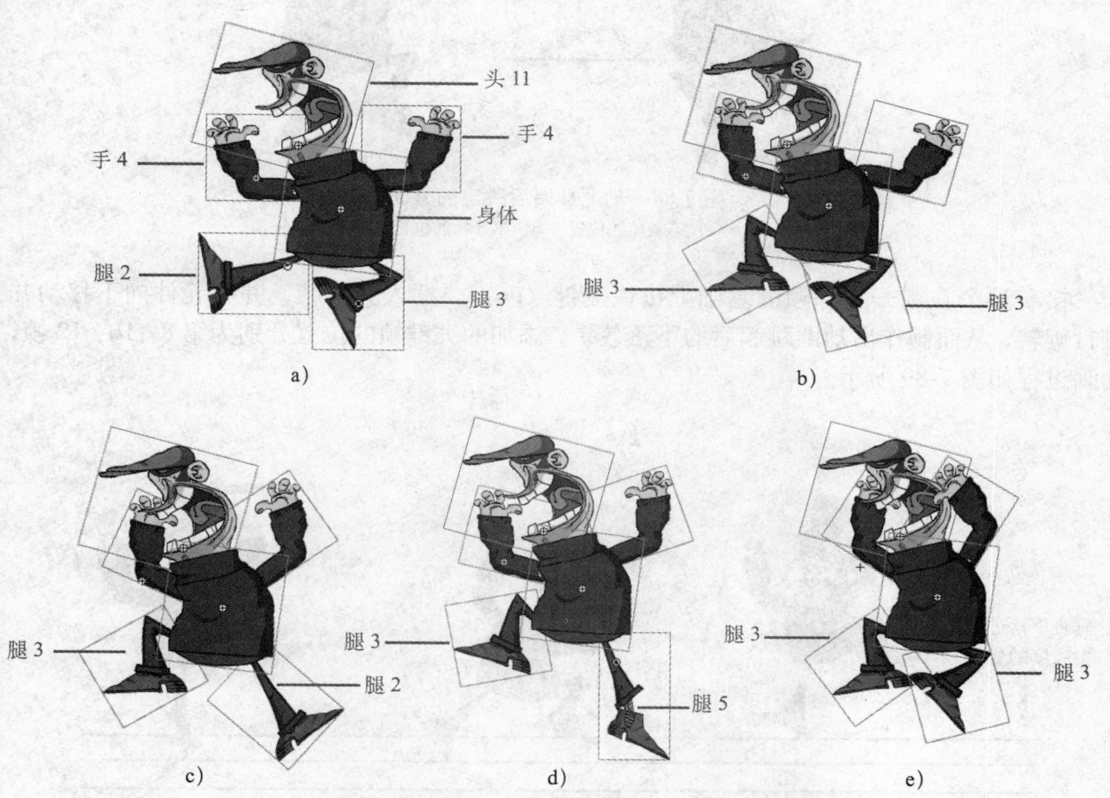

图 7-86 调整不同帧的元件位置

a）第 1 帧 b）第 5 帧 c）第 8 帧 d）第 11 帧 e）第 13 帧

图 7-87 时间轴分布

3）制作劫匪从墙后跃出动画。这段动画我们将在“5. 劫匪 - 跃起 B”元件中完成。方法：新建“5. 劫匪 - 跃起 B”图形元件，然后将“图层 1”重命名为“劫匪”，并将库中刚制作好的“劫匪 - 跃起 A”元件拖入场景。接着在第 5 帧插入关键帧，向右移动“劫匪 - 跃起 A”元件，如图 7-88 所示。接着创建第 1~5 帧之间的传统补间动画。

图 7-88　劫匪从墙后跳出的方向
a）第 1 帧的位置　b）第 5 帧的位置

接着逐个在前一关键帧的基础上按快捷键〈F6〉，插入关键帧，并将元件向下移动并进行旋转，从而制作出劫匪跳起后的下落效果。添加的关键帧的位置分别为第 8、10、12 帧，动画过程如图 7-89 所示。

图 7-89　劫匪跳起后的下落效果
a）第 8 帧　b）第 10 帧　c）第 12 帧

劫匪是从躲藏的墙后跃出的，下面使用遮罩来实现这个效果。方法：在“5. 劫匪 - 跃起 B”元件中新建“图层 2”，并将其重命名为“遮罩”，然后绘制矩形，如图 7-90 所示。

提示：建立这个遮罩的大小的原则是让第 5 帧以后劫匪的所有动作都在遮罩范围内，如图 7-91 所示。

确认“遮罩”层位于“劫匪”层上方，然后右击“遮罩”层，从弹出的快捷菜单中选择“遮罩层”命令，如图 7-92 所示。至此，“5. 劫匪 - 跃起 B”元件制作完毕，此时时间轴分布如图 7-93 所示。

图 7-90 绘制矩形

a）

b）

c）

d）

图 7-91 第 5 帧后劫匪和遮罩的位置关系
a）第 5 帧 b）第 8 帧 c）第 10 帧 d）第 12 帧

图 7-92 选择“遮罩层”命令

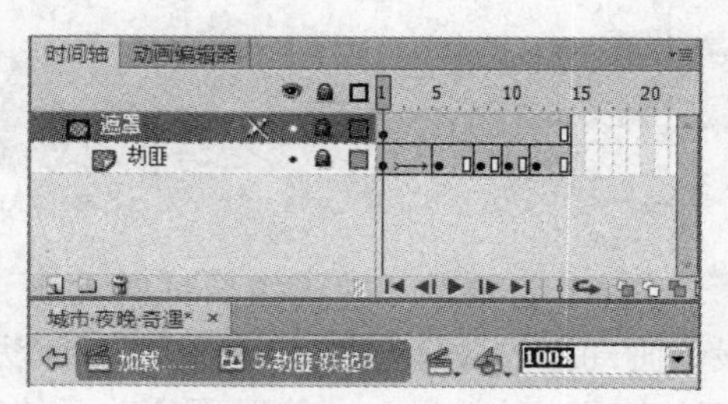

图 7-93 时间轴分布

4）制作劫匪阻拦胖先生的动画。这段动画将在“6. 劫匪 - 阻拦”元件中完成。方法：新建“6. 劫匪 - 阻拦”图形元件，然后从“库”面板中将“劫匪”文件夹中的“头 9”“手 2”“手 4”“身体”和“腿 1”拖入场景，摆放好姿态。接着逐个在前一关键帧的基础上按快捷键〈F6〉，插入关键帧，并调整和更换元件。添加的关键帧的位置分别为第 4、6、9、16、21 帧，动画过程如图 7-94 所示。最后在第 100 帧按快捷键〈F5〉，将时间轴的总长度延长到第 100 帧。至此，“6. 劫匪 - 阻拦”元件制作完毕，此时时间轴分布如图 7-95 所示。

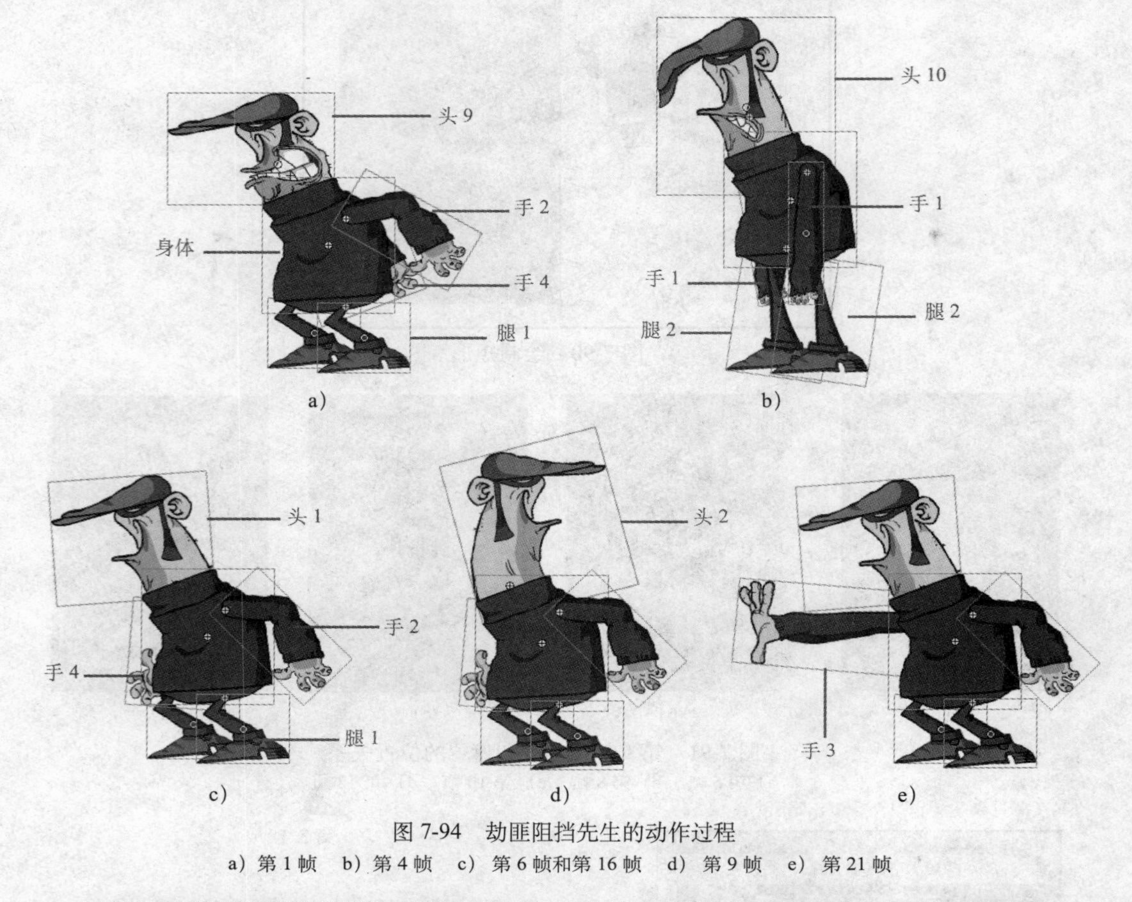

图 7-94　劫匪阻挡先生的动作过程

a）第 1 帧　b）第 4 帧　c）第 6 帧和第 16 帧　d）第 9 帧　e）第 21 帧

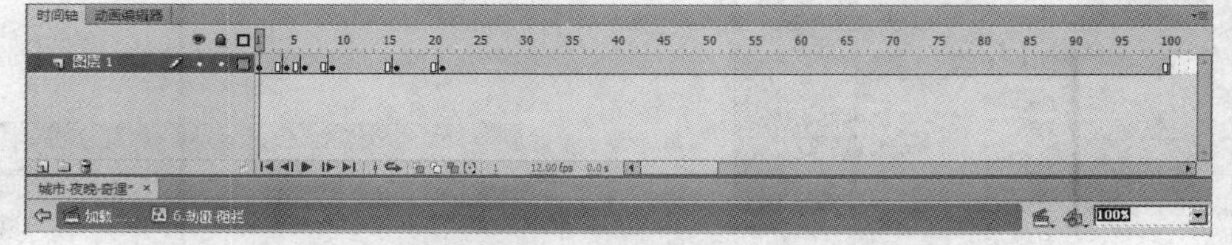

图 7-95　时间轴分布

5）制作劫匪恐吓胖先生要钱的动画，这段动画将在“7. 劫匪 - 恐吓”图形元件完成。这段动画劫匪的肢体动作不多，主要是夸张的头部动作。由于头部有大量的口型变化，为了更好地表现这种效果，在此以逐帧动画的表现形式来完成这个元件。

方法：新建“7. 劫匪 - 恐吓”元件，然后从“库”面板中将“劫匪”文件夹中的“头 9”“手 2”“手 4”“身体”和“腿 1”拖入场景，摆放好姿态。接着根据劫匪说话和动作频率，逐个在前一关键帧的基础上按快捷键〈F6〉，插入关键帧，并调整和更换元件。添加的关键帧的位置分别为第 3、7、9、11、15、17、20、22、24、26、28、30、32、34、36、38、40、42、44、46、48、50、52、56、58 帧，动画过程如图 7-96 所示。最后在第 180 帧按快捷键〈F5〉，将时间轴的总长度延长到第 180 帧。

图 7-96 劫匪向胖先生要钱的动作过程

图 7-96 劫匪向胖先生要钱的动作过程（续）

提示：在利用 Flash 制作逐帧动画时，需要添加大量的关键帧，所以角色身体各部位在不同帧容易出现错位现象。此时可以通过激活 （绘图纸外观）按钮来显示前后帧的身体状态，如图 7-97 所示，从而能更好地调整前后帧角色身体的不同部位的位置，进行准确对位。

图 7-97 激活 （绘图纸外观）按钮后效果

制作劫匪要钱时的语言标注。方法：在“7. 劫匪 - 恐吓”元件中新建“标注”层，然后在第 15 帧按快捷键〈F7〉，插入空白关键帧，接着从“库”面板中将“泡泡”元件拖入舞台，并放置到适当位置，如图 7-98 所示。最后输入文字，如图 7-99 所示，并在第 76 帧按快捷键〈F7〉，插入空白关键帧。

图 7-98 将“泡泡”元件拖入舞台

图 7-99 输入文字

至此，“7. 劫匪 - 恐吓”元件制作完毕，此时时间轴分布如图 7-100 所示。

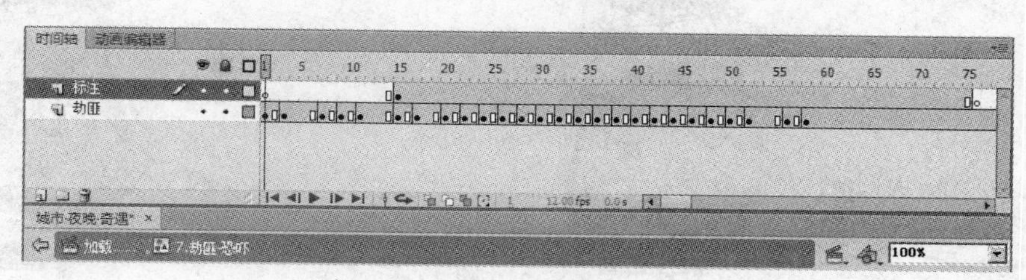

图 7-100 时间轴分布

（4）制作胖先生走到劫匪面前打招呼的动画

这段动画将在“8. 先生 - 打招呼”元件中完成。

1）执行菜单中的“插入 | 新建元件”（快捷键〈Ctrl+F8〉）命令，在弹出的对话框中进行如图 7-101 所示的设置，单击“确定”按钮。然后从“库”面板中将“散步 - 移动”元件拖入舞台。

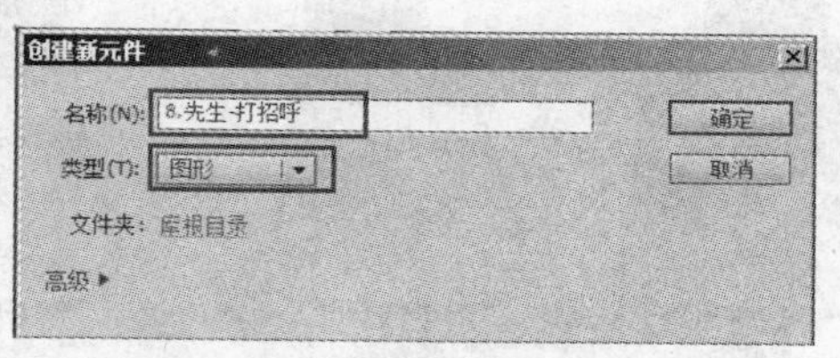

图 7-101 新建“8. 先生 - 打招呼”元件

2）由于“散步 - 移动”元件中胖先生一次走路循环是 18 帧，在第 19 帧会回到第 1 帧的初始位置，下面在第 19 帧按快捷键〈F6〉，插入一个关键帧，然后将第 19 帧的“散步 - 移动”元件中左脚的位置与第 18 帧进行匹配，如图 7-102 所示。接着，按快捷键〈Ctrl+B〉，将其分离为小元件，如图 7-103 所示。

提示：此时按快捷键〈Ctrl+B〉，将“散步 - 移动”元件分离为构成该元件的若干小元件。如果按两次快捷键〈Ctrl+B〉，是将“散步 - 移动”元件分离为图形，结果如图 7-104 所示，这样就失去利用元件制作动画的意义，这一点大家一定要注意。

图 7-102 匹配左脚位置

a）第 18 帧 b）第 19 帧

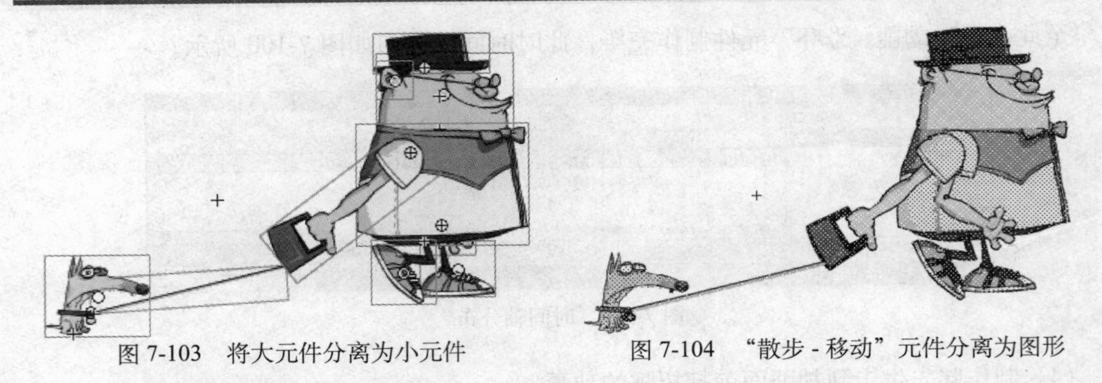

图 7-103　将大元件分离为小元件　　　　图 7-104　“散步 - 移动”元件分离为图形

3）根据胖先生手势的频率，逐个在前一关键帧的基础上按快捷键〈F6〉，插入关键帧，并调整和更换元件。添加的关键帧的位置分别为第 21、24、29、31、45、47、51、53、58、60、62、64、73、75 帧，动画过程如图 7-105 所示。最后在第 160 帧按快捷键〈F5〉，将时间轴的总长度延长到第 160 帧。

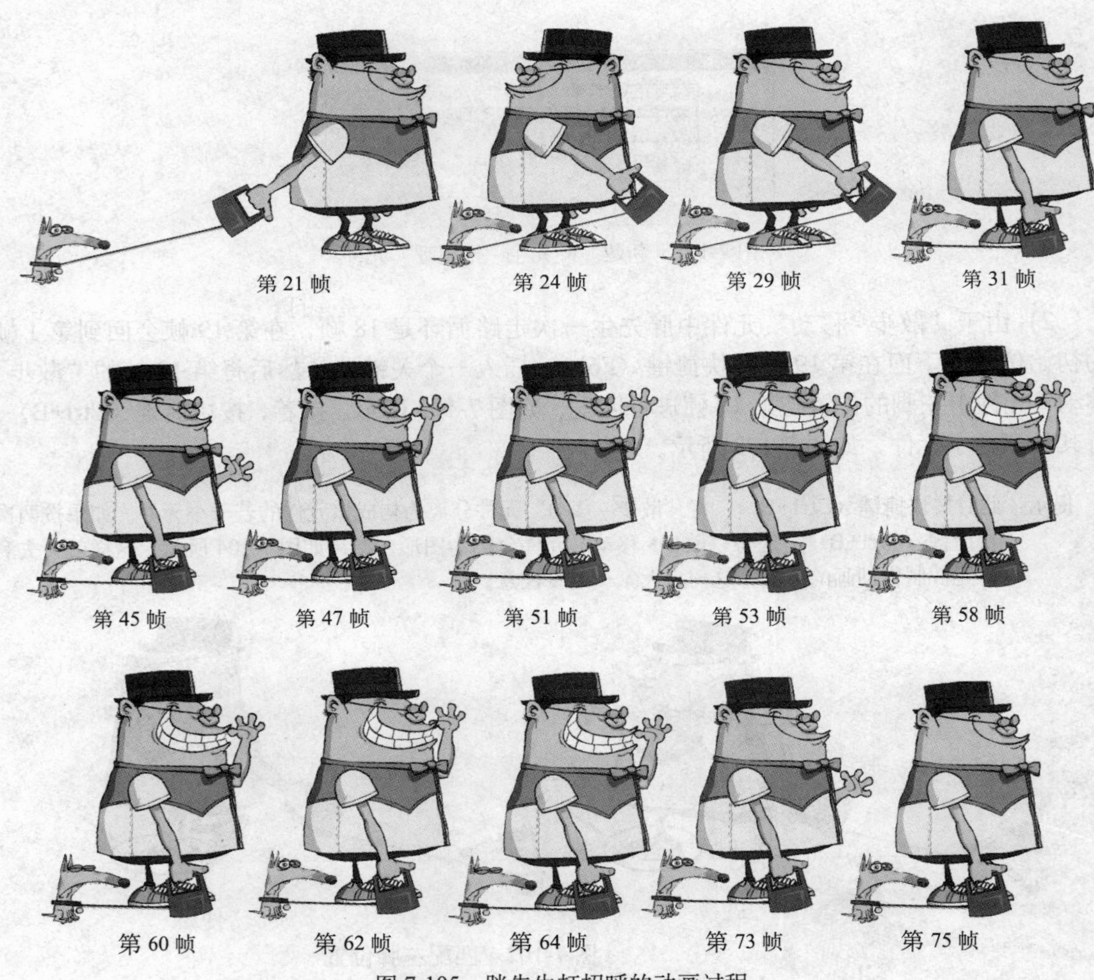

图 7-105　胖先生打招呼的动画过程

至此，“8. 先生 - 打招呼”元件制作完毕，此时时间轴分布如图 7-106 所示。

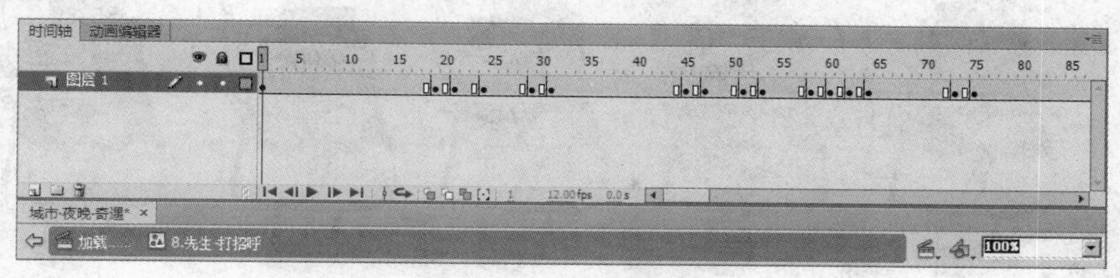

图 7-106 时间轴分布

（5）制作胖先生施舍劫匪的动画

这段动画描写的是吝啬的胖先生从兜里掏了一分钱，扔到劫匪手中的画面。将在“9. 先生 - 施舍”元件中完成。

1）执行菜单中的“插入 | 新建元件”（快捷键〈Ctrl+F8〉）命令，在弹出的对话框中进行如图 7-107 所示的设置，单击“确定”按钮。

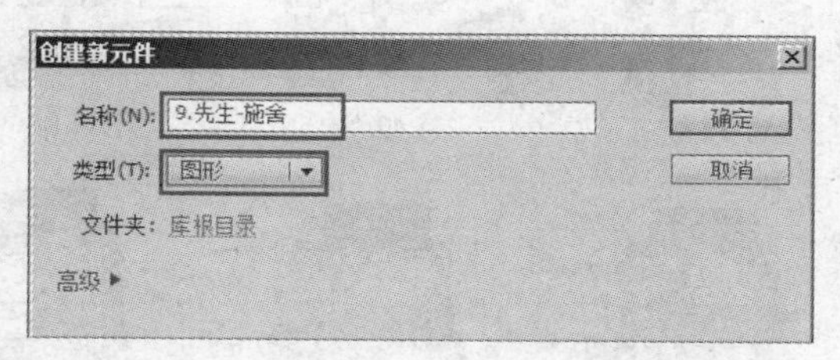

图 7-107 新建“9. 先生 - 施舍”元件

2）为了使“9. 先生施舍”元件的开头部分与前面“8. 先生 - 打招呼”元件中的结尾部分无缝相接，下面在“库”面板中双击“8. 先生 - 打招呼”元件，进入该元件的编辑状态，然后单击第 75 帧，按快捷键〈Ctrl+C〉进行复制。接着回到“9. 先生 - 施舍”元件中，按快捷键〈Ctrl+Shift+V〉，原地粘贴。然后根据先生施舍的动作和表情，逐个在前一关键帧的基础上按快捷键〈F6〉，插入关键帧，并调整和更换元件。添加的关键帧的位置分别为第 3、5、9、13、15、26、28、30、35、38、40、42、44、46、48、50、52、57、62、64、66、72 帧，动画过程如图 7-108 所示。最后在第 100 帧按快捷键〈F5〉，将时间轴的总长度延长到 100 帧。

图 7-108 胖先生伸手掏钱的过程

图 7-108 胖先生伸手掏钱的过程(续)

3）制作先生的语言标注。方法：新建“标注”层，在第 15 帧，按快捷键〈F7〉，插入空白关键帧，然后从“库”面板中将“泡泡”和“房子”元件拖入舞台，并放置到适当位置，如图 7-109 所示。接着在第 20 帧，按快捷键〈F6〉，插入空白关键帧，从“库”面板中将“符号”元件拖入舞台，放置位置如图 7-110 所示。最后在第 40 帧，按快捷键〈F5〉，此时时间轴分布如图 7-111 所示。

图 7-109 “泡泡”和“房子”元件

图 7-110 “符号”元件

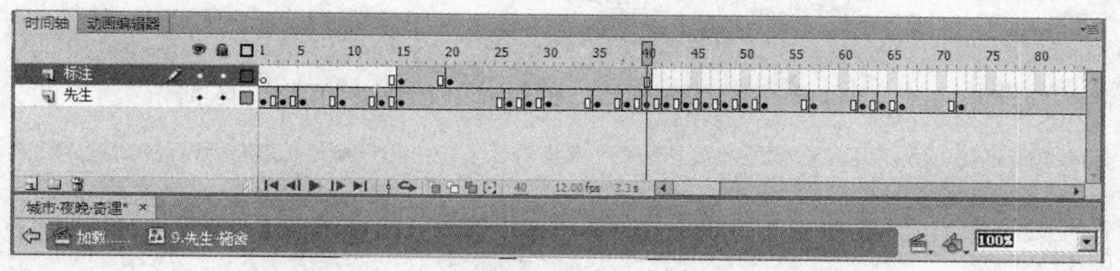

图 7-111 时间轴分布

4）制作胖先生弹出硬币的效果。方法：执行菜单中的“插入|新建元件”（快捷键〈Ctrl+F8〉）命令，在弹出的对话框中设置参数，如图 7-112 所示，单击“确定”按钮。然后绘制“硬币”，如图 7-113 所示。

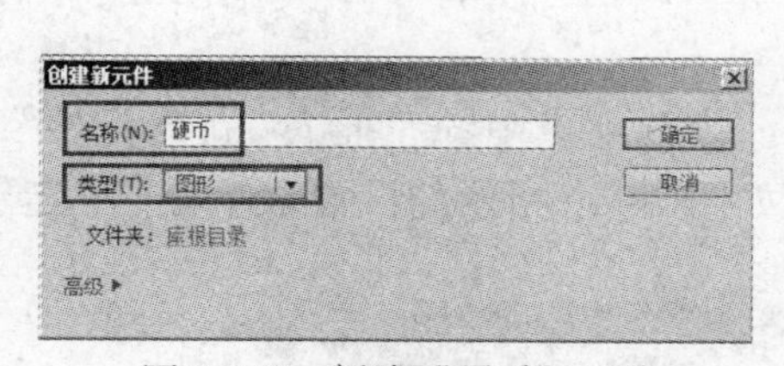

图 7-112 新建“硬币”元件

图 7-113 绘制硬币

双击“库”面板中的“9. 先生 - 施舍”元件，回到编辑状态。然后新建“硬币”层，在第 62 帧按快捷键〈F7〉，插入空白关键帧。再从“库”面板中将“硬币”元件拖入舞台。接着逐个在“硬币”层前一关键帧的基础上按快捷键〈F6〉，插入关键帧，并调整和更换元件，从而形成硬币被弹出后的运动效果。添加的关键帧的位置分别为第 64、66、68、70、71、72、74、76 帧，动画过程如图 7-114 所示。最后在第 100 帧按快捷键〈F5〉，将时间轴的总长度延长到 100 帧。

图 7-114　硬币的动画过程

至此，“9. 先生 - 施舍”元件制作完毕，此时时间轴分布如图 7-115 所示。

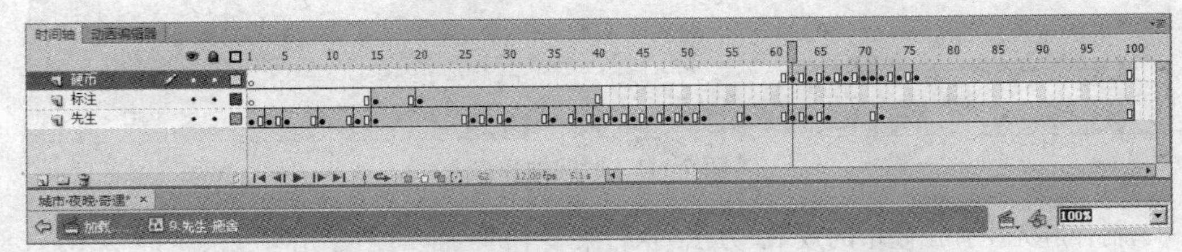

图 7-115　时间轴分布

（6）制作劫匪将钱扔掉后将胖先生打倒在地的动画

这段动画描写的是劫匪认为胖先生给的钱少，而将钱抛到脑后，并气急败坏地打了胖先生两拳，将胖先生打倒在地的情节。将在“10. 劫匪 - 挥拳”和“11. 先生 - 挨打”两个元件中来完成。

1）制作劫匪将钱抛到脑后动画。方法：执行菜单中的“插入 | 新建元件”（快捷键〈Ctrl+F8〉）命令，在弹出的对话框中进行如图 7-116 所示的设置，单击“确定”按钮。

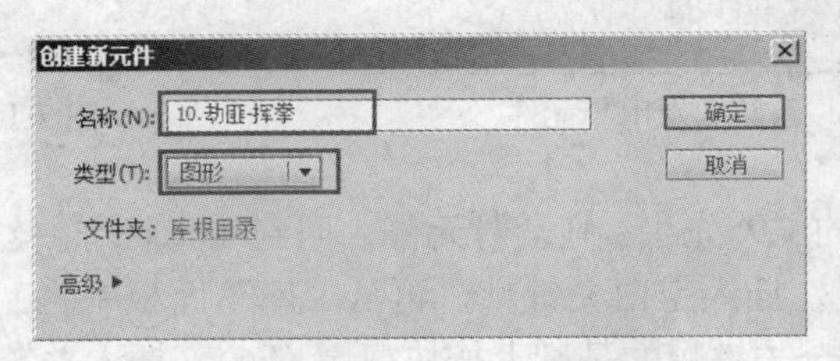

图 7-116　新建“10. 劫匪 - 挥拳”元件

从“库”面板中将“劫匪”文件夹中的“头 1”“手 4”“手 5”“身体”和“腿 1”和“硬币”拖入场景，摆放好姿态。接着根据劫匪挥拳打先生的动作和表情，逐个在前一关键帧的基础上按快捷键〈F6〉，插入关键帧，并调整和更换元件。添加的关键帧的位置分别为第 4、6、8、10、12、14、17、19、21、24、29、31、33、35、37、39、41、48、50、52、54、56、59、62、64、66、70、72 帧，动画过程如图 7-117 所示。最后在第 100 帧按快捷键〈F5〉，将时间轴的总长度延长到第 100 帧。

图 7-117　劫匪挥拳打胖先生的动画过程

提示 1. 动画的一切皆在于时间点和空间幅度。具体到本元件中，在制作第 6~12 帧劫匪将硬币向后扔掉的动作时，我们并不是在第 10 帧直接把他的左手向上移动，而是先向下移动，然后在第 12 帧移向上方，从而拉大这种空间的幅度，让动画更饱满。也就是所谓的“欲上先下，欲左先右”。

2. 运动模糊是指物体在快速运动过程中，人眼产生的影像延迟效果。具体到本元件中，劫匪的手在第 12、35、59 帧有数量和不透明度（Alpha）值的变化，就是为了体现该效果，从而表现劫匪挥拳的速度和力量。

至此，“10. 劫匪 - 挥拳”元件制作完毕，此时时间轴分布如图 7-118 所示。

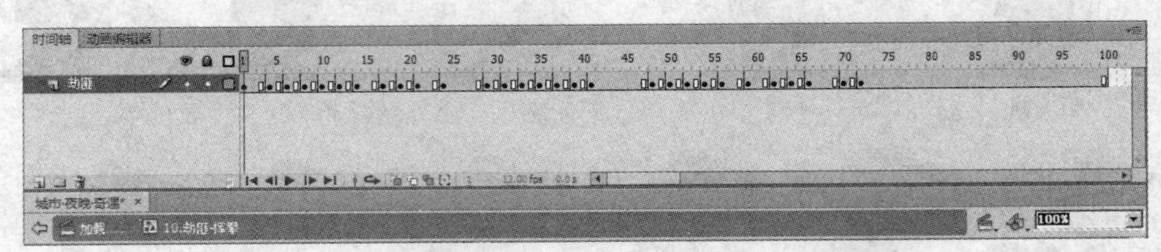

图 7-118　时间轴分布

2）制作胖先生挨打后的倒地动画。由于胖先生的动作有很大的起伏，为了便于选择，在此将胖先生和小狗分散在两个图层中。方法：执行菜单中的“插入 | 新建元件”（快捷键〈Ctrl+F8〉）命令，在弹出的对话框中进行如图 7-119 所示的设置，单击“确定”按钮。

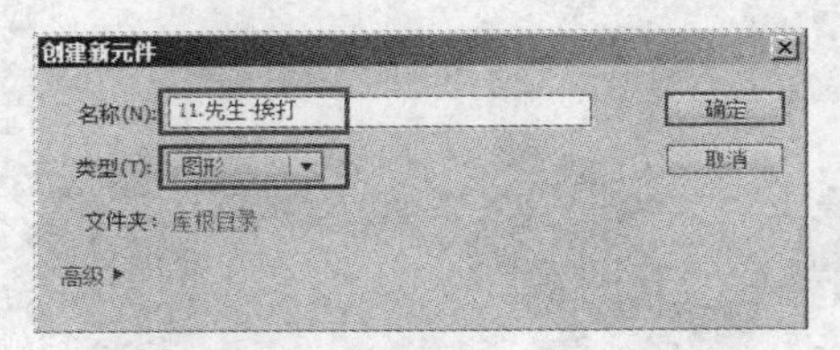

图 7-119　新建“11. 先生 - 挨打”元件

从库中将“先生”文件夹中的“帽子”“头 1”“身体”“手 15”“手 5”“腿 8”和“线”元件拖入场景，摆放好姿态。接着根据胖先生倒地的动作和表情，逐个在前一关键帧的基础上按快捷键〈F6〉，插入关键帧，并调整和更换元件。添加的关键帧的位置分别为第 11、13、15、27、29、35、37、39、41、43、45、47、59、62、64、66、68、70、72、82、84 帧，动画过程如图 7-120 所示。最后在第 100 帧按快捷键〈F5〉，将时间轴的总长度延长到第 100 帧。

第 1 帧　第 11 帧　第 13 帧　第 15 帧　第 27 帧

图 7-120　胖先生被打后倒地的动画过程

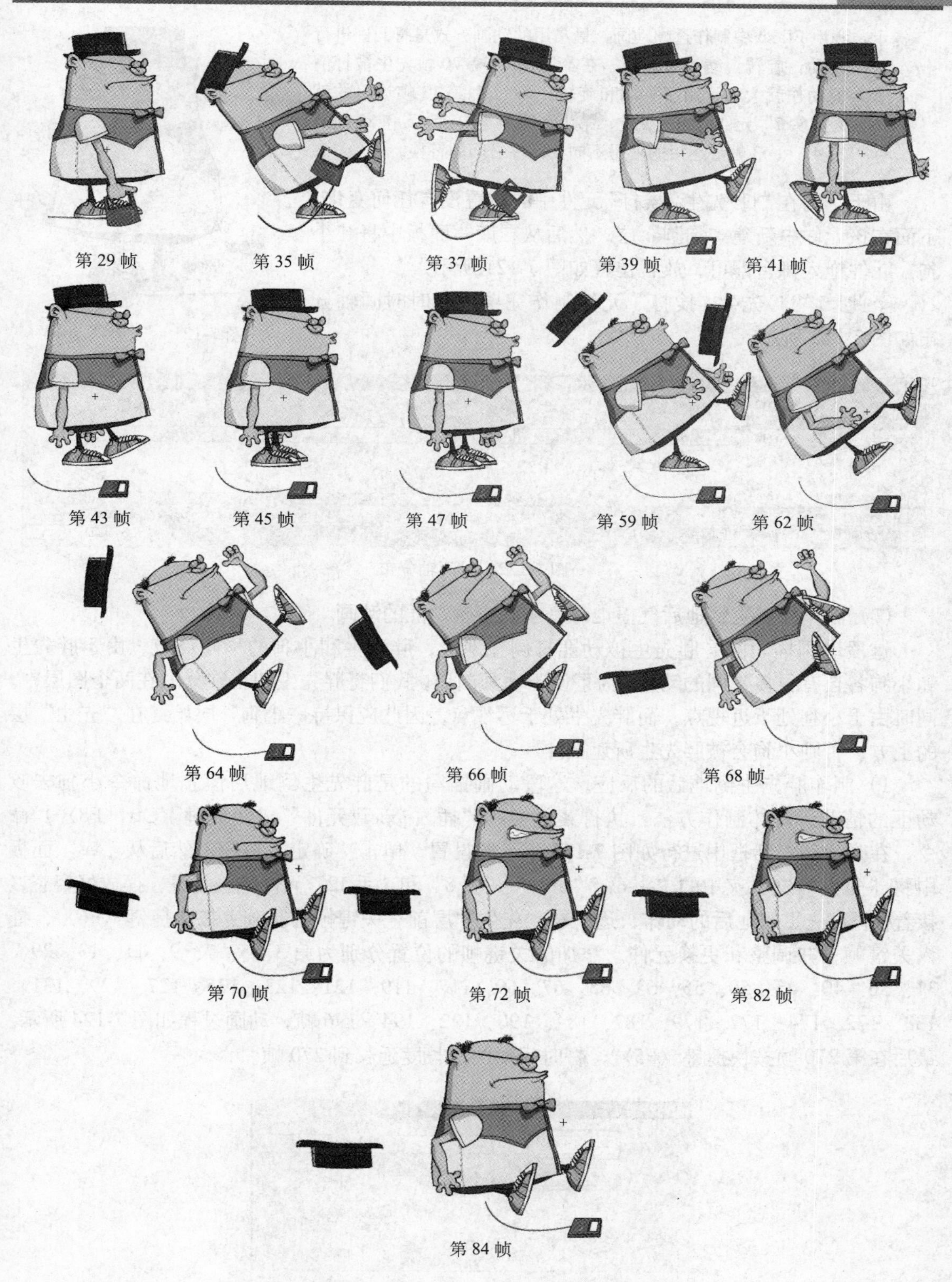

图 7-120 胖先生被打后倒地的动画过程（续）

图 7-121 “小狗”元件

提示：利用 Flash 中制作逐帧动画，最常用的动画方式是将元件进行移动、旋转、缩放和替换。在本元件第 59~70 帧先生被打倒的动作就大量运用了移动和旋转；第 11 和第 13 帧运用的就是“头 7”元件的缩放变化；第 1 和第 11 帧、第 15 和 29 帧、第 41 和 43 帧等运用的就是不同头元件之间的替换。

由于小狗在“11. 先生 - 挨打”元件中的位置没有任何变化，下面在该元件中新建“狗狗”层，然后从“库”面板中将“小狗”元件拖入舞台即可，放置位置如图 7-121 所示。

至此，“11. 先生 - 挨打”元件制作完毕，此时时间轴分布如图 7-122 所示。

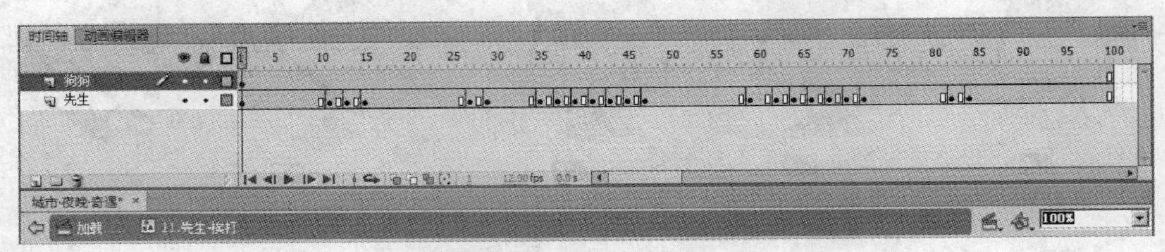

图 7-122　时间轴分布

(7) 制作胖先生倒地后气愤地命令小狗去咬劫匪的动画

这段动画描写的是胖先生被劫匪打倒在地后，胖先生和小狗的不同反应。由于胖先生和小狗各自有很多不同的动作，为了便于动画制作，我们将胖先生和小狗分散在两个图层中。同时由于小狗处于近视点，而胖先生处于远视点，因此应保持“小狗”层始终在“先生”层的上方，否则小狗会被胖先生所遮挡。

1）制作胖先生倒地后的反应。这段动画描写的是胖先生倒地后愤怒地命令小狗去咬劫匪的情节。具体制作方法：执行菜单中的“插入 | 新建元件”（快捷键〈Ctrl+F8〉）命令，在弹出的对话框中进行如图 7-123 所示的设置，单击“确定”按钮。然后从“库”面板中将“先生”文件夹中的“头 6”“身体”“腿 8”和“手 12”元件拖入场景，摆放好姿态。接着根据胖先生倒地后的动作，逐个在“先生”层前一关键帧的基础上按快捷键〈F6〉，插入关键帧，并调整和更换元件。添加的关键帧的位置分别为第 3、5、7、9、11、13、29、31、36、40、45、50、55、63、65、67、69、117、119、121、123、125、127、129、131、133、172、174、177、179、182、184、190、192、194、196 帧，动画过程如图 7-124 所示。最后在第 270 帧按快捷键〈F5〉，将时间轴的总长度延长到 270 帧。

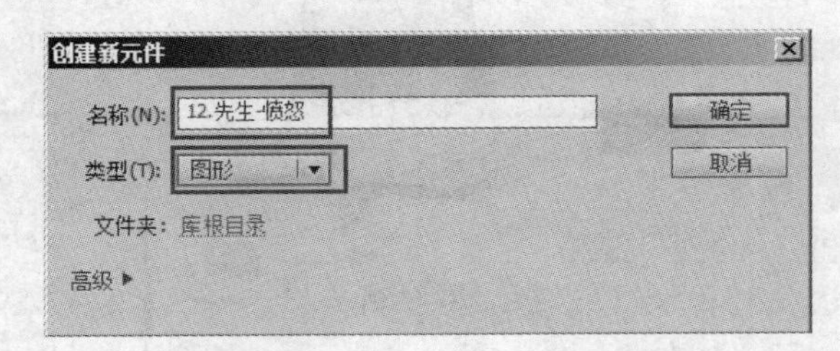

图 7-123　新建“12. 先生 - 愤怒”元件

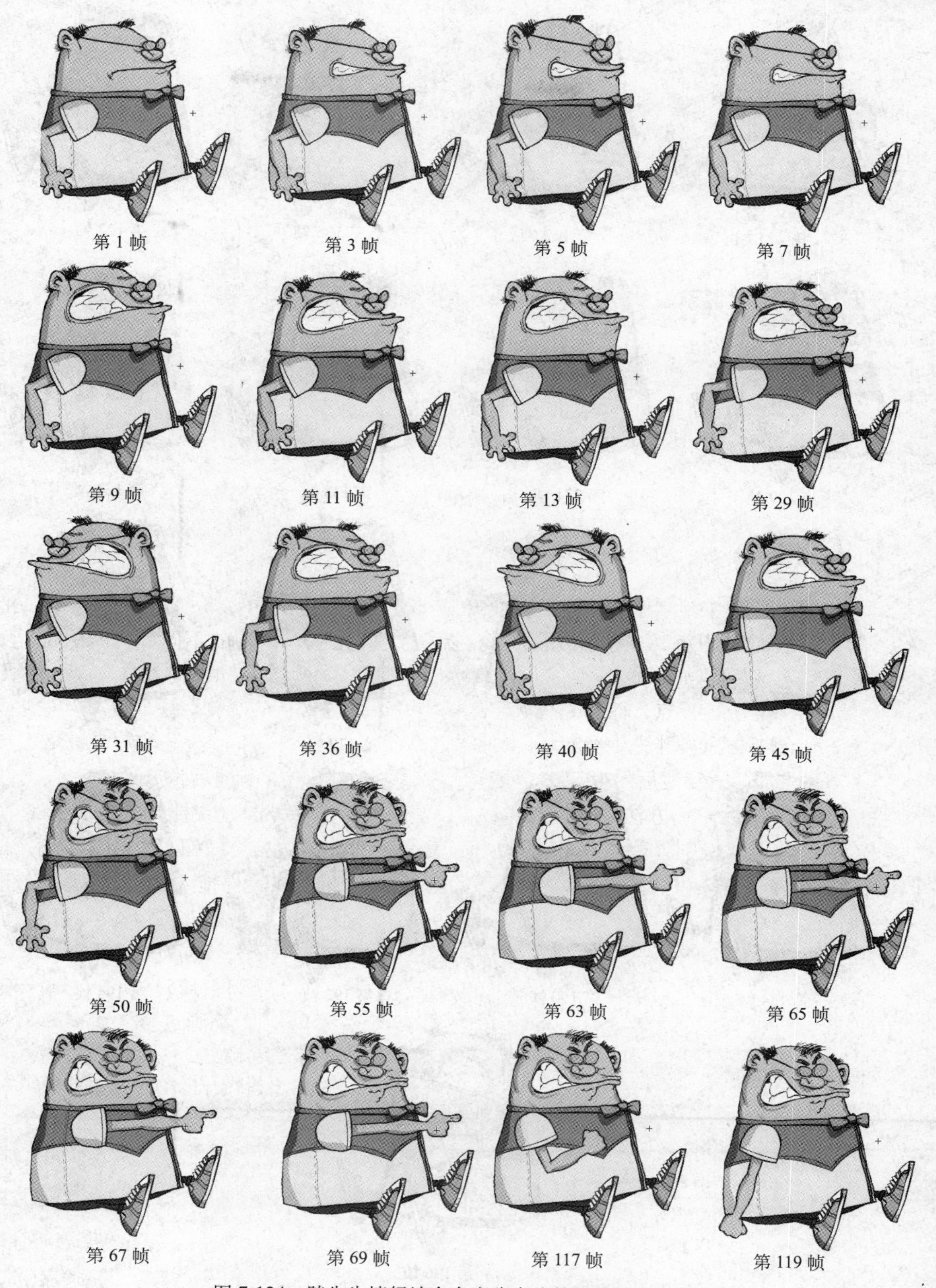

图 7-124 胖先生愤怒地命令小狗去咬劫匪的动画过程

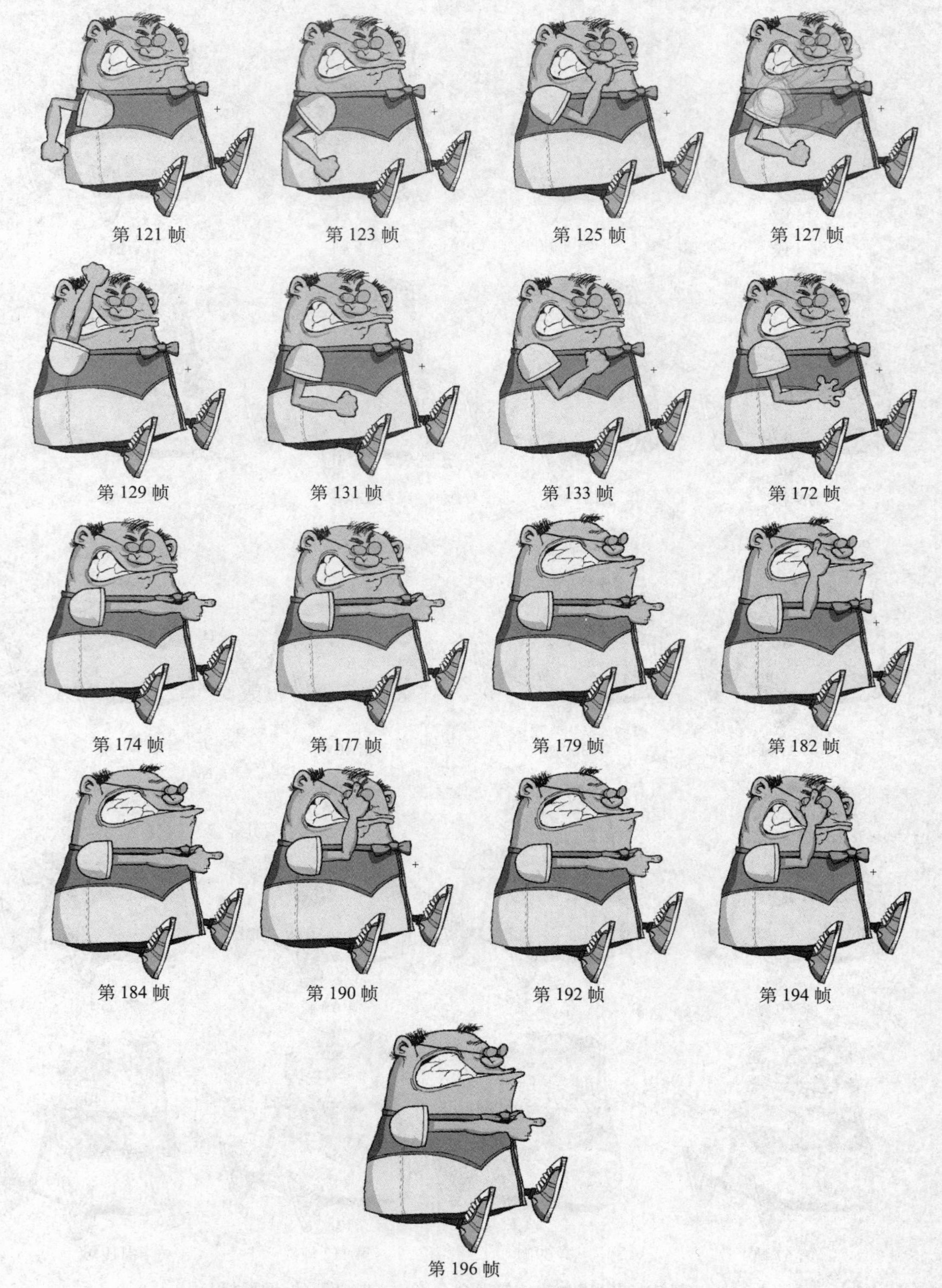

图 7-124　胖先生愤怒地命令小狗去咬劫匪的动画过程（续）

2）制作小狗在胖先生倒地后的反应。这段动画描写的是小狗在胖先生的一再催促下犹豫不决的情节。具体制作方法：在“12. 先生 - 愤怒”元件中新建“小狗”层，然后从“库”面板中将“小狗”元件拖入舞台，并放置到适当位置，如图 7-125 所示。为了便于观看，下面将“先生”层进行隐藏，如图 7-126 所示。接着在“小狗”层的第 85 帧按快捷键〈F6〉，插入关键帧。然后按快捷键〈Ctrl+B〉，将其分离为小元件。接着删除“眼睛”元件，从“库”面板中将“眼皮”元件拖入舞台，并放置到适当位置，如图 7-127 所示。

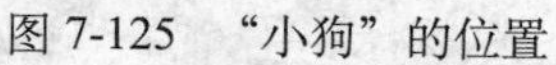

图 7-125 “小狗”的位置

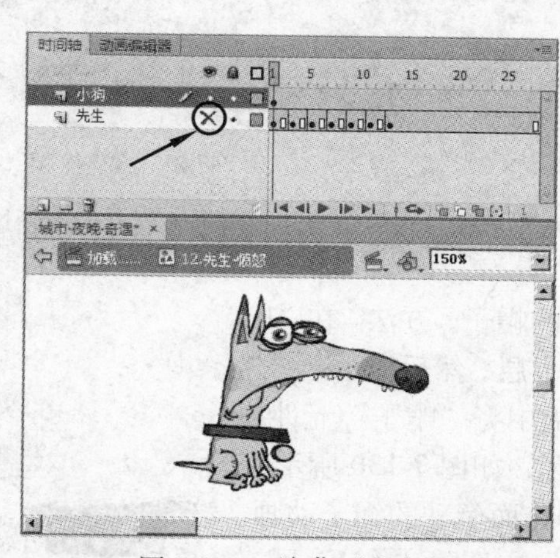

图 7-126 隐藏“先生”层

图 7-127 “眼皮”元件位置

接下来主要用大量的眼部动作来表现小狗被胖先生捶打前后的心理变化。逐个在“小狗”层前一关键帧的基础上按快捷键〈F6〉，插入关键帧，并调整和更换元件。添加的关键帧的位置分别为第 85、87、89、91、94、96、99、101、108、111、129、131、133、135、137、139、141、143、145、147、149、151、153、155、157、161、163、203、205、214、216、222、224、227、229、247、249、265、267 帧。图 7-128 为小狗被先生捶打前的眨眼过程。图 7-129 为小狗被先生捶打后从缩身，到头晕目眩，然后被迫起立动画过程。

第 85 帧　第 87 帧　第 89 帧　第 91 帧　第 94 帧　第 96 帧　第 99 帧　第 101 帧　第 108 帧　第 111 帧

图 7-128 小狗眨眼过程

第 129 帧　第 131 帧　第 133 帧　第 135 帧　第 137 帧　第 139 帧　第 141 帧　第 143 帧　第 145 帧　第 147 帧

图 7-129 小狗从缩身到头晕目眩，再被迫起立的动画过程

图 7-129　小狗从缩身到头晕目眩，再被迫起立的动画过程（续）

3）放置胖先生被打掉的帽子。方法：在“12. 先生 - 愤怒”中新建“帽子”层，然后显示出“先生”层，接着从“库”面板中将“帽子”元件拖入舞台，并放置到适当位置，如图 7-130 所示。

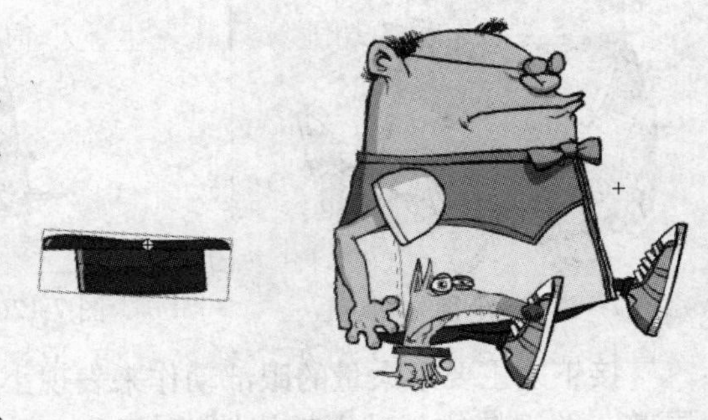

图 7-130　“帽子”元件位置

4）制作因为小狗的动作而牵动的绳子动画。方法：在“12. 先生 - 愤怒”中新建“线 1”层，然后从“库”面板中将“线 1”元件拖入舞台，放置位置如图 7-131 所示。由于小狗有一个起立又坐下的动作，“线 1”元件必须跟随小狗的动作。下面在第 224 帧，按快捷键〈F6〉插入关键帧，再调整“线 1”元件的位置，如图 7-132 所示。接着在第 267 帧按快捷键〈F6〉，插入关键帧，调整“线 1”元件的位置，如图 7-133 所示。

至此，“12. 先生 - 愤怒”元件制作完毕，此时时间轴分布如图 7-134 所示。

图 7-131　第 1 帧“线 1”元件位置

图 7-132　第 224 帧“线 1”元件位置

图 7-133　第 267 帧“线 1”元件位置

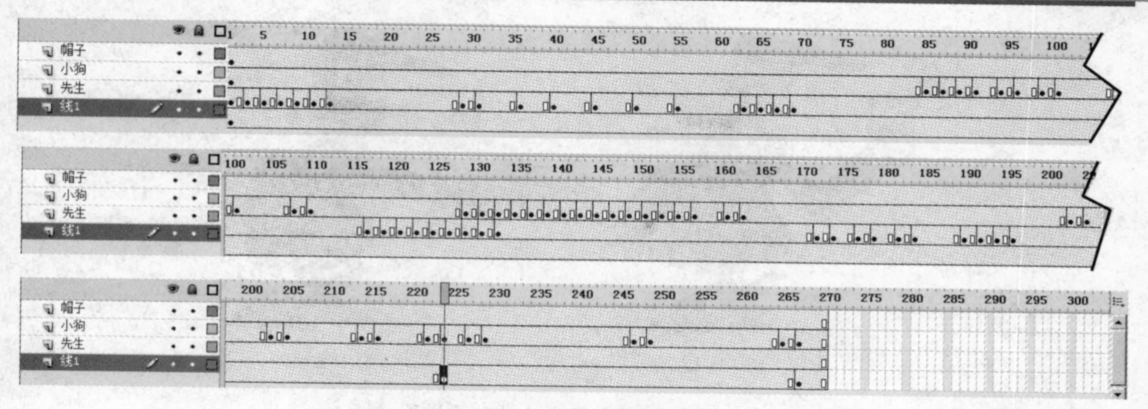
图 7-134 时间轴分布

（8）制作劫匪举枪动画

这段动画描写的劫匪看到胖先生让小狗去咬他，愤怒地掏出枪的情节，将在“13. 劫匪 - 举枪”元件中来完成。

1）新建“13. 劫匪 - 举枪”图形元件，然后将“库”面板中“劫匪”文件夹中的“头 1”“身体”“手 2”“手 4”和“腿 1”元件拖入场景，摆放好姿态。

2）根据劫匪举枪的动作和表情，逐个在前一关键帧的基础上按〈F6〉键，插入关键帧，并调整和更换元件。添加的关键帧的位置分别为第 3、5、7、30、32、82、176、186 帧，动画过程如图 7-135 所示。最后在第 200 帧按快捷键〈F5〉，将时间轴的总长度延长到 200 帧。

图 7-135 劫匪举枪的动画过程

第 176 帧　　第 186 帧

图 7-135　劫匪举枪的动画过程（续）

至此，“13. 劫匪 - 举枪”元件制作完毕，此时时间轴分布如图 7-136 所示。

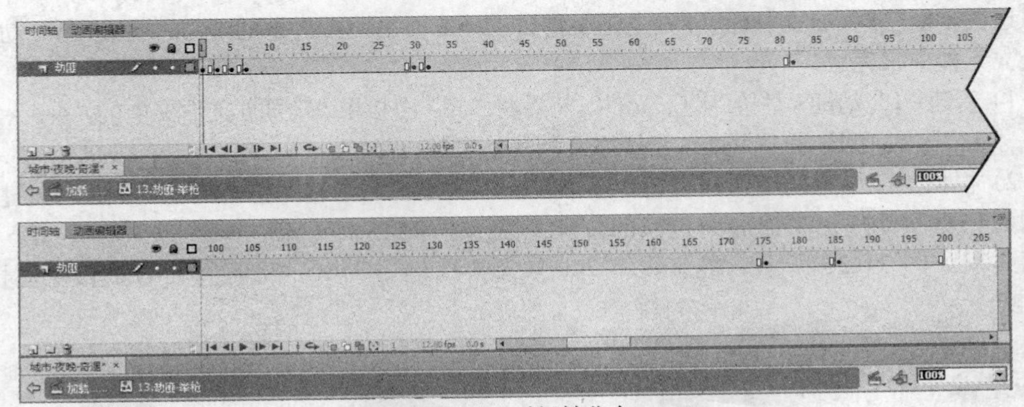

图 7-136　时间轴分布

(9) 制作胖先生站起后要起三脚猫功夫并将鞋踢飞的动画

这段动画描写的是胖先生看到劫匪举起枪后先是讨好地笑，然后起身要起三脚猫功夫并将鞋踢飞的情节。将在“14. 先生 - 功夫”“15. 先生 - 无奈”和“16. 劫匪 - 威胁”3 个元件中来完成。

1）制作胖先生站起后要起三脚猫功夫的动画。方法：新建“14. 先生 - 功夫”图形元件。为了使“14. 先生 - 功夫”元件中的开头部分与“12. 先生 - 愤怒”元件的结尾部分无缝相接，下面在“库”面板中双击“12. 先生 - 愤怒”元件，进入该元件的编辑状态，然后同时选择“先生”“小狗”“帽子”和“线 1”层的第 267 帧，单击鼠标右键，从弹出的快捷菜单中选择“复制帧”命令。接着回到“14. 先生 - 功夫”元件中，右击第 1 帧，从弹出的快捷菜单中选择“粘贴帧”命令，此时时间轴如图 7-137 所示。

根据胖先生站起后要起三脚猫功夫的动作，逐个在“先生”层在前一关键帧的基础上按快捷键〈F6〉，插入关键帧，并调整和更换元件。添加的关键帧的位置分别为第 3、5、7、17、19、21、41、43、45、47、49、51、53、61、63、65、67、69、71、73、75、77、79、81、83、85、87、92、94、98、102、106、110、114、116、118、120、122、124、126、128、130、132、134、138、142、146、150、154、156、158、160、162、164、166、168、

172、174、176、180、182、184 帧，动画过程如图 7-138 所示。最后在第 235 帧按快捷键〈F5〉，将时间轴的总长度延长到第 235 帧。

图 7-137 复制元件

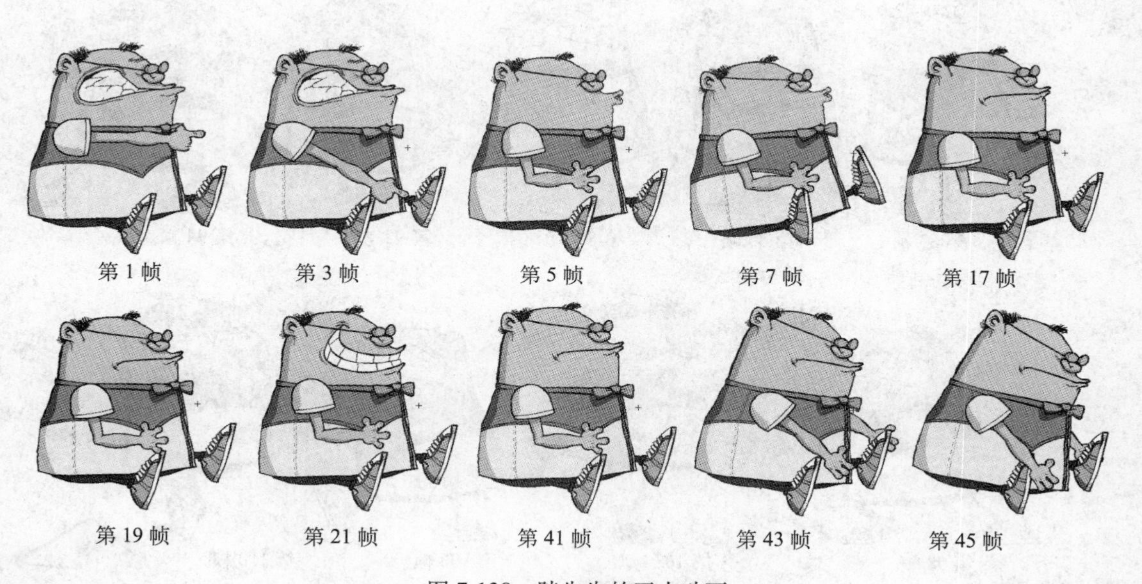

图 7-138 胖先生的工夫动画

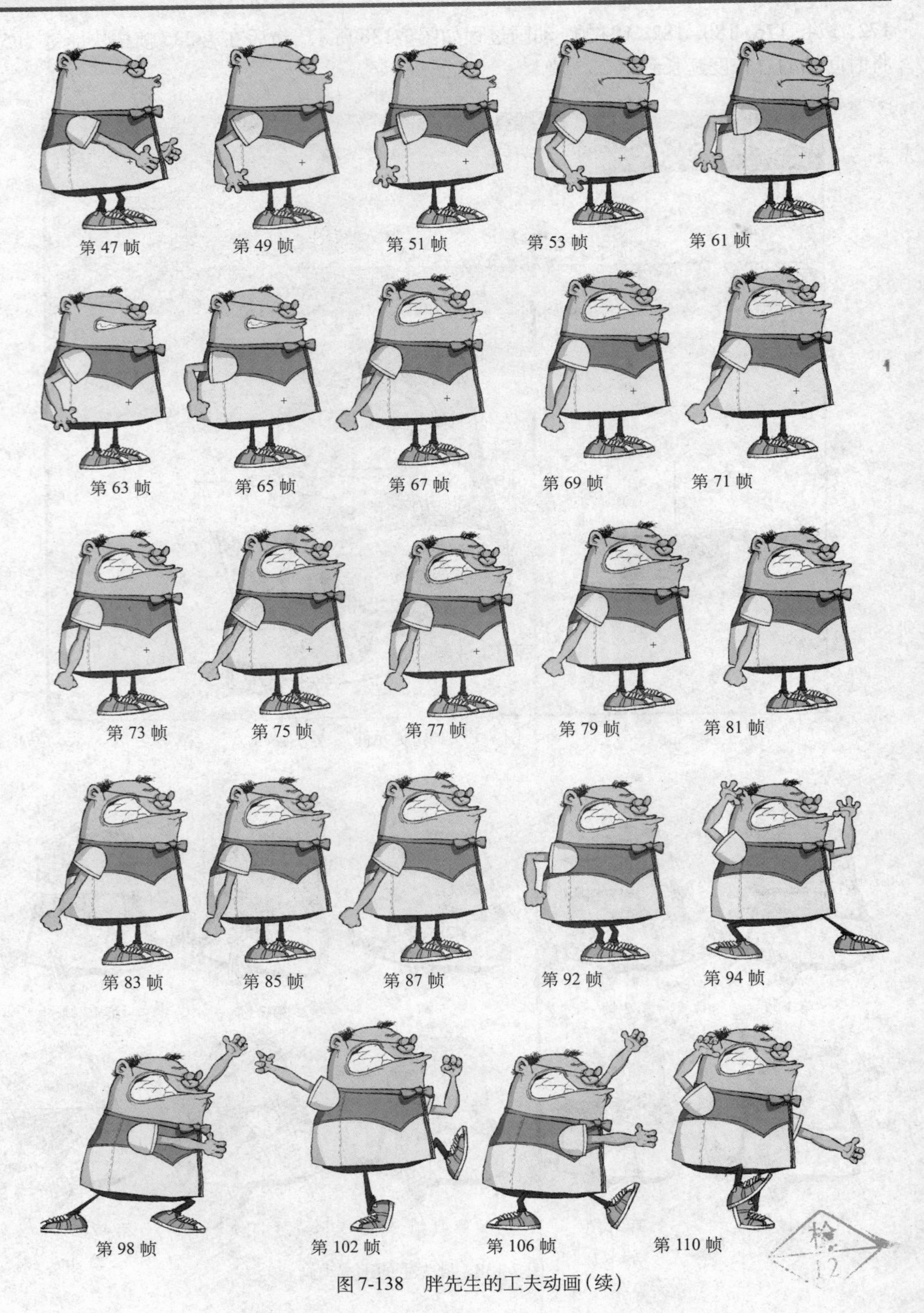

图7-138 胖先生的工夫动画(续)

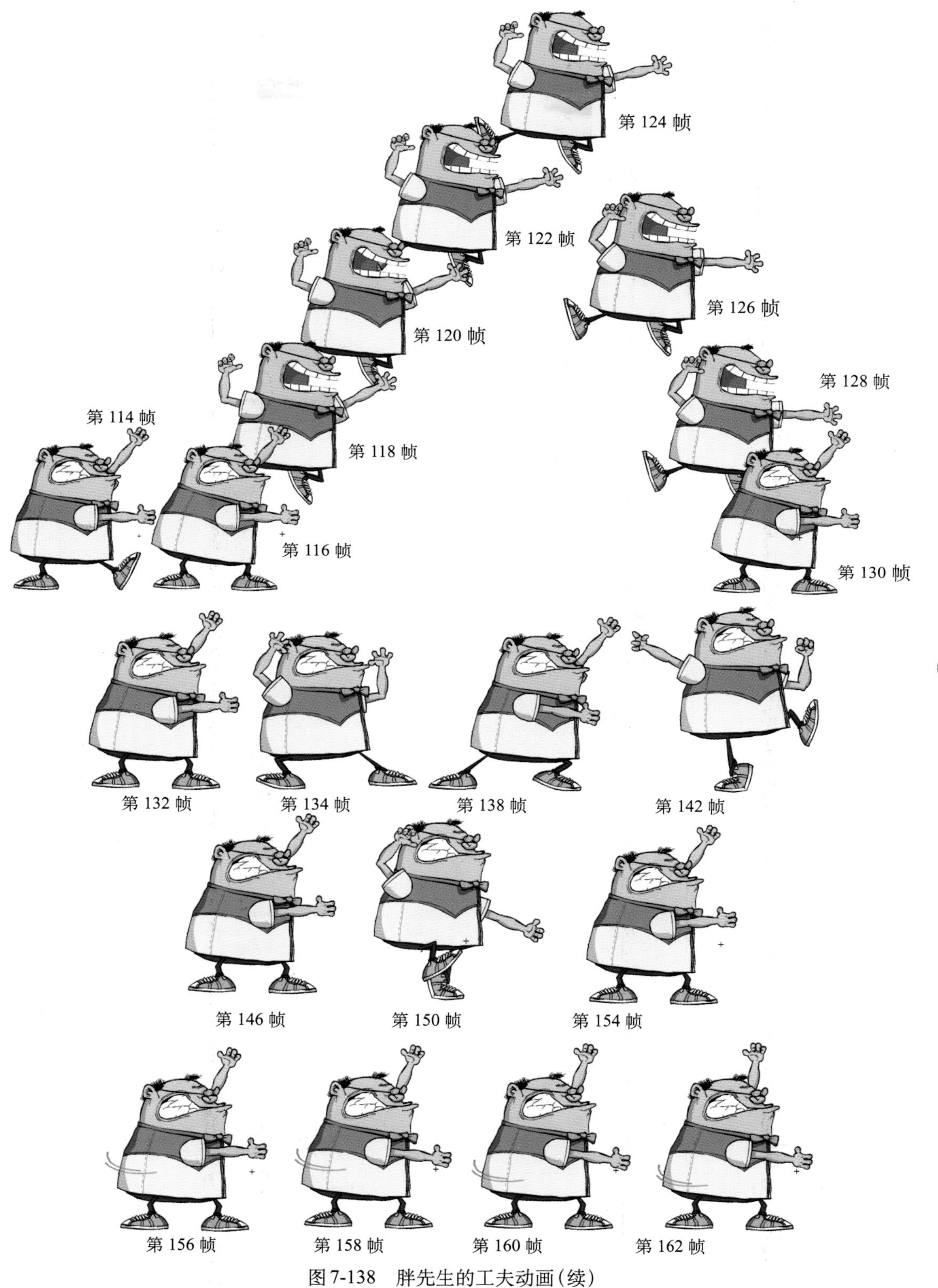

图 7-138　胖先生的工夫动画(续)

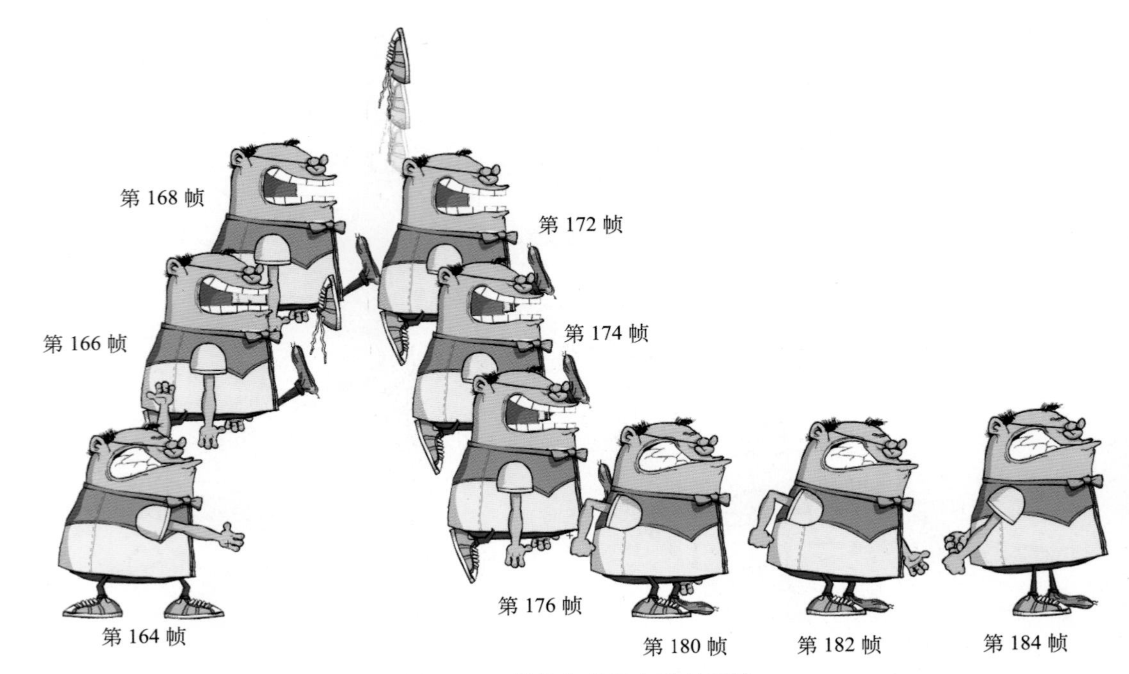

图 7-138 胖先生的工夫动画（续）

2）制作小狗看到胖先生脚上只剩下袜子之后惊讶的表情。方法：在“小狗”层的第 201 帧按快捷键〈F6〉，插入关键帧。然后按快捷键〈Ctrl+B〉一次，将其分离为小元件。此时小狗的表情主要是靠眼部动作来表现的，所以下面将“眼睛”元件替换为“瞪眼”“左眼”和“右眼”元件。同理，逐个在前一关键帧的基础上按快捷键〈F6〉，插入关键帧，并调整和更换元件。添加的关键帧的位置分别为第 207、209、214、216、221、223 帧，动画过程如图 7-139 所示。最后在第 235 帧按快捷键〈F5〉，将时间轴的总长度延长到第 235 帧。

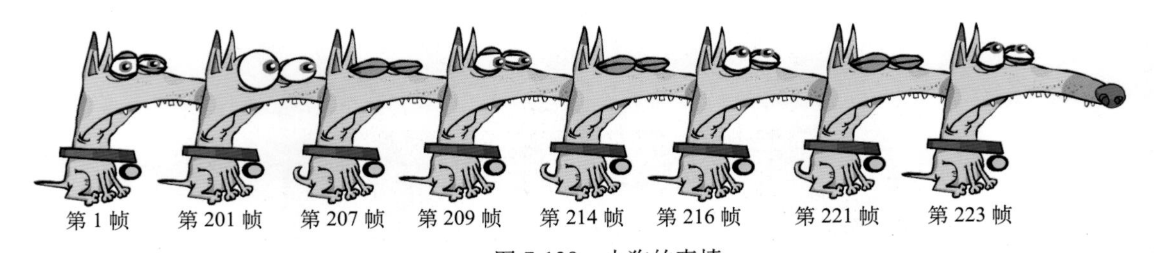

图 7-139 小狗的表情

同时选中“帽子”和“线 1”层的第 235 帧按快捷键〈F5〉，插入普通帧，从而将这两个图层的时间轴总长度也延长到第 235 帧。至此，“14. 先生 - 功夫”元件制作完毕，此时时间轴分布如图 7-140 所示。

3）制作胖先生将鞋踢飞后的表情。方法：新建“15. 先生 - 无奈”图形元件，然后将“14. 先生 - 功夫”所有图层最后 1 帧（第 235 帧），利用“复制帧”和“粘贴帧”的命令将其复制到“15. 先生 - 无奈”元件的第 1 帧。接着根据胖先生将鞋踢飞后无奈的表情，逐个在“先生”层前一关键帧的基础上按快捷键〈F6〉，插入关键帧，并调整和更换元件。添加的关键帧的位置分别为第 8、13、15、17、21、23 帧，动画过程如图 7-141 所示。最后在第 67 帧按快捷键〈F5〉，将时间轴的总长度延长到第 67 帧。

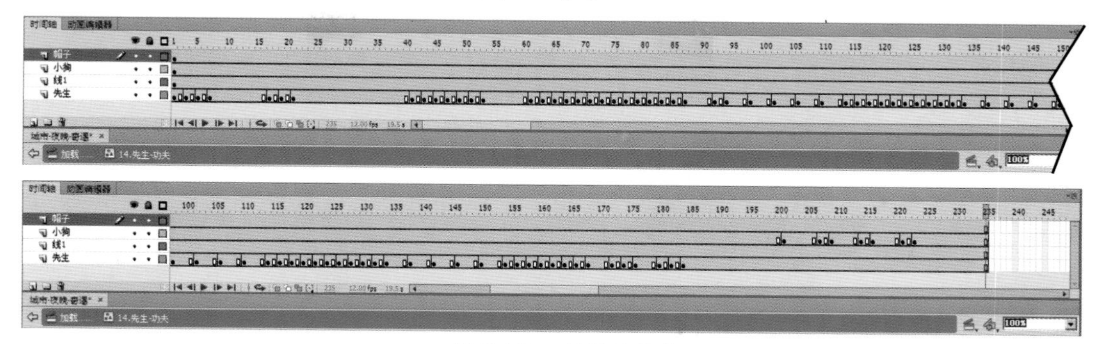

图 7-140 时间轴分布

图 7-141 先生将鞋踢飞后的表情动画

同时选中“帽子”“线”和“小狗”层的第 67 帧按快捷键〈F5〉，从而将这些层的总帧数延长到第 67 帧。至此，“15. 先生 - 无奈”元件制作完毕，此时时间轴分布如图 7-142 所示。

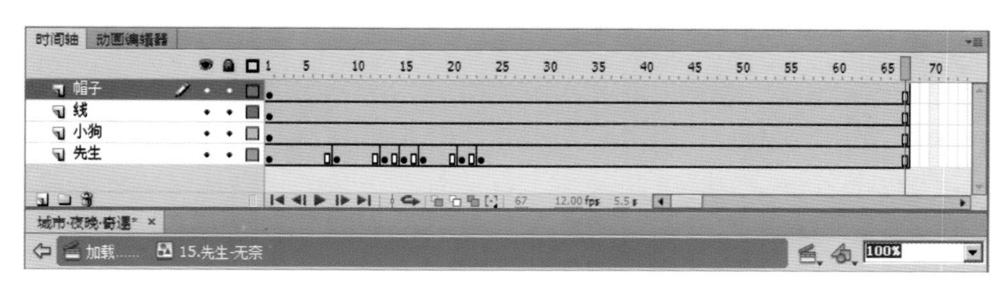

图 7-142 时间轴分布

4）制作劫匪持枪威胁胖先生的动画。方法：新建“16. 劫匪 - 威胁”图形元件，将“13. 劫匪 - 举枪”元件的最后 1 帧（第 186 帧），利用“复制帧”和“粘贴帧”的命令将其复制到“16. 劫匪 - 威胁”元件中。然后根据劫匪持枪威胁先生的夸张表情，逐个在“劫匪”层在前一关键帧的基础上按快捷键〈F6〉，插入关键帧，并调整和更换元件。添加的关键帧的位置分别为第 3、5、7、9、11、13、15、17、19 帧，动画过程如图 7-143 所示。最后在第 78 帧按快捷键〈F5〉，将时间轴的总长度延长到第 78 帧。

提示：在 Flash 卡通动画中，为了更好地表现人物夸张的表情和动作，可以将前后帧元件的形态做强烈的对比变化。这种效果是电影中很难表现的。

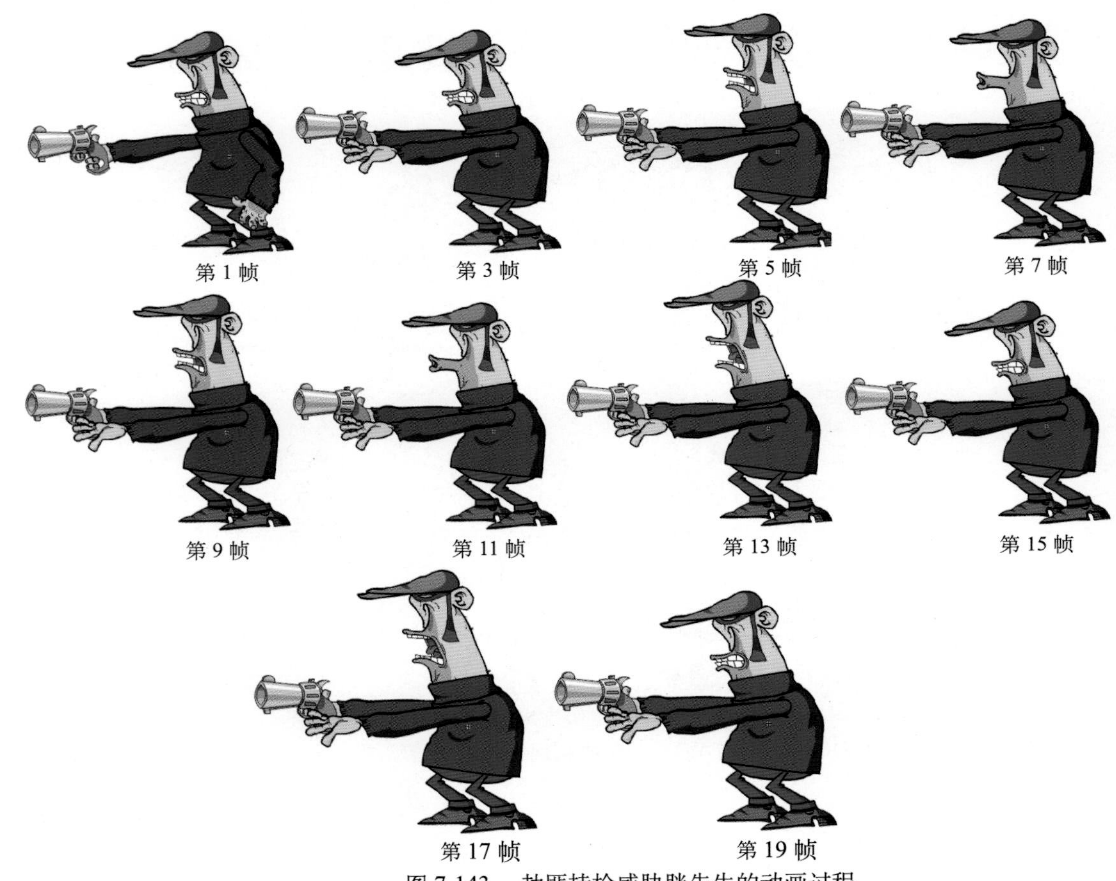

图 7-143　劫匪持枪威胁胖先生的动画过程

至此，“16. 劫匪 - 威胁”元件制作完毕，此时时间轴分布如图 7-144 所示。

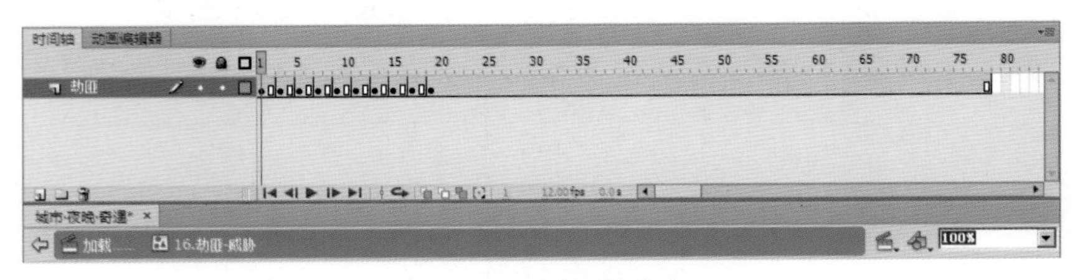

图 7-144　时间轴分布

(10) 制作劫匪被落下的鞋击中后枪走火，然后被自己击落的太空望远镜砸扁的动画

这段动画将在“17. 空中的鞋”和“18. 劫匪 - 走火”两个元件中完成。

1）利用逐帧动画制作被胖先生踢飞的鞋飞起后落下的动画。方法：新建“17. 空中的鞋”图形元件，将“库”面板中“场景”文件夹中“夜空”元件拖入舞台，如图 7-145 所示。

图 7-145 “夜空”元件位置

为了便于观察，下面隐藏“背景”层，然后新建“鞋”层，从“库”面板中将“鞋 1”元件拖入舞台，并调整位置。接着逐个在前一关键帧的基础上按快捷键〈F6〉，插入关键帧，并调整和更换元件。添加的关键帧的位置分别为第 3、5、7、9、11、13、15、17、19、21 帧，动画过程如图 7-146 所示。

提示：鞋在空中飞行是一个抛物线，本来可以用引导层动画方式来完成，但本元件为了表现出鞋从最低点到最高点，再回落过程中鞋带的变化，使用了两个不同的元件来实现。而且期间为了表现鞋的运动速度还做了一些运动模糊的处理，所以在这里使用了逐帧动画，而不是引导线动画。

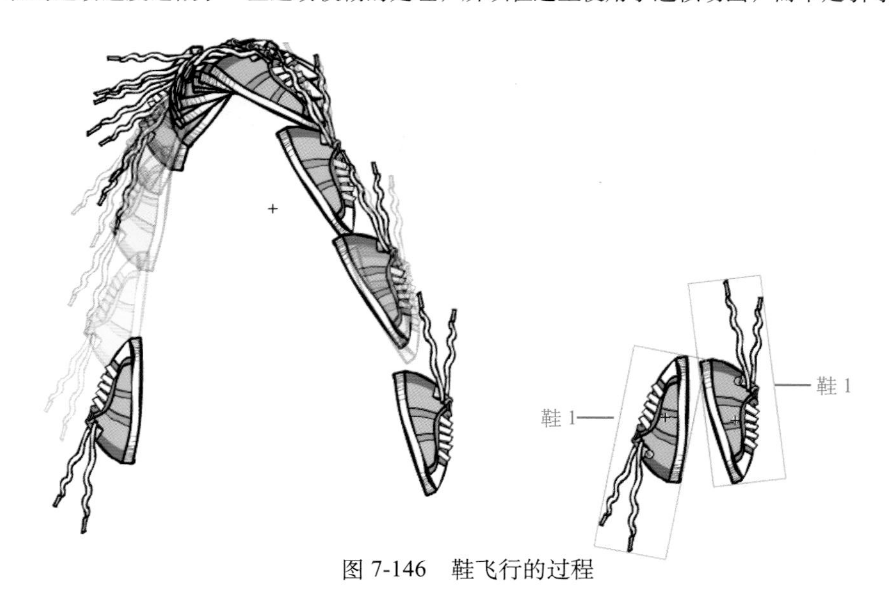

图 7-146 鞋飞行的过程

至此，“17. 空中的鞋”元件制作完毕，下面重新将“夜空”层显示出来，此时时间轴分布如图 7-147 所示。

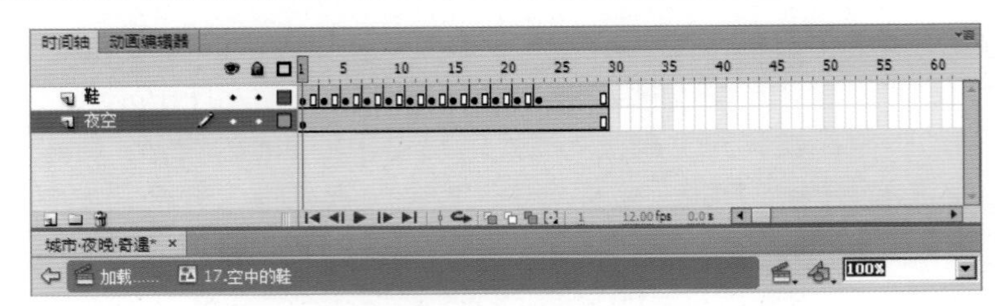

图 7-147　时间轴分布

2）这段动画描写的是劫匪又一次向先生恐吓要钱，只是这次他怎么也没有想到会有那么多的巧合，从空中落下的鞋击中了他的手，他走火的枪又击中了太空望远镜，而坠落的太空望远镜却不偏不斜地砸扁了他。具体制作方法：新建“18. 劫匪 - 走火”图形元件，由于在前面“16. 劫匪 - 威胁”元件的第 1~19 帧已经制作了劫匪恐吓先生的动画，这里可以直接复制这段动画。进入“16. 劫匪 - 威胁”元件中，选择第 1~19 帧，单击右键，在弹出的快捷菜单中选择“复制帧”命令。然后回到“18. 劫匪 - 走火”图形元件，在第 1 帧的位置单击右键，从弹出的快捷菜单中选择“粘贴帧”命令即可。接着逐个在前一关键帧的基础上按快捷键〈F6〉，插入关键帧，并调整和更换元件。添加的关键帧的位置分别为第 28、30、32、34、36、47、52、54、56、58、60、62、64 帧，第 28~64 帧动画过程如图 7-148 所示。最后在第 72 帧按快捷键〈F5〉，将时间轴的总长度延长到第 72 帧，此时时间轴分布如图 7-149 所示。

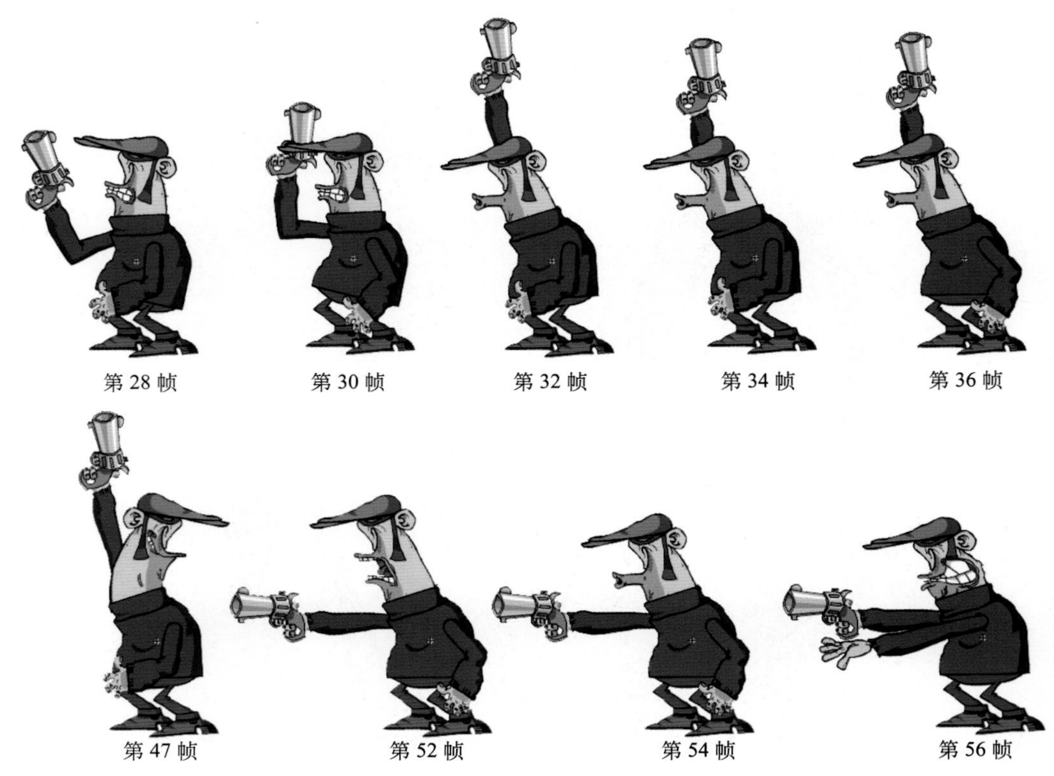

图 7-148　劫匪枪走火前后的过程

图 7-148 劫匪枪走火前后的过程（续）

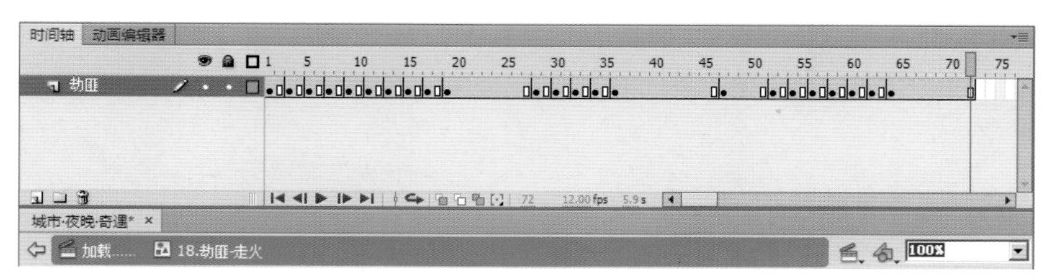

图 7-149 时间轴分布

制作劫匪枪走火时的烟圈效果。方法：在“18. 劫匪 - 走火”图形元件中新建“烟”层，然后在第 32 帧按快捷键〈F6〉，插入关键帧。接着利用工具箱上的（刷子工具）在枪口位置绘制烟圈形状。最后逐个在前一关键帧的基础上按快捷键〈F6〉，插入关键帧，并绘制烟雾的不同形状。添加的关键帧的位置分别为第 34、36、38、40、42 帧，动画过程如图 7-150 所示。最后在第 44 帧按快捷键〈F7〉，插入空白关键帧，此时该层时间轴的总长度为 43 帧。此时时间轴分布如图 7-151 所示。、

图 7-150 烟圈的形状变化过程

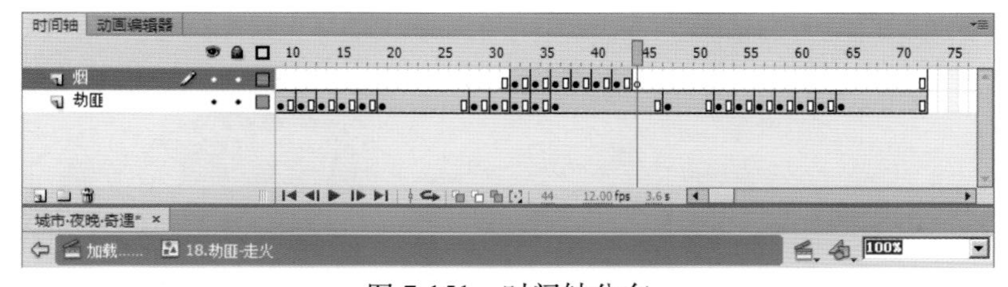

图 7-151 时间轴分布

制作坠落的鞋击中劫匪的过程。方法：在“18. 劫匪 - 走火”图形元件中新建“鞋”层，

然后在第 22 帧按快捷键〈F7〉，插入空白关键帧，从库中将“鞋 1”元件拖入舞台，并放置到适当位置。接着逐个在“劫匪”层在前一关键帧的基础上按快捷键〈F6〉，插入关键帧，并调整和更换元件。添加的关键帧的位置分别为第 24、26、28、30、32、34 帧，动画过程如图 7-152 所示。此时时间轴分布如图 7-153 所示。

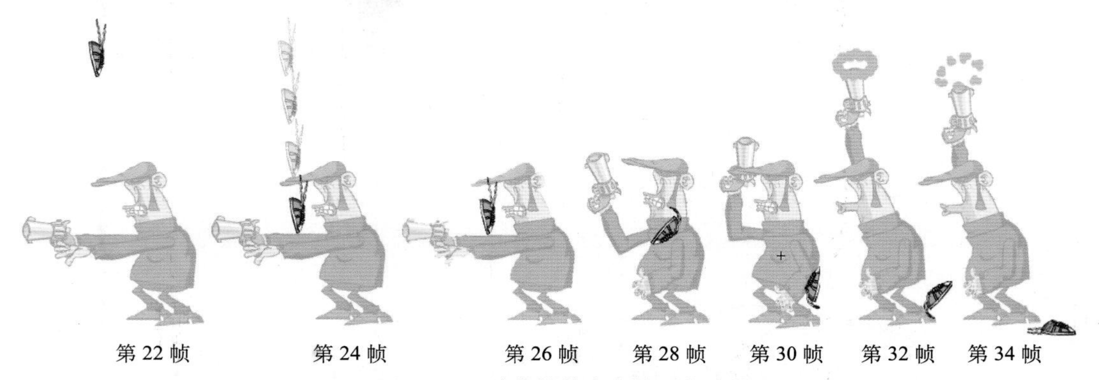

图 7-152　坠落的鞋击中劫匪的过程

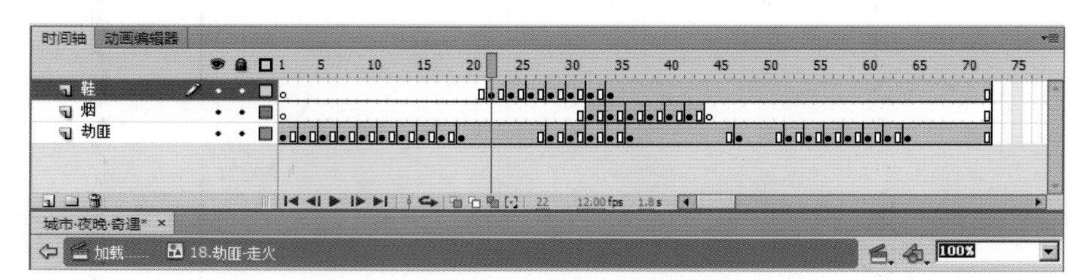

图 7-153　时间轴分布

用逐渐扩大的阴影来表现太空望远镜逐渐接近劫匪的效果。方法：在“18. 劫匪 - 走火”图形元件中新建“阴影”和“太空望远镜”层，并确认“太空望远镜”层位于最上层。然后在“阴影”层的第 67 帧按快捷键〈F7〉，插入空白关键帧，从“库”面板中将“阴影”元件拖入舞台，并放置到适当位置。然后分别在第 73、75、77 帧，按快捷键〈F6〉，插入关键帧，并对“阴影”元件进行适当缩放。

在“太空望远镜”层的第 73 帧按快捷键〈F7〉，插入空白关键帧，然后从“库”面板中将“太空望远镜”元件拖入舞台，并放置在适当位置。接着分别在第 75、77 帧，按快捷键〈F6〉，插入关键帧，并对“太空望远镜”元件进行适当缩放。图 7-154 为“太空望远镜”和“阴影”元件的缩放动画过程。

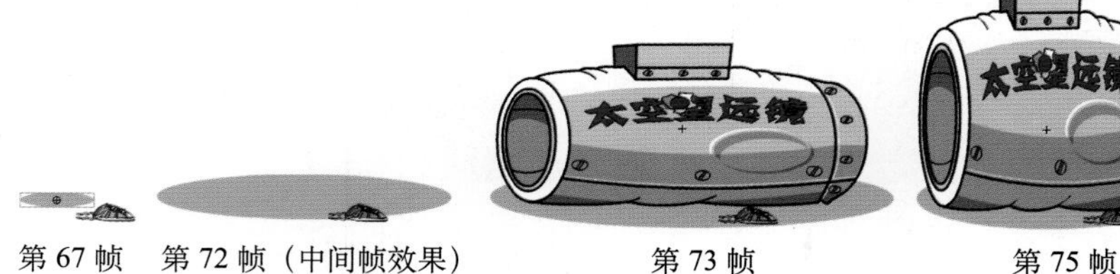

图 7-154　太空望远镜坠落的过程

制作太空望远镜坠落后的烟雾动画。方法：选择“烟”层，在第 95 帧按快捷键〈F7〉，插入空白关键帧。然后从“库”面板中将“烟”元件拖入舞台并放置到适当位置。接着分别在第 102、114、126、135、150、165、180 帧，按快捷键〈F6〉，插入关键帧，并分别对“烟”元件进行缩放和透明度的调整，然后在关键帧之间创建传统补间动画，动画过程如图 7-155 所示。最后选中所有层的第 180 帧，按快捷键〈F5〉，将所有层的总长度延长到第 180 帧。此时时间轴分布如图 7-156 所示。

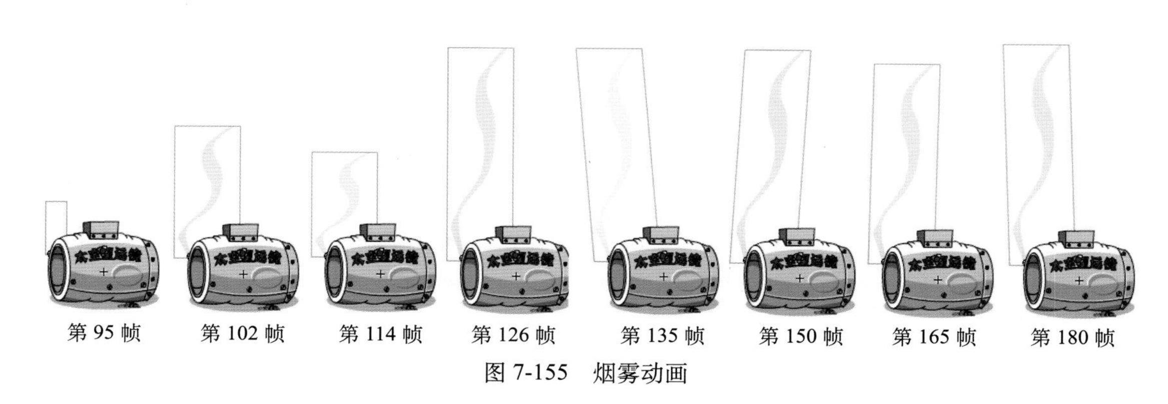

图 7-155　烟雾动画

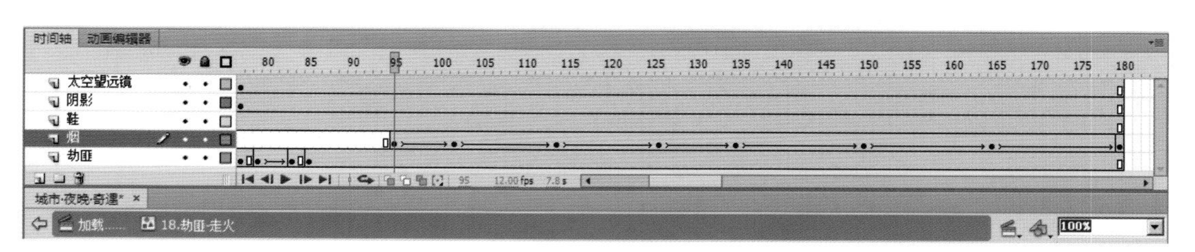

图 7-156　时间轴分布

制作劫匪被太空望远镜砸扁的动画。在这段动画中劫匪除了拿枪的右手之外，身体的其他部分被太空望远镜所遮挡，因此只需要使用“手 7”元件即可。方法：在“劫匪”层的第 73 帧按快捷键〈F7〉，插入空白关键帧，然后从库中将“劫匪”文件夹中的“手 7”元件拖入舞台，并放置到适当位置。接着分别在该层的第 75、77、79、83、85 帧按快捷键〈F6〉，插入关键帧，调整“手 7”元件的位置，并在第 79~83 帧之间创建传统补间动画。图 7-157 为第 73~85 帧之间的手的位置变化。

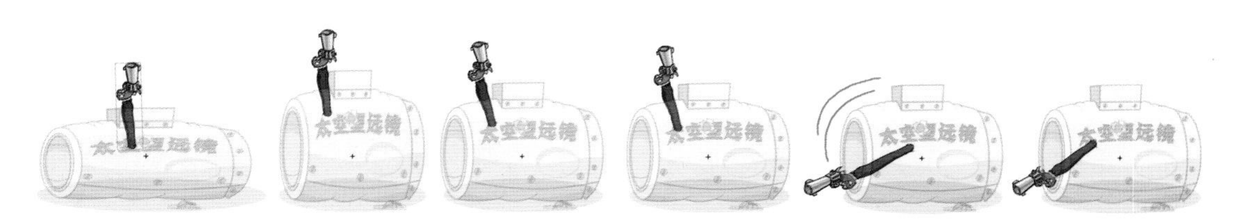

图 7-157　劫匪被太空望远镜砸扁的动画过程

至此，“18. 劫匪 - 走火”元件制作完毕，此时时间轴分布如图 7-158 所示。

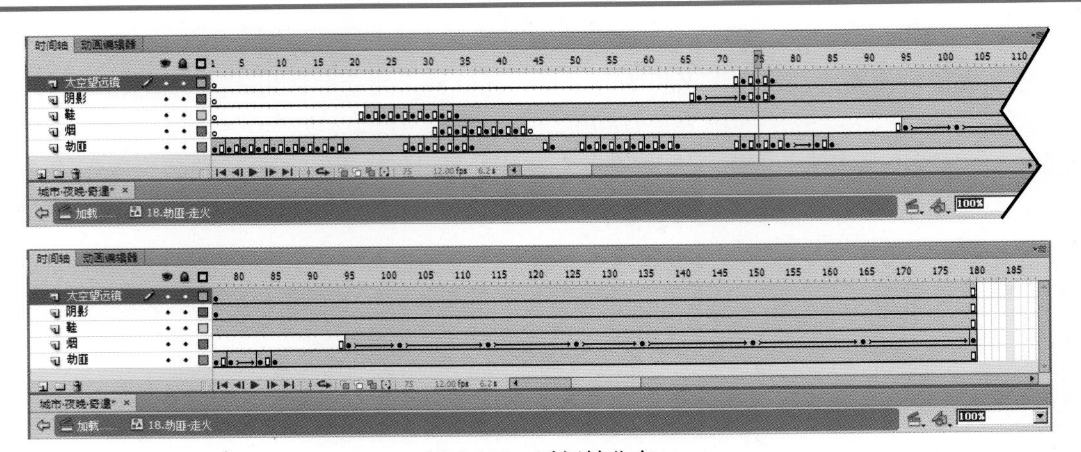

图 7-158　时间轴分布

（11）制作胖先生看到劫匪被太空望远镜砸扁后的反应

这段动画将在“19. 先生 - 旁观”元件中完成。

1）新建“19. 先生 - 旁观”元件，然后从“库”面板中将“头 2”“手 12”“身体”“腿 4”和“袜子 2”元件拖入舞台，并摆放到适当位置，如图 7-159 所示。

图 7-159　组合元件

2）根据胖先生看到劫匪太空望远镜砸扁后的反应，逐个在“劫匪”层在前一关键帧的基础上按快捷键〈F6〉，插入关键帧，并调整和更换元件。添加的关键帧的位置分别为第 30、32、34、66、68、70、72、74、76、101、103、107、109、111、113、134、142 帧，动画过程如图 7-160 所示。最后在第 170 帧按快捷键〈F5〉，将时间轴的总长度延长到 170 帧。

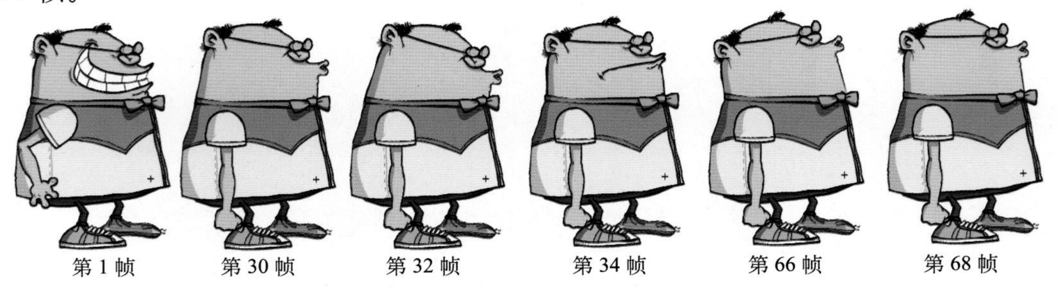

图 7-160　胖先生看到劫匪被太空望远镜砸扁后的反应

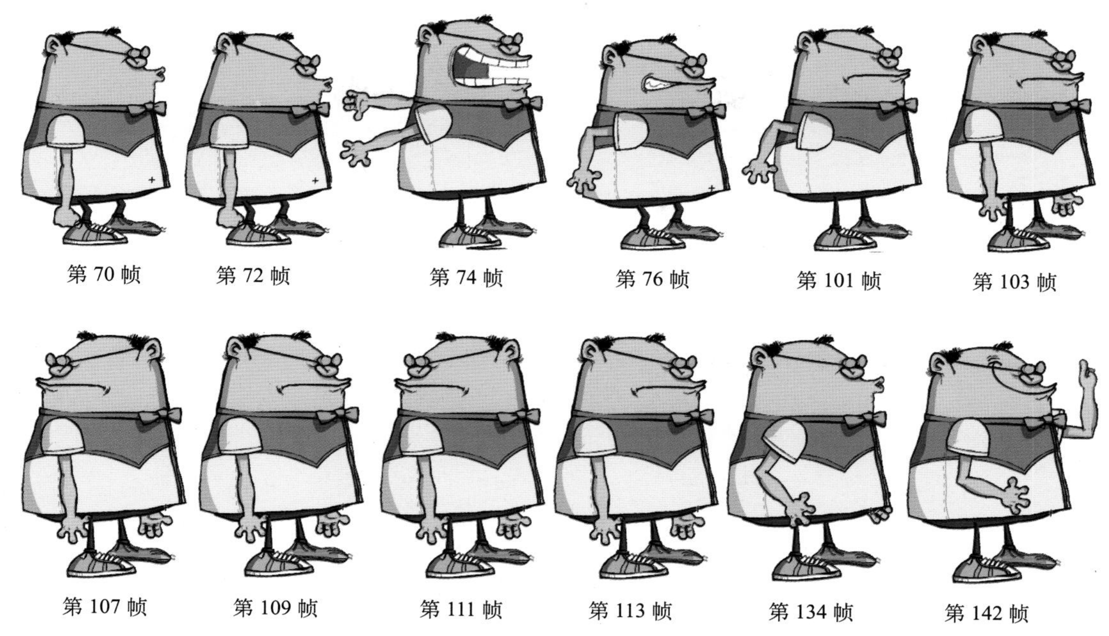

图 7-160　胖先生看到劫匪被太空望远镜砸扁后的反应(续)

3）在“19. 先生 - 旁观”元件中新建“小狗”和“帽子”层，然后从库中将“小狗”和“帽子”元件拖入相应的图层。接着新建“完”层，在第 142 帧按快捷键〈F7〉，插入空白关键帧，从库中将“先生”文件夹中的“泡泡”和“完”元件拖入舞台并放置到相应位置，如图 7-161 所示。

图 7-161　“泡泡”和“完”元件的位置

至此，“19. 先生 - 旁观”元件制作完毕，此时时间轴分布如图 7-162 所示。

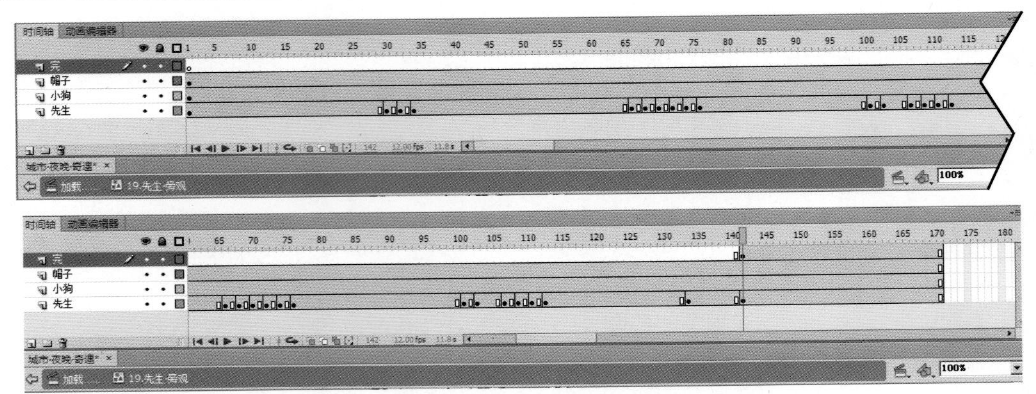

图 7-162 “19. 先生 - 旁观”元件时间轴分布

（12）组合主题场景

1）单击主题按钮，回到“主题”场景。将“图层 1”重命名为“街道”，然后在“街道”层上方新建“劫匪”“先生”和“光效”层。

2）选择“街道”层，将“街道 3”元件拖入舞台，并放置到适当位置，再在第 1235 帧按快捷键〈F5〉，插入普通帧，从而确定该层的动画总长度为 1235 帧。然后在该层第 31、115、183、215、391、491、751、949、995、1067 帧按快捷键〈F6〉，插入关键帧。接着在第 66、377、1043 帧按快捷键〈F7〉，插入空白关键帧。

3）根据剧中分镜头的设定，分别将第 31、183、491、949 帧的“街道 3”元件放大。并在第 377 帧将“地面俯视”元件拖入舞台，同理，在第 1043 帧将“17. 空中的鞋”元件拖入舞台。图 7-163 为“街道”层不同帧的镜头变化。

第 1、115、215、391、751、995、1067 帧

第 31 帧

第 183 帧

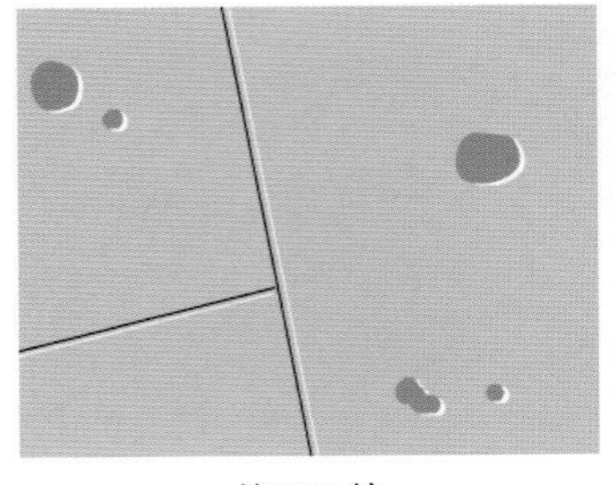
第 377 帧

第 491 帧

第 949 帧

图 7-163 “街道”层不同帧的镜头变化

第 1043 帧
图 7-163 “街道”层不同帧的镜头变化（续）

4）选择“劫匪”层，将“1. 劫匪 - 等待 A”元件拖入舞台，并放置到适当位置，再在第 1235 帧按快捷键〈F5〉，插入普通帧，从而确定该层的动画总长度为 1235 帧。然后在该层第 31、66、115、129、183、229、377、391、491、751、949、995、1043、1067 帧按快捷键〈F7〉，插入空白关键帧。接着根据剧中分镜头的设定，分别在不同空白帧放置事先准备好的不同元件。表 7-1 是不同时间帧拖入的元件名称。

表 7-1 “劫匪”层时间帧和元件名称的对照

时间帧	元件名称
第1帧	1.劫匪-等待A
第31帧	2.劫匪-等待B
第66帧	空白
第115帧	5.劫匪-跃起B
第129帧	6.劫匪-阻拦（放大）
第183帧	6.劫匪-阻拦
第229帧	7.劫匪-恐吓
第377帧	手13
第391帧	10.劫匪-挥拳
第491帧	空白
第751帧	13.劫匪-举枪
第949帧	空白
第995帧	16.劫匪-威胁
第1043帧	空白
第1067帧	18.劫匪-走火

提示：根据分镜头的设定，第 129 帧和第 183 帧是两个镜头，这两个镜头使用了同一元件，此元件在这两个镜头中只做了一个缩放变化。我们并没有将这个元件从“库”面板中拖入舞台两次，而是在第 129 帧拖入该元件后，然后在第 183 帧按快捷键〈F6〉，插入关键帧，并做适当缩放。

5）选择“先生”层，在该层第 66、115、140、183、215、300、377、391、491、751、761、949、995、1043、1067 帧按快捷键〈F7〉，插入空白关键帧。然后根据剧中分镜头的设定，分别在不同空白帧放置事先准备好的不同元件。接着在第 1235 帧按快捷键〈F5〉，插入普通帧，从而确定该层的动画总长度为 1235 帧。表 7-2 是在“先生”层不同时间帧拖入的元件名称。

表 7-2　“先生”层时间帧和元件名称的对照

时间帧	元件名称
第1帧	空白
第66帧	3.先生-漫步
第115帧	空白
第140帧	8.先生-打招呼
第183帧	8.先生-打招呼（放大）
第215帧	8.先生-打招呼
第300帧	9.先生-施舍
第377帧	空白
第391帧	11.先生-挨打
第491帧	12.先生-愤怒（放大）
第751帧	12.先生-愤怒
第761帧	14.先生-功夫
第949帧	14.先生-功夫（放大）
第995帧	15.先生-无奈
第1043帧	空白
第1067帧	19.先生-旁观

6）选择“光效”层，然后从库中将“光效 1”元件拖入舞台，并放置到适当位置。然后根据“街道”层的画面，分别在第 31、115、183、215、391、751、949、995、1067 帧按快捷键〈F6〉，插入关键帧。接着在第 66、377、491、1043 帧按快捷键〈F7〉，插入空白关键帧。图 7-164 为其中几个关键帧的光效效果。

图 7-164　光效效果

7.5　作品合成与输出

执行菜单中的“文件 | 导出 | 导出影片”命令，将这段动画输出为 .swf 格式的动画文件。此时动画输出的速度会很快，这是因为在动画中主要使用了元件来制作逐帧动画。如果不大量使用元件而采取逐帧绘制的方式，输出速度就会相对比较慢。因此，建议读者在制作 Flash 动画时注意元件的使用。

7.6　课后练习

从编写剧本入手制作一个动作类的动画，并将其输出为 .swf 格式文件。

制作要求：剧情贴近生活，角色不应少于 3 个，且要有个性，画面色彩搭配合理。动画总长度不少于 90 秒（以 12 帧 / 秒计算）。

精品教材推荐目录

序号	书号	书名	作者	定价	配套资源
1	978-7-111-39525-6	多媒体技术应用教程(第 7 版) ——“十二五”本科国家级规划教材	赵子江	39.00	配光盘、电子教案、素材
2	978-7-111-09435-7	多媒体技术应用教程(第 6 版) ——“十二五”本科国家级规划教材	赵子江	35.00	配光盘、电子教案、素材
3	978-7-111-26505-4	多媒体技术基础(第 2 版) ——北京高等教育精品教材	赵子江	36.00	配光盘、电子教案、素材
4	978-7-111-36157-2	Premiere Pro CS4 中文版基础与实例教程(第 2 版)	张　凡	45.00	配光盘、电子教案、教学视频
5	978-7-111-31834-7	After Effects CS4 中文版基础与实例教程(第 3 版)	张　凡	47.00	配光盘、电子教案、教学视频
6	978-7-111-34354-7	Photoshop CS5 中文版基础与实例教程(第 5 版) ——北京高等教育精品教材	张　凡	48.00	配光盘、电子教案、教学视频
7	978-7-111-35877-0	Photoshop CS5 中文版实用教程(第 5 版)	张　凡	46.00	配光盘
8	978-7-111-42032-3	Photoshop CS6 中文版基础与实例教程　(第 6 版)	张　凡	45.00	配光盘、电子教案、教学视频
9	978-7-111-41370-7	Flash CS6 中文版基础与实例教程（第 5 版）	张　凡	46.00	配光盘、电子教案、教学视频
10	978-7-111-37095-6	Flash CS5 中文版实用教程	张　凡	38.00	配光盘、电子教案、教学视频
11	978-7-111-15419-8	Flash CS3 中文版基础与实例教程(第 3 版) ——北京高等教育精品教材	张　凡 郭开鹤	36.00	配光盘、电子教案、教学视频
12	978-7-111-38325-3	3ds max 2012 中文版实用教程(第 4 版)	张　凡	49.00	配光盘、电子教案
13	978-7-111-38660-5	3ds max 2012 中文版基础与实例教程 (第 5 版)	张　凡	45.00	配光盘、素材、教学视频
14	978-7-111-29709-3	Illustrator CS4 中文版基础与实例教程　(第 3 版)	张　凡	55.00	配光盘、电子教案、教学视频
15	978-7-111-26617-4	CorelDRAW X4 中文版基础与实例教程	张　凡	45.00	配光盘、电子教案、教学视频
16	978-7-111-37081-9	产品设计——数码平面表现	张　捷	47.00	配光盘、电子教案
17	978-7-111-36000-1	3ds max+Photoshop 游戏场景设计(第 3 版)	张　凡	55.00	配光盘、素材、电子教案、教学视频
18	978-7-111-31718-0	Maya+Photoshop 游戏角色设计	张　凡	29.00	配光盘、素材、电子教案、教学视频
19	978-7-111-37531-9	分镜头设计	张　凡	62.00	配光盘、视频文件
20	978-7-111-42406-2	3ds max+Photoshop 游戏角色设计第 2 版	张　凡	55.00	配光盘、素材、电子教案、教学视频